武汉工程大学优秀学术著作出版资助项目

单片机应用系统设计

冯先成　常翠芝
苏文静　胡中功　郑更生　编著

北京航空航天大学出版社

内容简介

本书的实例是结合常用的电子、通信、测控、自动控制等领域的实际应用，利用单片机的硬/软件设计而成。本书理论性与应用性结合，将自动控制、传感器、测控系统、光纤通信、无线通信、计算机网络等理论知识和实用的设备设计很好地结合起来，具有较强的可读性和可操作性。

本书介绍了半导体温度传感器、转速测定及数据显示系统、汽车前轮转向角的简易测量系统、用光电池阵列定位光源、应用电阻应变片设计电子称、数字温度传感器；步进电机控制、温箱温度控制、考勤机系统、贪食蛇游戏；视频切换卡、光纤收发器、网络交换机、VDSL 网络设备的局端和用户端、移动通信系统的监控单元等设计过程。

本书适用于大中专院校、技校以及职业院校的电气类、电子类、机电类专业的师生，还可以作为从事单片机系统及应用开发人员的参考书。

图书在版编目(CIP)数据

单片机应用系统设计/冯先成等编著. —北京：北京航空航天大学出版社，2009.1

ISBN 978-7-81124-461-8

Ⅰ.单… Ⅱ.冯… Ⅲ.单片微型计算机—系统设计 Ⅳ.TP368.1

中国版本图书馆 CIP 数据核字(2008)第 18643 号

© 2009，北京航空航天大学出版社，版权所有。

未经本书出版者书面许可，任何单位和个人不得以任何形式或手段复制本书及其所附光盘内容。侵权必究。

单片机应用系统设计

冯先成 常翠芝 苏文静 胡中功 郑更生 编著

责任编辑 董立娟

*

北京航空航天大学出版社出版发行

北京市海淀区学院路 37 号(100191) 发行部电话：010-82317024 传真：010-82328026

http://www.buaapress.com.cn E-mail：emsbook@gmail.com

北京时代华都印刷有限公司印装 各地书店经销

*

开本：787 mm×960 mm 1/16 印张：19 字数：426 千字

2009 年 1 月第 1 版 2009 年 1 月第 1 次印刷 印数：5 000 册

ISBN 978-7-81124-461-8 定价：35.00 元(含光盘 1 张)

前言

单片机应用系统设计技术是电子技术领域中应用最为广泛的一项技术。掌握单片机系统的软/硬件开发技术，对于从事电子工程的专业技术人员来说，具有举足轻重的意义。

单片机应用与设计是一项非常重视动手实践的科目，不能总是看书，但是学习它首先必须得看书，因为需要从书中大概了解一下单片机的各个功能寄存器。而说明白点，我们使用单片机就是用软件去控制单片机的各个功能寄存器，具体讲，就是控制单片机引脚的电平什么时候输出高，什么时候输出低；再由这些高低电平的变化来控制系统板，实现需要的功能。至于看书，只须大概了解单片机各引脚都是干什么的，能实现什么样的功能。第一次、第二次可能看不明白，但这不要紧，因为还缺少实际的感观认识。

最重要的是实践，这是非常关键的。如果说学单片机不实践，那就不可能学会。有两种实践方法可供选择，方法一：自己买一块单片机的学习板，不要求功能太全，对于初学者来说，有流水灯、数码管、独立键盘、矩阵键盘、A/D 或 D/A、液晶、蜂鸣器，就差不多了。如果能熟练应用上面这些，那可以说对于单片机的硬件方面已经入门了，接下来就是练习设计电路，不断积累经验。只要过了第一关，后面的路就好走多了，万事开头难。方法二：如果身边有单片机方面的高手，向他求助，在他的帮助下搭个简单的最小系统板。

考虑到理论性、设计性、实用性，在本书的编写过程中，我们注重体现以下特点：

(1) 理论性与实用性的结合

将自动控制、传感器、测控系统、光纤通信、无线通信、计算机网络等理论知识和实用的设备/产品结合起来，具有较强的可读性和可操作性。

(2) 设计深入浅出

由简单到复杂，由应用设计、系统设计制作到光纤网络设备、网络交换机、VDSL 接入设备和无线接入通信系统的设计与实现。

(3) 知识覆盖范围广

详细介绍了系统的软/硬件内容以及设计方法。

本书第 1～6 章由常翠芝编写，第 7～10 章由苏文静编写，第 11～14 章由冯先成编写，第 15 章由郑更生编写。全书由冯先成和胡中功策划和统稿。

由于编者知识水平和经验有限，且编写时间仓促，书中不当之处在所难免，敬请各位读者批评指正，以便及时修正。

有兴趣的读者，可以发送电子邮件到：xcfeng68@hotmail.com，与作者进一步交流；也可以发送电子邮件到 xdhydcd5@sina.com，与本书策划编辑进行交流。

作 者

2008 年 10 月

目 录

第 1 章 半导体温度传感器应用设计

第 2 章 转速测定及数据显示系统

第 3 章 汽车前轮转向角的简易测量系统设计制作

第 1 章

半导体温度传感器应用设计

1.1 设计任务

利用温度传感器和单片机技术设计、制作一个显示室温的数字温度计。测量误差为±1℃,2 位 LED 数码管显示。

1.2 设计目的

① 进一步了解有关温度传感器的工作原理、加工工艺等的相关知识。

② 综合运用其他先修课程的理论和实践知识,制订设计方案,确定温度传感器的型号等参数,掌握温度的检测方法。

③ 掌握模拟信号获取、传输、处理及检测的一般方法。

④ 学会应用温度传感器组建一个简单的测量系统,提高学生的动手能力。

⑤ 通过计算、分析、绘图,能运用标准、规范、手册并学会查阅有关资料,培养仪表设计的基本技能,为毕业设计等奠定良好的基础。

1.3 设计要求

参考下面的利用半导体温度传感器 AD590 和单片机技术设计、制作显示室温的数字温度计的设计提示与分析,请自选其他型号的温度传感器来进行设计。

设计内容包括:

① 详细了解所选用的温度传感器的工作原理和工作特性等。

② 设计合理的信号调理电路。

③ 用单片机和 A/D 芯片进行信号的采样等相关处理,要有 Protel 画的硬件接线原理图;利用 C 语言在单片机开发软件中编写相关程序,并对单片机的程序作详细解释。

④ 列出制作该装置的元器件，制作实验板，并调试运行成功。

⑤ 详细的设计说明书一份。

1.4 设计提示与分析

1.4.1 AD590温度传感器简介

AD590是一种集成温度传感器(类似的芯片还有LM35等)，其实质是一种半导体集成电路。它利用晶体管的b－e结压降的不饱和值V_{RE}、热力学温度T和通过发射极电流I的下述关系实现对温度的检测。

$$V_{RE}=\frac{kT}{q}\ln I$$

式中，k是波耳兹曼常数；q是电子电荷绝对值。

集成温度传感器的线性度好，精度适中，灵敏度高，体积小，使用方便，应用广泛。集成温度传感器的输出形式分为电压输出和电流输出两种。电压输出型的灵敏度一般为10 mV/K(温度变化热力学温度1 K输出变化10 mV)，温度0 K时输出0，温度25℃时输出2.981 5 V。电流输出型的灵敏度一般为1 μA/K，25℃时输出298.15 μA。

AD590是美国模拟器件公司生产的单片集成两端温度传感器，它主要特性如下：

① 流过器件的电流值等于器件所处环境温度的热力学温度(开尔文)值，即

$$I_T/T=1\ \mu A/K$$

式中，I_T为流过器件(AD590)的电流，单位为μA；T为温度，单位为K。

② AD590的测量范围为－55～＋150℃。

③ AD590的电源电压范围为4～30 V。电源电压从4～6 V变化，电流I_T变化1 μA相当于温度变化1 K。AD590可以承受44 V的正向电压和20 V的反向电压，因而器件反接也不会损坏。

④ 输出电阻为710 MΩ。

⑤ AD590在出厂前已经校准，精度高。AD590有I、J、K、L、M共5挡。其中M挡精度最高，在－55～＋150℃范围内，非线性误差为±0.3℃。I挡误差较大，误差为±10℃，应用时应校正。

由于AD590精度高、价格低、不需辅助电源、线性度好，因此常用于测量和热电偶的冷端补偿。

1.4.2 测温电路

AD590前端信号调理电路如图1－1所示。这里要求的测量范围为室温，定为0～80℃。

0℃时，A 点输出电压为 273.2 mV；80℃时，A 点输出电压为(273.2+80)mV。调整 B 点的电压使之为 273.2 mV，这样就可以得到差分电压信号 V_{AB} 与温度的关系为 1 mV/℃。经过传感器前端调整后的信号 V_{AB} 要经过放大才能够被单片机采样。图中 LM336 提供 2.5 V 参考电压源。

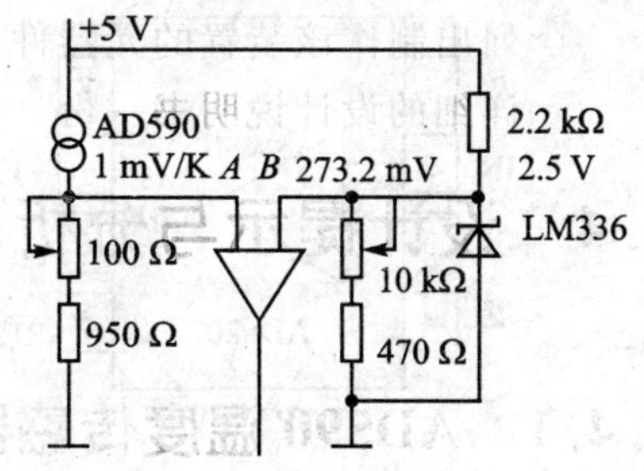

图 1-1　AD590 前端信号调理电路

这里预定采用通用 MCS-51 单片机和 ADC0809 芯片进行数据采样、处理。ADC0809 是一个 8 通道 8 位 ADC 芯片，预计采样为 0～5 V 的标准信号，对应采样结果为 0～255，基本能满足设计要求(范围 0～80℃，误差为±1℃)。信号数据在测量系统中流程变化如表 1-1 所列。

表 1-1　测量数据在系统中流程变化

温度/℃	V_{AB}差分信号/mV	放大后信号/V	单片机采样结果	单片机显示
0	0	0	0	0
80	80	2	2/2.5×255=204	204×80/204=80

在表 1-1 中，假定放大后电压信号数据取值范围为 0～2 V；单片机接入通道参考电压为 2.5 V，故 0～2.5 V 的信号相应地被转换为 0～255 这 256 个数据；单片机显示温度数据等于单片机采样结果乘上 80 后再除去 204。

这里要求出差分电压信号 V_{AB} 放大成为预采样为 0～2 V 的标准信号的增益 G，即

$$G=\frac{2\ 000}{80}=25$$

放大器可选用 LM318、LM741、121 等。有一种更好用的放大器 AD620(在一般信号放大的应用中通常只要通过差动放大电路即可满足要求。然而基本的差动放大电路精密度较差，且在差动放大电路上改变放大增益时，必须调整两个电阻，使整个电路的信号放大精确度就更加复杂。仪表放大器则无上述的缺点。简单地说就是使用方便简单，缺点是价格高)，这里就采用该芯片作为此外的放大器。该芯片引脚如图 1-2 所示。

由该芯片的资料可知 $G=\frac{49.4\ \text{k}\Omega}{R_G}+1$ 和 $R_G=\frac{49.4\ \text{k}\Omega}{G-1}$，这样可求出 $R_G=2\ 058.333\ \Omega$。将 103(即 10 kΩ)微调电位器接在 R_G 上即可。因为 AD620 工作时需要±12 V 的电压接在 $+V_S$ 和 $-V_S$ 上，这里采用一个直流电压模块 SAPS 的 SR5D12/100，引脚如图 1-3 所示，它需要 5 V 电压供电，输出为+12 V 和-12 V的电压。这样传感器信号调理电路就基本完成了，如图 1-4 所示。

当 $T=0$℃时，$V_{out}=0$ V；当 $T=80$℃时，$V_{out}=2$ V；即灵敏度为 25 mV/℃。

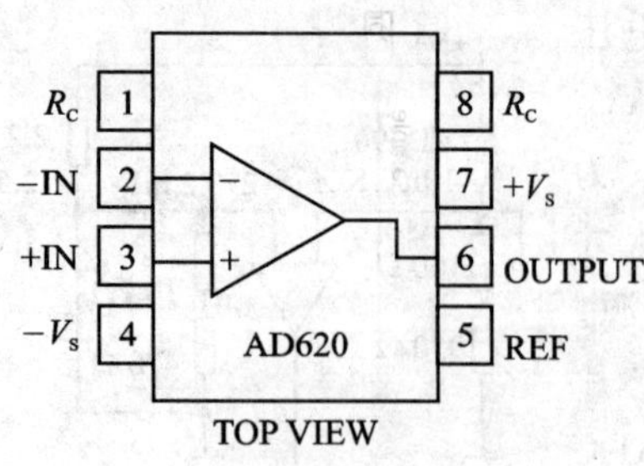

图 1-2　AD620 芯片引脚图

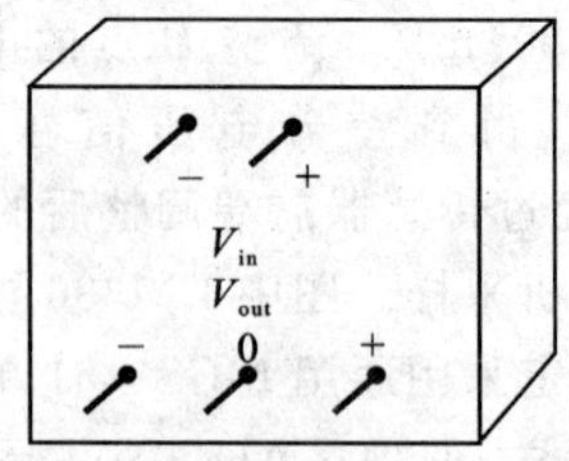

图 1-3　SR5D12/100 芯片引脚图

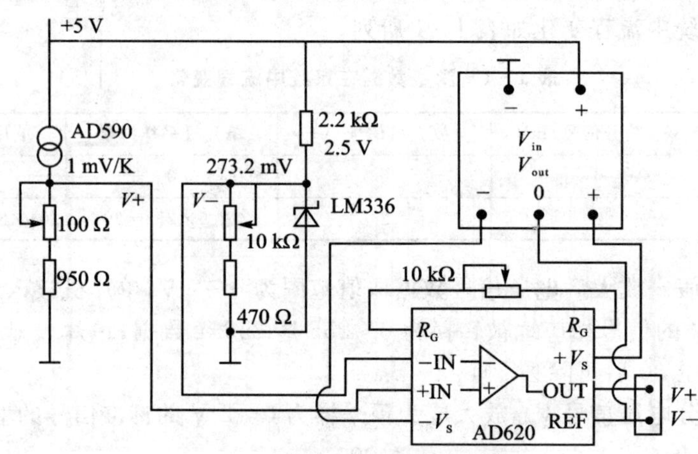

图 1-4　信号调理电路

1.4.3　温度数据采集和处理

因 ADC0809 的参考电压为 $V_{REF}=2.5$ V，单片机从 ADC0809 上采样的接口数据 N 还原成要显示的温度数据 T 的计算式为

$$\frac{80}{204}=\frac{T}{N}\Rightarrow T=N\times\frac{80}{204}$$

单片机显示、采样的电路原理图如图 1-5 所示。

从图 1-5 可知：P0 口直接与 ADC0809 的数据线相连接，P0 口的低 3 位通过锁存器 74LS373 连接到 ADDA、ADDB、ADDC，锁存器的锁存信号是 89C52 的 ALE 信号。89C52 的 ALE 信号直接连接到 ADC0809 的 CLK 引脚，给 ADC0809 提供 666 kHz 的时钟信号。

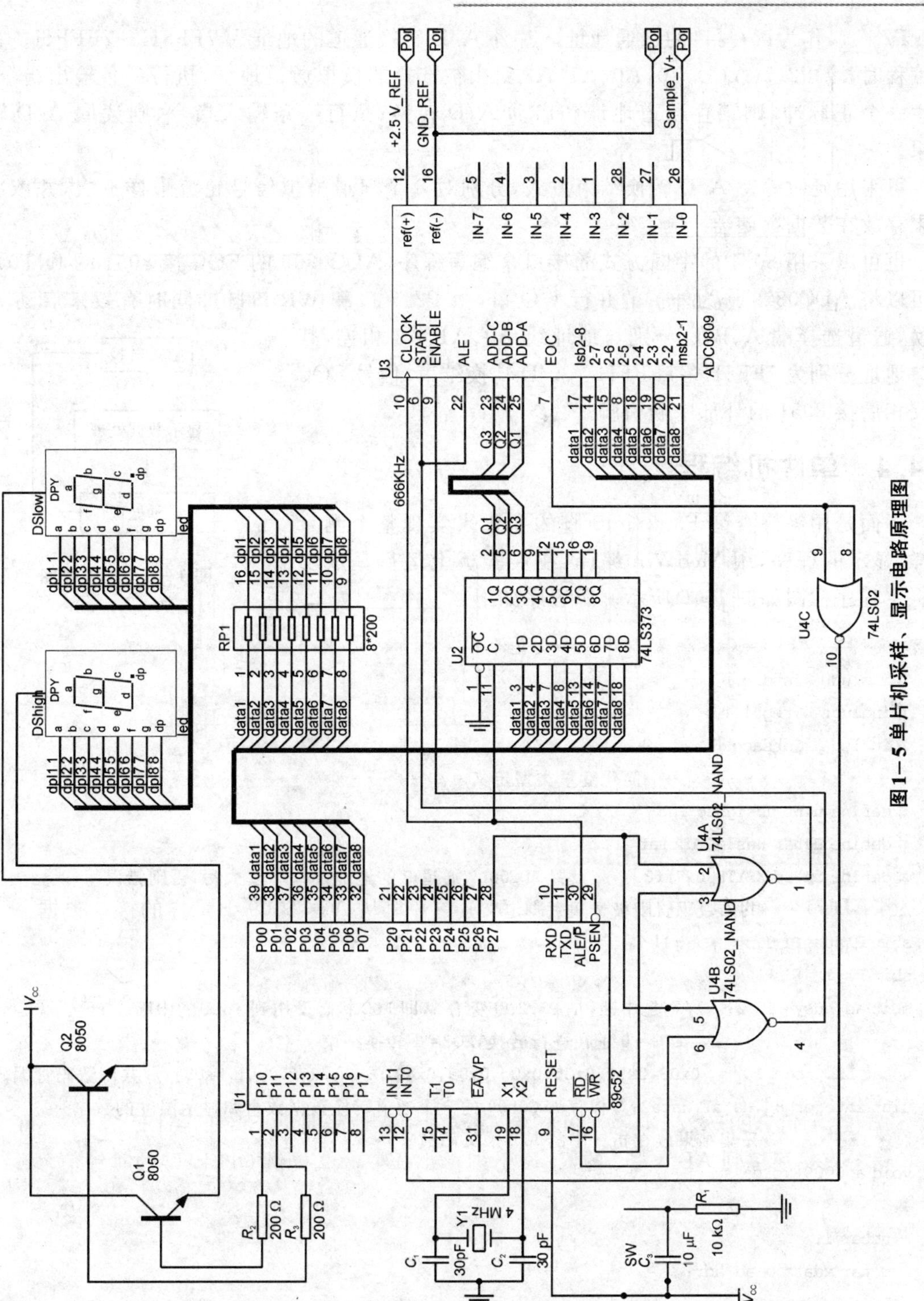

图1－5 单片机采样、显示电路原理图

P2.7 口作为读/写口的选通地址。片外 A/D 转换通道的地址为 7FF8H～7FFFH。在软件编程时,令 P2.7(A15)=0,A0、A1、A2 给出被选择的模拟通道地址,执行一条输出指令,就产生一个正脉冲,则锁存通道地址和启动 A/D 转换;执行一条输入指令,则读取 A/D 转换结果。

可采用延时等待 A/D 转换结束方式,分别对 8 个通道模拟信号轮流采样一次,并依次将结果存放在数据存储器。

也可以采用 8051 的中断方式的接口来编写程序(ADC0809 的 EOC 接 8051 的 INT0),此时可以将 ADC0809 作为外扩的并行 I/O 口,由 P2.7 口和 WR 口脉冲同时有效来启动 A/D 转换,通道选择端 A、B、C 分别与地址线 A0、A1、A2 相连,其端口地址分别为 7FF8H～7FFFH。A/D 转换结束,信号 EOC 经反相后接 8051 的外部中断引脚。

1.4.4 单片机编程

下面是用等待查询 P3.2/int0 脚的变化来实现整个测量采样、显示的程序,用 MedWin 编译、在实验板上运行是成功的。主程序框图如图 1-6 所示。源程序如下:

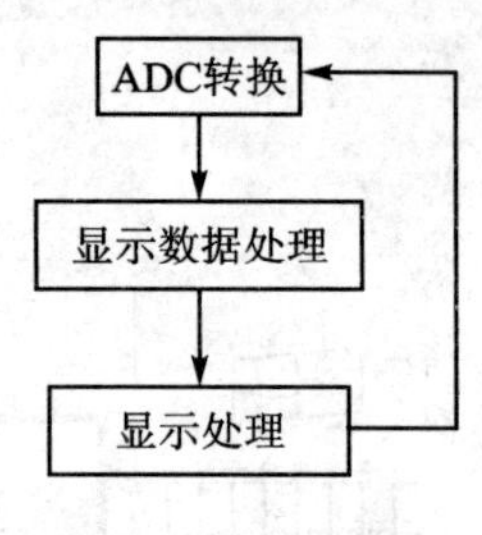

图 1-6　程序框图

```
//************************头文件**************************//
#include <stdio.h>
#include <reg51.h>
#include <absacc.H>
//*****************简化变量类型定义**********************//
#define uint unsigned int
#define uchar unsigned char
#define in0ad XBYTE[0x7ff8]  //设置 ADC0809 通道 0 的地址,XBYTE 要大写,否则错误
//*********共阳数码管阳极选通引脚定义************//
sbit P1_0 = P1^0;
sbit P1_1 = P1^1;
sbit ad_busy = P3^2;  //不是中断,是 P3.2 口变为 1,即 EOC 状态没用到 int1 的中断
                      //EOC = 0 正在进行转换,EOC = 1 转换结束
uchar LED_code[10] = {0x03,0x9f,0x25,0x0d,0x99,0x49,0x41,0x1f,0x01,0x09};//共阳数码管编码
uint integer[8],data1,data2;//保存 ADC0809 的 8 个通道转换数据数组和显示温度的数据
//*********采集结果放在指针中的 A/D 采集函数**************//
void ad0809(void)
{
  uchar i;
  uchar xdata *ad_adr;
```

```
  ad_adr  = &in0ad;                    //指针初始值指向 ADC0809 通道 0 的地址值
  for (i = 0;i<8;i++)                  //处理 8 通道
      {
       * ad_adr = 0;                   //启动转换,一个向外部写操作,相当输出指令 P2.7 = 0,WR = 0
      i = i;                           //延时等待 EOC 变低
      i = i;
      while (ad_busy == 1);            //查询等待转换结束,ad_busy 为高电平时往下执行
      integer[i] = * ad_adr;           //保存转换后的数据到数组中
      ad_adr++;
      }
}
void delayms(uint x)                                  //延时,给显示用
{
    int i,j;
    for(i = 0;i<x;i++)
    {
        for(j = 0;j<250;j++);
    }
}
void getdata()                                        //得到显示数据
{     int temp;
      temp = integer[0] * 80/204;                     //0<temp<80
      data1 = temp/10;                                //除取整数,例如 24/10 = 2
      data2 = temp % 10;                              //除取余数,例如 24 % 10 = 4
}
void main()
{
    uchar P0_LED_code1,P0_LED_code2;
    data1 = 0;
    data2 = 0;
    P1 = 0;
    P0 = 0;
    for(;;)
  {
        ad0809();                                     //采样 AD0809 通道的值
        getdata();
        P1_0 = 1;                                     //高位位选信号
        P0_LED_code1 = LED_code[data1];               //段选码送 P0 口
        P0 = P0_LED_code1;                            //点亮 LED
```

```
            delayms(30);                                   //延时
            P1_0 = 0;

            P1_1 = 1;                                      //低位位选信号
            P0_LED_code2 = LED_code[data2];
            P0 = P0_LED_code2;
            delayms(30);
            P1_1 = 0;
        }
    }
```

1.5　思考题

1. 该系统的测量误差与哪些因数有关?

2. 显然,上述系统制作步骤没有对系统最后显示结果进行校正,假定有一个恒温控制箱,应该怎样进行校正,要修改哪些程序?

第 2 章

转速测定及数据显示系统

2.1 设计任务

利用接近传感器和单片机技术设计、制作一个显示电动机转速的速度测定系统。测量范围为 750～3 000 r/s，尽可能地提高测量误差，用 4 位 LED 数码管显示速度。

2.2 设计目的

① 进一步了解光电、霍尔、电容、电感等类似接近开关传感器的结构、工作原理、使用方法。

② 综合运用其他先修课程的理论和实践知识，制订设计方案，确定传感器型号，掌握有关转速测量的方法与技术。

③ 掌握脉冲信号获取、传输、处理及检测的一般方法。

④ 学会组建一个简单测量系统，提高学生的动手能力。

⑤ 通过计算、分析、绘图，能运用标准、规范、手册并学会查阅有关资料，培养仪表设计的基本技能，为毕业设计等奠定良好的基础。

2.3 设计要求

参考下面利用光电接近传感器和单片机技术，设计、制作一个显示电动机转速的速度测定系统。该系统有关定时器与计数器的编程思路没有很好地优化，导致测量范围为 1500～3 000 r/s，测量误差已达到 5%，并且数据更新的速度约为 200 ms。

因此应该重新编写该软件，尽量提高测量范围，使之为 750～3 000 r/s；使测量误差尽可能小，可达到±5 r/s；数据更新速率也要优化。编程思路参考 2.4 节的分析。

设计内容包括：

① 了解所选用的接近开关的工作原理及工作特性等。

② 设计合理的信号调理电路(有的传感器已经设计好了,可以直接应用;有的则不)。

③ 用单片机对脉冲信号处理,要有 Protel 画的硬件接线原理图;利用 C 语言在单片机开发软件中编写相关程序,并对单片机的程序作详细解释。

④ 列出制作该装置的元器件,制作实验板,并调试运行成功。

⑤ 详细的设计说明书。

2.4 设计提示与分析

2.4.1 光电接近传感器简介

接近开关有很多,如光电式、电容式、电感式、霍尔式等,这里采用光电式接近传感器。该产品是上海乔特(Jorder)电子有限公司的 JD-E3F-DS10C1,6～36 V_{DC},photoelectric switch,如图 2-1 所示。当提供 6～36 V_{DC} 电压后给该传感器的 Brown 色和 Blue 色的电缆,探头前面有物体时,Black 输出高电平;当探头前面没有物体时,Black 输出低电平。该传感器的响应时间:直流型 2.5 ms;交流型 30 ms。

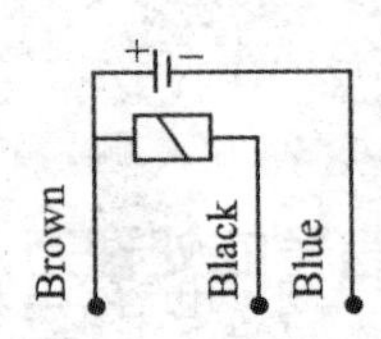

图 2-1　光电式接近开关

2.4.2 测量分析

1. 传感器测量范围的分析

这里用的是直流型传感器,传感器响应时间为 2.5 ms,则每秒可以测出的脉冲数最多是 $1/(2.5\times10^{-3})=400$。如果转一周有 4 个脉冲,则可测出的最大转速为 100 r/s,折算为 6 000 r/min。一般电动机转速为 3 000、1 500、750 r/min 等,该传感器的反应速度是可以测量这些范围的。

2. 测量传感器的脉冲信号方法的分析

显然,该系统的速度信号已经经传感器转换为脉冲信号了,电动机每转 1 圈,传感器就会输出 4 个脉冲(我们在电动机的转轴上安装了带有 4 个缺口的圆板)。所以,需要用单片机对这些脉冲信号进行计数采样、计算处理,得出电动机的转速值。

这里拟采用通用 MCS-51 单片机进行脉冲计数采样的方法来测量转速。MCS-51 子系列有 2 个 16 位定时器/计数器,通过编程可以实现 4 种工作模式。

所谓计数是对外部事件进行计数。外部事件的发生以输入脉冲表示,因此,计数功能的实质就是对外来脉冲进行计数。T0(P3.4)和 T1(P3.5)两个信号引脚,分别是这两个计数器的计数输入端。外部输入的脉冲在负跳变时有效，进行计数器加一(加法计数)操作。

前一个机器周期 S5P2 拍节对外部计数脉冲进行采样，如果采样为高电平，则后一个机器周期采样为低电平，即为一个有效的计数脉冲。在下一个机器周器 S3P1 进行计数。可见，采样计数脉冲是在两个机器周期内进行的。因此，计数脉冲的频率不能高于振荡脉冲频率的 1/24。当然，传感器的信号变化的频率 400 Hz 远远小于这个值。

传感器输出的信号如图 2-2 所示，每转 n 圈就有 $4n$ 个负跳变脉冲。

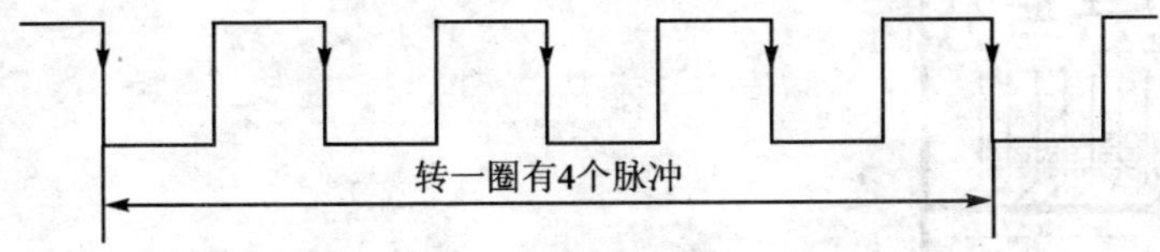

图 2-2　传感器输出的脉冲信号

因此，测量方法可以这样：用 T0 作测量脉冲数的计数器；用 T1 定一段时间，在这段时间内测量的脉冲数为 N，则转速为 $N\times60/(4\times T_1)$。因为 N 个脉冲是在 $(N-1)\sim(N+1)$ 个周期里出现，所以最大误差为 $\pm60/(4\times T_1)$，最大相对误差为 $\pm1/N\times100\%$。显然，N 越大相对误差越小，即转速越快，这种方式测量相对误差就越小。

3. 单片机对脉冲信号的处理方法的编程

硬件接线如图 2-3 所示，按照上面的思路编写的程序如下：

```
#include <stdio.h>
#include <reg51.h>
#define uint unsigned int
#define uchar unsigned char
sbit P1_0 = P1^0;                //动态 LED 显示的 4 个数码管位选引脚。P1_0 是千位位选引脚
sbit P1_1 = P1^1;                //百位
sbit P1_2 = P1^2;                //十位
sbit P1_3 = P1^3;                //个位
uchar LED_code[10] = {0x03,0x9f,0x25,0x0d,0x99,0x49,0x41,0x1f,0x01,0x19};  //共阳数码
uint AA,count1,integer,data1,data2,data3,data4;
void delayms(uint x)             //延时机器指令周期
{                                //例如：MHz 晶振，机器每执行一个单周期
    int i,j;
    for(i = 0;i<x;i++)
    {
        for(j = 0;j<250;j++);
    }
}
```

Q1
Q2
Q3
Q4
8050
V_{cc}
200 Ω×4
U1
P10
P11
P12
P13
P14
P15
P16
P17
INT1
INT0
T1
T0
EA/VP
X1
X2
RESET
RD
WR
89c52
P00
P01
P02
P03
P04
P05
P06
P07
39 data1
38 data2
37 data3
36 data4
35 data5
34 data6
33 data7
32 data8
P20
P21
P22
P23
P24
P25
P26
P27
RXD
TXD
ALE/P
PSEN
1000
100
10
1
DPY
led
RP1
8×200 Ω
C1
30 pF
Y1
4 MHz
C_2
30 pF
S1
SW
C_3
10 μF
R_1
10 kΩ
pulse_sgl
pulse_gnd
Port

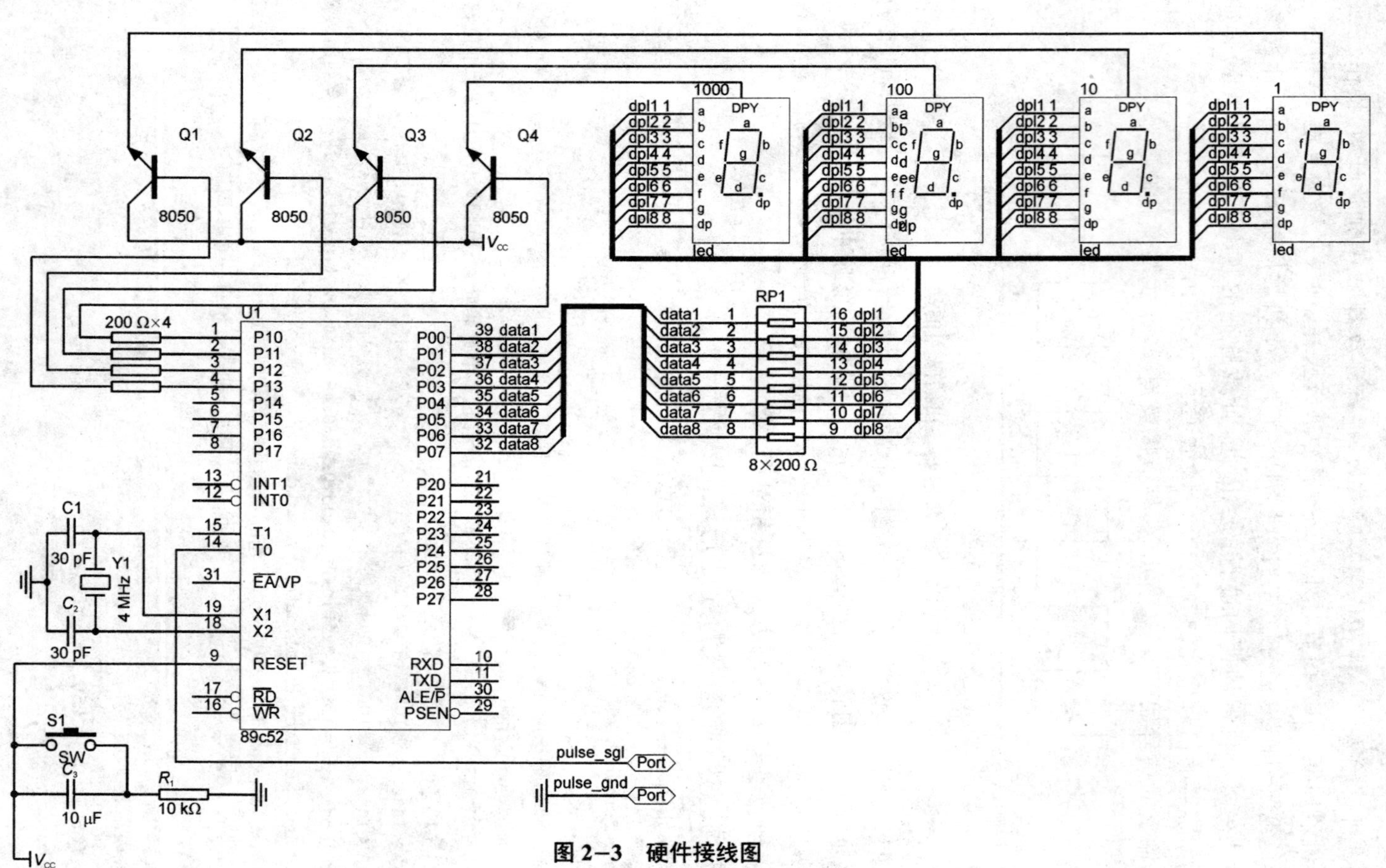

图 2-3　硬件接线图

```
void initialtime(void)              //初始化定时器 T1、T0。T1 定时,T0 计脉冲数
{     IE = 0x8a;                    //脉冲接 p3.4 口,T0 口
      IP = 0X08;
      TMOD = 0x15;
      TL1 = 0x00;                   //晶振为 4 MHz,定时为 196.608 ms
      TH1 = 0x00;
      TH0 = 0;
      TL0 = 0;
      // TR1 = 1;                   //T1 开始运行,不这样,同时启动两个定时器/计数器为好
}
void time1time() interrupt 3        //T1 定时,T0 计脉冲数,T1 计数溢出时,处理数据
{
     count1 = TL0;                  //经计算分析,其取值范围小于 255
     TR1 = 0;                       //关中断
     TR0 = 0;
     TH1 = 0;                       //设定时计数器初始值
     TL1 = 0;
     TH0 = 0;
     TL0 = 0;
     TR0 = 1;                       //开中断
     TR1 = 1;
}
void getdata()
{//为了去掉数据不稳的变化,可以在此处增加数据处理方法,如取平均值等程序
     integer = (int) (count1 * 15/0.196608);  //N × 60/(4 × T1)
     data1 = integer/1000;                     //除取整数,例如 5 678/1 000 = 5
     data2 = integer % 1000/100;               //除取余数,例如 5 678 % 1 000 = 678
     data3 = integer % 1000 % 100/10;
     data4 = integer % 1000 % 100 % 10;
}
void main()
{    uchar P0_LED_code1,P0_LED_code2,P0_LED_code3,P0_LED_code4;
     data1 = 0;
     data2 = 0;
     data3 = 0;
     data4 = 0;
     integer = 0;
     P1 = 0;                                   //显示初始化为灭的
     P0 = 0;
```

```
    initialtime();
    TR0 = 1;                                    // T0 计脉冲数,T1 定时;开始计脉冲,同时开始计时
    TR1 = 1;
    for(;;)
      {
        P1_0 = 1;                               //千位位选信号选中
        P0_LED_code1 = LED_code[data1];         //段选码送 P0 口
        P0 = P0_LED_code1;                      //点亮 LED
        delayms(30);                            //延时 ms
        P1_0 = 0;                               //千位位选信号关闭
        P1_1 = 1;                               //百位位选信号选中
        P0_LED_code2 = LED_code[data2];
        P0 = P0_LED_code2;
        delayms(30);
        P1_1 = 0;                               //百位位选信号关闭
        P1_2 = 1;                               //十位位选信号选中
        P0_LED_code3 = LED_code[data3];
        P0 = P0_LED_code3;
        delayms(30);
        P1_2 = 0;                               //十位位选信号关闭
        P1_3 = 1;                               //个位位选信号选中
        P0_LED_code4 = LED_code[data4];
        P0 = P0_LED_code4;
        delayms(30);
        P1_3 = 0;                               //个位位选信号关闭
        getdata();                              //得到要显示的数据
      }
}
```

4. 程序中定时器和计数器工作的解释

下面介绍与上述程序相关的寄存器的初值意义。

定时器控制寄存器 TCON 的位及功能如下：

位	B7	B6	B5	B4	B3	B2	B1	B0
功　能	TF1	TR1	TF0	TR0	IE1	IT1	1E0	IT0
说　明	T1 溢出	0 停 1 启	T0 溢出	0 停 1 启				

定时器控制寄存器工作方式：GATE 为 1 时，定时器/计数器的计数受外部引脚的输入电平的控制(int0 控制 T0 运行，int1 控制 T1 运行)；GATE 为 0 时，定时器/计数器的运行不受外部输

入引脚的控制。左边 T1 定时，工作方式 1，设定定时器最大的定时时间为 196.608 ms。右边 T0 计数，工作方式 1。寄存器：TMOD＝00010101＝15H 的位及功能如下：

位	B7	B6	B5	B4	B3	B2	B1	B0
功　能	GATE	C/T－	M1	M0	GATE	C/T－	M1	M0
说　明	0 启动方式	0 定时	0	1	0	1 计数	0	1

中断允许控制寄存器 IE＝10001010＝8AH 的位及功能如下：

位	B7	B6	B5	B4	B3	B2	B1	B0
功　能	EA	—	—	ES	ET1	EX1	ET0	EX0
说　明	总允许 0 禁 1 允			串口	1	0	1	0

中断优先级控制寄存器 IP＝08H 的位及功能如下：

位	B7	B6	B5	B4	B3	B2	B1	B0
功　能	—	—	—	PS	PT1	PX1	PT0	PX0
说　明				串口	T1	INT1	T0	INT0
	0	0	0	0	1	0	0	0

5. 对脉冲信号的误差分析

上述程序的测量转速分析如下：开启中断 TR0＝1、TR1＝1，计脉冲数的 T0 和定时功能的 T1 开始工作，程序主要执行显示及速度计算处理程序；当 T1 产生中断时，程序就进入中断，保存速度脉冲计数值；然后又进入数据显示及速度计算处理程序。因为 T1 定的时间越长，测量的相对误差就越小，所以尽量让定时的时间长一些，这样选用较低频率的晶振（4 MHz）。单片机定时器工作方式如表 2－1 所列。

表 2－1　单片机定时器工作方式

M1、M0	工作方式
00	TLX 中的低 5 位与 THX 的 8 位构成 13 位计数器
01	TLX 与 THX 构成 16 位计数器
10	常数自动重装载的 8 位计数器，每当 TLX 溢出时，THX 的内容装载到 TLX
11	仅适用于 T0，分为两个 8 位计数器，T1 停止计数

计数器/定时器在方式 0 下工作（TLX 中的低 5 位与 THX 的 8 位构成 13 位计数器），则最小的定时时间：

$$[2^{13}-(2^{13}-1)]\times\frac{1}{4\times10^{6}}\times12\ \text{s}=3\times10^{-6}\ \text{s}=3\ \mu\text{s}$$

计数器/定时器最大的定时时间：

$$[2^{13}-0]\times\frac{1}{4\times10^{6}}\times12\ \text{s}=8\ 192\times3\times10^{-6}\ \text{s}=24\ 576\ \text{s}=24.576\ \mu\text{s}$$

计数器/定时器在方式 1 下工作(TLX 与 THX 构成 16 位计数器)，则最小的定时时间：

$$[2^{16}-(2^{16}-1)]\times\frac{1}{4\times10^{6}}\times12\ \text{s}=3\times10^{-6}\ \text{s}=3\ \mu\text{s}$$

计数器/定时器最大的定时时间：

$$[2^{16}-0]\times\frac{1}{4\times10^{6}}\times12\ \text{s}=65\ 536\times3\times10^{-6}\ \text{s}=196\ 608\ \mu\text{s}=196.608\ \mu\text{s}$$

显然，应选择定时器工作方式 1。按这种方法设计的转速计测量范围为 300～3 000 r/min，不能转速太小，但可以更高。对测量的转速分析如表 2－2 所列。

表 2－2　测量不同转速产生的误差分析

测量转速 /(r/min)	换算转速 /(r/s)	每秒脉冲数 /(4 个/转)	脉冲周期 /ms	定时 196.608 ms 可测出的脉冲数	最大相对误差
3 000	50	200	5	39	±2.56%
1 500	25	100	10	19	±5.26%
750	12.5	50	20	9	±11.1%
300	5	20	50	4	—
150	2.5	10	100	—	—
75	1.25	5	200	—	—

可见，单片机最大定时为 196.608 ms，测量 3 000 r/min 或 1 500 r/min 的电动机转速最大相对误差将是±2.56%或±5.26%。显然获取的数据变化肯定很不稳定。这个数据相当于每 200 ms 采集一次速度数据。

为了显示稳定，可以做一个数组，求取相邻 3 次计数总和再求平均值，相当于 0.6 s 得到一个显示数据。这样显示会更稳定，但测量精度有局限性。因此，应该寻找更好的测量程序。

6. 寻找更好的程序来达到更高的精度

通过上面的分析，可以看出测量的误差主要是在定时的时间段里，启动计数器时不知道传感器所处的具体位置和结束时传感器处的位置不固定引起的。另外，每次数据更新至少要 200 ms。当然，在测量精度要求不高的情况下可以用上面的程序。

为了得到测量精度更高的测量方法，可以这样写程序：只测量相邻 4 个脉冲(1 圈)的时间，这样测量范围为 300～6 000 r/s。用 T0 计数、T1 计时。先开中断 TR0，当 T0 个计数值为

1 时再打开 TR1，直到 T0 计数值为 5，把 T1 所计的时间保存，这个时间就是电动机转 1 圈所需要的时间，这样可以十分准确地测量转速。数据更新与电动机的转速有关，可以每转一周更新一个数据。读者可以按照此思路编写程序。

2.5　思考题

动态显示是否影响转速测量？

第3章

汽车前轮转向角的简易测量系统设计制作

3.1 设计任务

利用一个电位器式角度传感器模拟汽车前轮转向角的检测信号和单片机技术，设计简易汽车前轮转向角测量系统。

3.2 设计目的

① 进一步了解电位器式传感器的结构、工作原理、使用方法。

② 综合运用其他先修课程的理论和实践知识，制订设计方案。实际检测信号需要机械台架、汽车等实物，而实验室不能提供。在设计程序处理时，要尽量考虑相关的抖动干扰。设计人员应该要详细了解实际检测全过程。

③ 掌握电位器式传感器检测的一般方法。

④ 学会组建一个简单测量系统，提高学生的动手能力。

⑤ 通过计算、分析、绘图，能运用标准、规范、手册并学会查阅有关资料等，培养仪表设计的基本技能，为毕业设计等奠定良好的基础。

3.3 设计要求

为了设计方便，暂定设计最小分辨率为0.5°，小数点后只显示5或0，量程为±50°，最大的示值误差为1°。这样，可以利用8位A/D(0～255)芯片达到要求。制动过程中的信号采集通过人员旋动电位器来模拟(可以人为地加入抖动)，假定传感器电压的中间值为固定的0°(实际不这样，其设计了自动归零处理)，朝左旋转为正向角，最高位显示0值；朝右旋转为负向角，最高位显示1值。程序中角度可以通过查表来计算，也可以用一个线性化公式来计算。左右转角的显示时间大于1 s。如果没有电位器式角度传感器，可用一个普通旋钮电位器代替。

设计内容包括：

① 了解电位器式角度传感器的工作原理和工作特性等。

② 当给电位器标准电压时，对转角与输出的电压进行测量，为程序设计的校正作准备。

③ 设计合理的信号调理电路。

④ 用单片机和 A/D 芯片对信号进行处理，要有 Protel 画的硬件接线原理图；利用 C 语言在单片机开发软件中编写相关程序，并对单片机的程序作详细解释。

⑤ 列出制作该装置的元器件，制作实验板，并调试运行成功。

⑥ 详细的设计说明书。

3.4　设计提示与分析

3.4.1　汽车前轮转向角检测仪简介

汽车前轮转向角检测仪是用于检测汽车转向轮左右两个方向最大转向角的检测设备。图 3－1就是苏州太平洋汽车保修设备有限公司提供的 SPZJ－1 汽车转向角检测仪。首先，检测车辆停在台架前（台架埋入地下），电动机通过丝杠带动转盘在导轨上左右运动来对准车轮（通过红外线传感器检测跟踪定位）；对准后，汽车驶入台架，转向车轮正好停在转盘中间；车停稳后，相关的机械夹具锁定装置（电气控制），司机转动方向盘带动车轮朝左运动到最大极限角，然后又朝右运动到极限角。圆盘随车轮一起朝左、朝右旋转，同时圆盘带动传感器朝左、朝右运动，电子系统检测这个左右运动的最大角，并计录、显示、打印、传输出给上位机。

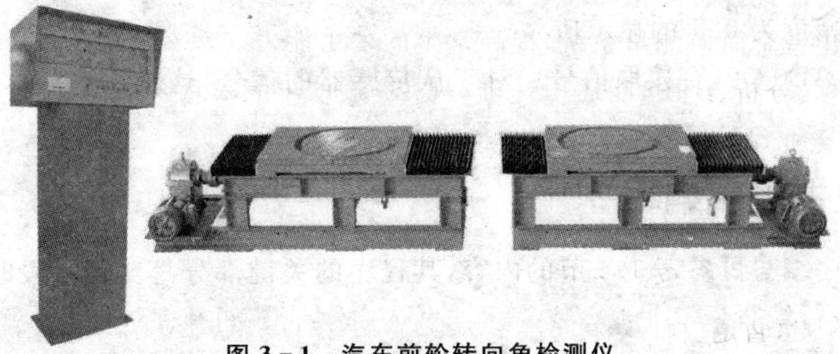

图 3－1　汽车前轮转向角检测仪

显然，上述系统设计涉及机械设计、传感技术、电子检测、电力拖动、应用软件编程等很多方面。这里，设计系统只要能在模拟汽车检测过程中测出这个转角即可。

3.4.2　转向角检测传感器简介

这里介绍以前设计常用的一种传感器。如图 3－2 所示，它是由中国航天工业总公司上海新跃仪表厂提供的 WDL 系列直滑式导电塑料电位器，其参数如下：

型号 WDL25－L，阻值 1 kΩ，独立线性度 0.3%，编号 975125。

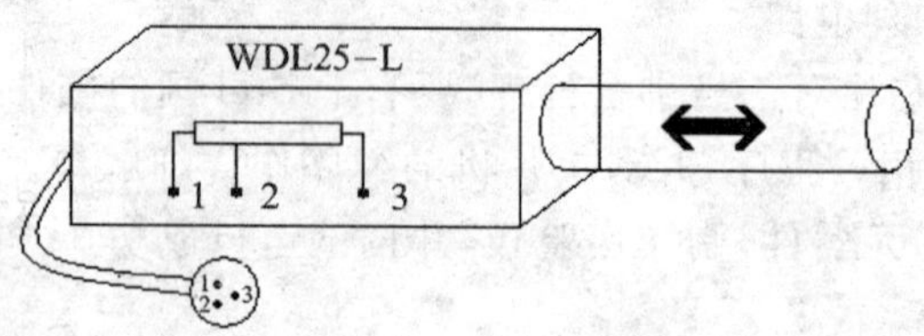

图 3－2　WDL 系列直滑式导电塑料电位器

一般转角仪测量范围是左转角 0～50°，右转角 0～50°；分辨率 0.2°；精度±2%。这里，只要知道其转角与传感器输出的电压列表关系即可进行单片机程序编写。

显然，上面的传感器是电位器式位移传感器，机械台架设计人员通过机械机构把转盘旋转的角度转换为该传感器的推拉杆的直线运动的位移。电气工程师则通过检测其输出端的电压与转盘旋角的关系（推拉杆位置），来实现转角检测。

现在，有的转角仪内面的传感器用电位器式角度传感器，这个检测更形象。但对于电气工程师的工作都是一样的，根据检测输出的电压，以及该电压与转角的关系的换算得出检测结果。

3.4.3　硬件原理图

单片机采样显示硬件原理如图 3－3 所示。这里是简易的测量，采用 4 个动态的 LED 来显示左右最大转角。最高为 0 时，表示左转角最大值；最高为 1 时，表示右转角最大值。后面 3 位为 0～50，取精度为 0.5°的显示值。

采样芯片用 AD0809，直接取信号。对于从传感器的信号，这里没有具体的调理参考，请自行设计。

3.4.4　单片机程序编写

单片机主程序编写可参考 1.4 节的内容，其程序的关键部分是比较一段时间的采样结果取出最大值，请自行编写。

3.5　思考题

原设备一般采用的是静态显示方式，这里为了设计方便采用的是动态显示方式，采样静态显示方式需要哪些硬件，怎样设计？

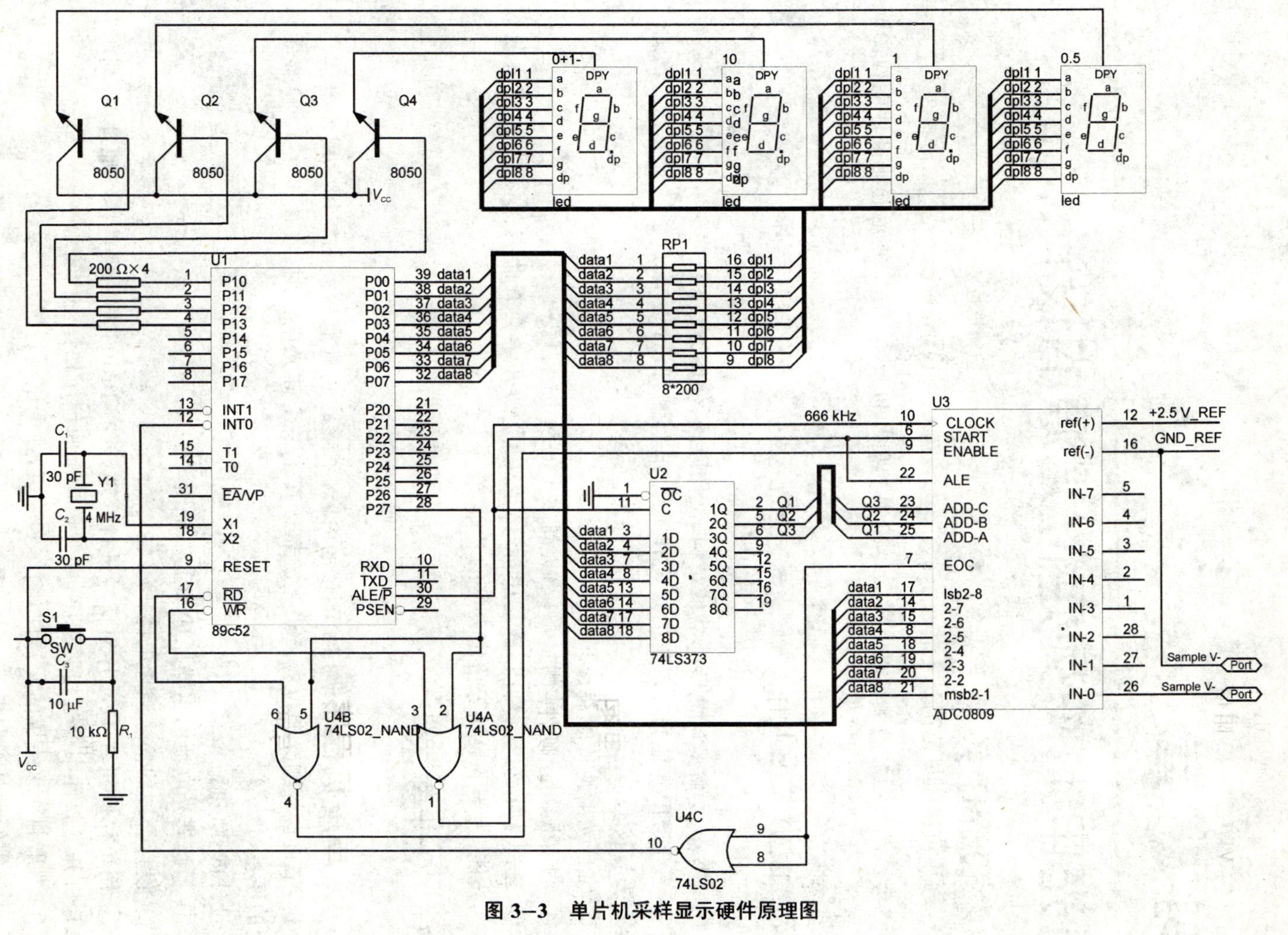

图 3-3 单片机采样显示硬件原理图

第 4 章

用光电池阵列定位光源的设计

4.1 设计任务

参考汽车前照灯检测仪的有关技术资料和单片机技术，用 8 个光电池设计能检测光源位置的系统。

4.2 设计目的

① 进一步了解光电池传感器的结构、工作原理、使用方法。

② 综合运用其他先修课程的理论和实践知识，制订设计方案。了解有关光的物理特性的测量方法与技术。

③ 掌握光电池传感器检测的一般方法。

④ 学会组建一个简单测量系统，提高学生的动手能力。

⑤ 通过计算、分析、绘图，能运用标准、规范、手册并学会查阅有关资料等，培养仪表设计的基本技能，为毕业设计等奠定良好的基础。

4.3 设计要求

参考下面有关汽车前照灯检测仪的内容，了解硅光电池相关的应用。用 8 个硅光电池排成一排，来近似检测光源位置。当光源靠近其中一个硅光电池时，则用一个 LED 显示该硅光电池的序号(1～8)。

设计内容包括：

① 了解硅光电池的工作原理和工作特性等。

② 设计合理的信号调理电路。

③ 用单片机和 A/D 芯片对信号进行处理，要有 Protel 画的硬件接线原理图；利用 C 语言在单片机开发软件中编写相关程序，并对单片机的程序作详细解释。

④ 列出制作该装置的元器件，制作实验板，并调试运行成功。

⑤ 详细的设计说明书。

4.4　设计提示与分析

4.4.1　前照灯检测仪光轴自动对准原理

汽车前照灯检测仪是用于检测机动车前照灯的发光强度以及光束照射位置(即光轴偏移量)。仪器在进行检测时,必须首先要对准被检测前照灯的光束中心(即光轴)。旧式的检测设备是根据等照度曲线,如图 4-1(a)所示,越靠近中点,照度越大。为了对准前照灯的光轴,仪器的光接收箱正面配置两组(U、D 和 R、L)共 4 个硅光电池,如图 4-1(b)所示,用以接收前照灯照射光束。硅光电池接线方式简图如图 4-1(c)所示,图中 V_L、V_R 分别为左、右硅光电池的输出电压。由图可知:

$$U_{in}=\frac{(V_L+V_R)}{2R}R-V_L=\frac{V_R-V_L}{2}$$

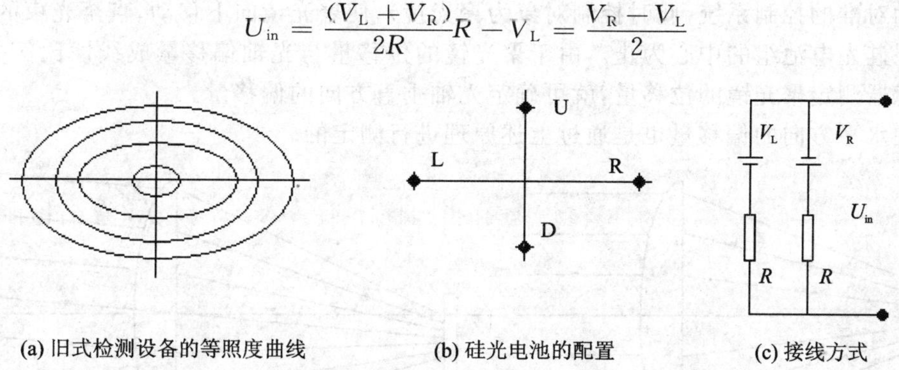

(a) 旧式检测设备的等照度曲线　(b) 硅光电池的配置　(c) 接线方式

图 4-1　光接收箱正面硅光电池组检测相关原理图

当 R、L 处的光照度相等时,$V_R=V_L$,$U_{in}=0$,表示光接收箱在水平方向上已处于光束正中位置。当 R 处的光照强度大于 L 处时,$V_R>V_L$,$U_{in}>0$,表示光接收箱应向右移动;反之,若 L 处的光照度大于 R,$U_{in}<0$,表示光接收箱应向左移动。该仪器水平方向运动控制系统框图如图 4-2 所示。由硅光电池组输出的差值信号经放大器放大后,送入三态比较器。当 $U_{in}=0$ 时,三态比较器输出为零,继电器不动作,电动机停转,仪器停止运动。当 $U_{in}>0$ 时,三态比较器输出为负,反转继电器动作,电动机反转,仪器向右运动。当 $U_{in}<0$ 时,三态比较器输出为正,正转继电器动作,电动机正转,仪器向左运动。直至光接收箱对准前照灯的光轴,硅光电池组输出信号 $U_{in}=0$ 为止。

仪器垂直方运动控制与水平方向类似。在这两个系统的同时作用下,仪器即可自动对准

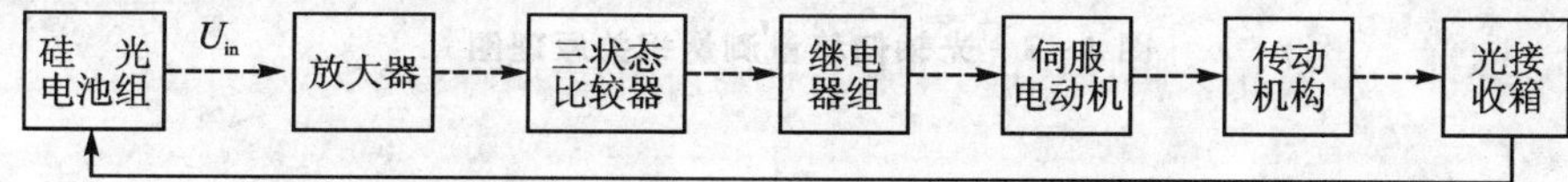

图 4-2　仪器水平方向运动控制系统框图

被检测的前照灯，然后就可以进入测量环节了。

4.4.2　光轴偏移量测量原理

仪器的光接收箱对准被检测前照灯光轴后，由安装在光接收箱内的聚光镜把前照灯的光束聚光后，投射至光接收箱后部的四象限硅光电池组上。该电池组由 U、D、R、L 共 4 片硅光电池按图 4－3 组合而成。当前照灯的光轴偏移量为 0 时，光束的焦点落在四象限硅光电池组的中心；当前照灯的光轴向下偏移时，光束的焦点落在四象限硅光电池的下部。

当光轴偏移量为 0 时，如图 4－3(a)所示，四象限硅光电池组的 U 与 D 电池组所接受的光能量相同，因而电池输出的电压 V_U 与 V_D 相等，输出差值信号 $\triangle U=V_U-V_D=0$。

当光轴向下偏移，如图 4－3(b)所示，四象限硅光电池组的 U 与 D 电池组所接受的光能量不相同，因而电池输出的电压 V_U 与 V_D 不相等，输出差值信号 $\triangle U=V_U-V_D\neq0$。通过类似光轴自动对准的控制系统(此时控制对象为聚光镜)，使聚光镜向下移动，直至光束的焦点回复到四象限硅光电池组的中心为止。由于聚光镜的位移量与光轴偏移量成线性比例关系，采用位移传感器测定聚光镜的位移量，就可确定光轴垂直方向的偏移量。

光轴在水平方向的偏移量也是通过上述原理进行测定的。

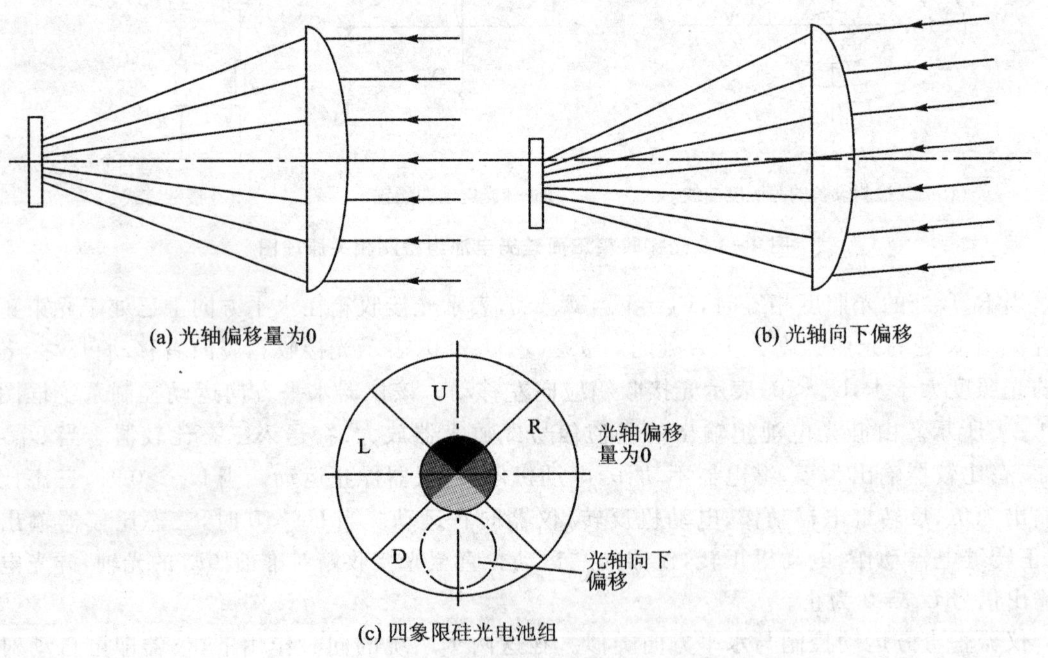

(a) 光轴偏移量为0　　(b) 光轴向下偏移

(c) 四象限硅光电池组

图 4－3　光轴偏移量测量相关原理图

4.4.3 发光强度的测量原理

根据光学上的距离平方反比定律

$$E = I/L^2$$

式中，E 是被照面上的照度，I 是光源的发光强度，L 是光源至被照面的距离。当距离 L 为一个定值时（检测时一般为 1 m），被照面上的照度与光源的发光强度成对应比例关系。

当聚光镜聚焦后的光束焦点移动至四象限硅光电池组的中心后，U、D、R、L 硅光电池组的输出电压大小将只对应照射在硅光电池表面的光照度，因而也就是对应于被检前照灯的发光强度。把 V_U、V_D、V_R、V_L 通过加法器相加后，再经过放大器放大，在放大器的输出端用电流表将相应的发光强度显示出来，测量原理图如图 4-4 所示。

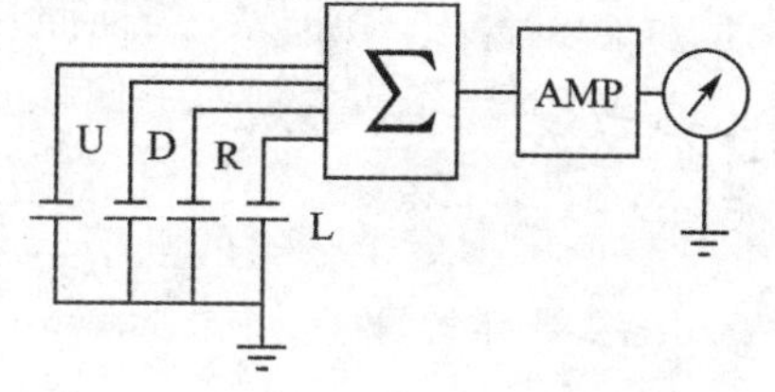

图 4-4　发光强度的测量原理图

4.4.4 新一代应用 CCD 技术前照灯检测仪简介

图 4-5 是广东南华仪器厂的生产的一种应用 CCD 技术的前照灯检测仪，其光轴自动对准原理是利用光电池阵列和 CCD 技术综合来进行的。开始检测时，仪器沿轨道在水平方向移动，靠光电池阵列来检测光源水平位置和高度。当光电池阵列检测到光源后，仪器停止水平方向移动；然后 CCD 光接收箱上下移动，停留在光源附近；最后通过 CCD 图像处技术得到相关的测量数据——光轴水平、垂直偏移量、发光强度、灯高。这样，依次对所测车辆左远灯、左近灯、右近灯、右远灯进行检测、数据保存、数据传输等。

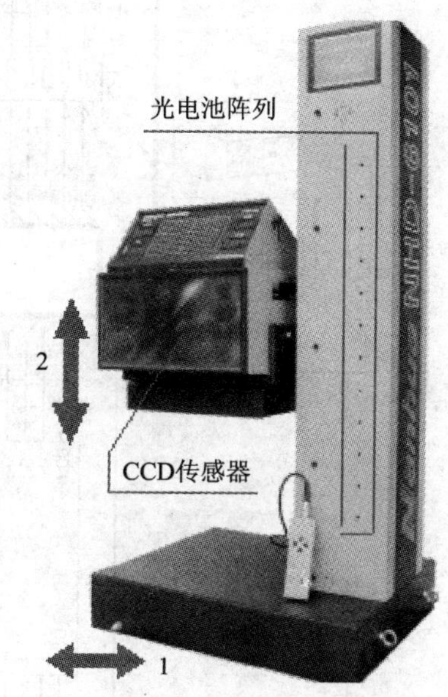

图 4-5　应用 CCD 技术前照灯检测仪

4.4.5 课程设计内容分析

由上述分析可见，光电池在光源等方面的检测应用是很广泛的。上述所讲的系统包括电力拖动、运动控制、信号分析等各方面的技术，光电池应用也是该系统不可忽视的一部分。

本设计采用 8 个光电池组成光电池阵列，参考上述光电池阵列和带 CCD 的前照灯检测仪，当没有光源靠近时，LED 显示为 0；当光源靠近某一光电池时，LED 显示该光电池的序号即可，这样实现光源抽象定位。

光电池传感器前端信号调理可以直接用光电池并接 100 Ω（或 50 Ω）的电压取样电阻，再加上放大器，参考第 1 章的有关信号调理放大的知识（即 AD620 的应用），就可以完成前端信号处理。

单片机硬件信号采集电路如图 4-6 所示。

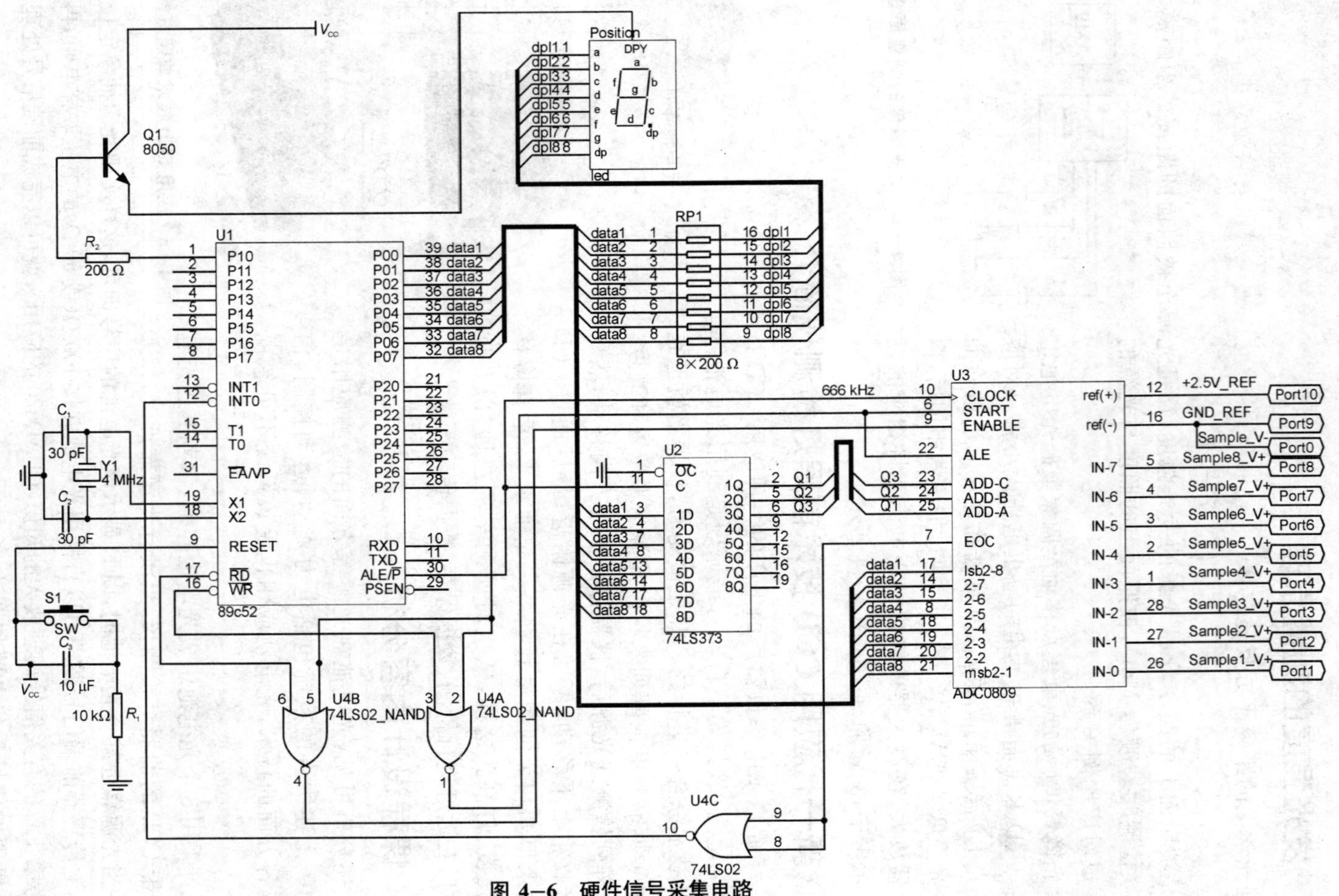

图 4-6　硬件信号采集电路

单片机主程序编写可参考第 1 章的内容，其程序的关键部分是比较 8 个通道采集的数据。如果某一通道值比其他通道的值大很多，则表明该通道对应的光电池附近有光源。然后在 LED 中显示其序号，如果 8 个光电池采集的数据基本相同，则表明没有光源靠近，显示为 0，请自行编写该程序。

4.5　思考题

1. 课程设计系统对 8 个光电池有何要求？
2. 测量光强或照度时，为什么先要对准光源？
3. 介绍你所熟悉的硅光电池的应用例子。

第5章

应用电阻应变片设计电子称

5.1 设计任务

利用 CSY-968 型传感器实验台上的应变片作为称重传感器和单片机技术，设计制作一个电子称。

5.2 设计目的

① 进一步了解有关应变片和测量电桥的工作原理及相关知识。

② 综合运用其他先修课程的理论和实践知识，制订设计方案。

③ 掌握应变片信号获取、处理及电桥检测的一般方法。

④ 学会应用应变片组建一个简单测量系统，提高学生的动手能力。

⑤ 通过计算、分析、绘图，能运用标准、规范、手册并学会查阅有关资料等，培养仪表设计的基本技能，为毕业设计等奠定良好的基础。

5.3 设计要求

参考下面内容设计称重精度为 1 g、称重范围为 0～100 g 的电子称。并要求用实验室的 5 个 20 g 的砝码(或 10 个 10 g 的砝码)来进行线性度的标定校正，使测量误差小于 1 g。

设计内容包括：

① 详细了解应变片的工作原理和工作特性等，掌握电桥测量方法应用。

② 设计合理的应变片信号调理电路。

③ 用单片机和 A/D 芯片进行信号的采样等相关处理，要有 Protel 画的硬件接线原理图；利用 C 语言在单片机开发软件中编写相关程序，并对单片机的程序作详细解释。

④ 列出制作该装置的元器件，制作实验板，并调试运行成功。

⑤ 详细的设计说明书一份。

5.4　设计提示与分析

5.4.1　应变片应用简介

这里应用 CSY－968 型传感器系统实验仪上的 4 个应变片作为称重的传感器。应变片的相关性能与知识点请参考栾桂冬等编著的《传感器及其应用》第 2 章应变式传感器。

下面简要介绍一下在设计中应用到的 CSY－968 型传感器系统实验仪上的器件。与电子称设计相关的一些电阻等元器件如图 5－1 所示。

图 5－1 是 CSY－968 仪器在应变片、电桥和调零 3 方面综合的设计布局原理图，其采用 6 个精密电阻构成 3 组电桥臂。可以采用一个应变片和这 3 个电阻臂组成单臂测量电路，其接线方法如图 5－1 的虚线所示。为了测量的灵敏度更高，当然可以利用两个或者 4 个应变片接成半桥或全桥测量电路。

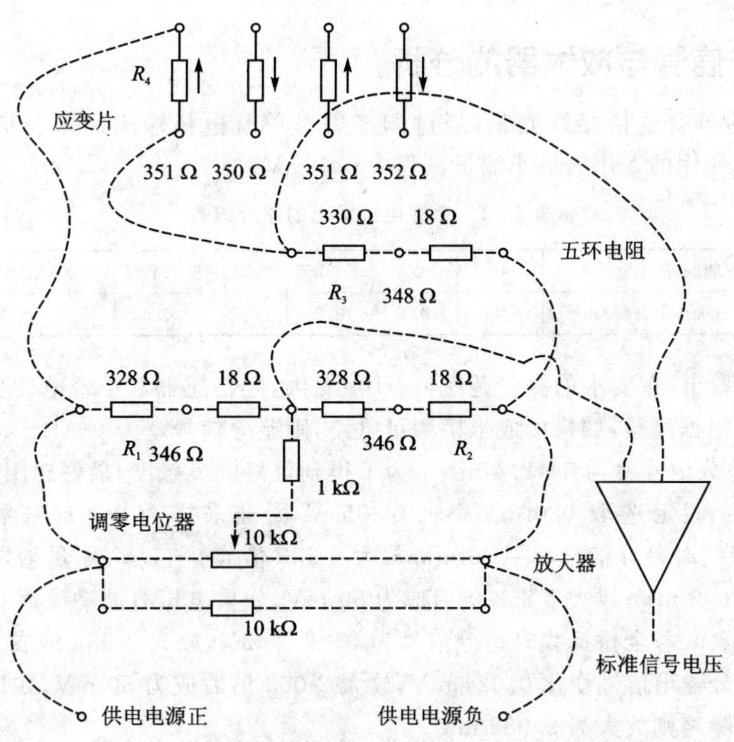

图 5－1　CSY－968 型传感器实验仪上的元器件

这里以单臂电桥测量图来讨论，其等效电路如图 5－2 所示。显然，该电路是可以调平衡的（调节 C 点位置，使 $U_A=U_B$）。设计好电路后，怎样在每次测量都可以很方便地调零，需要有调零时的量值显示，量程切换等问题要考虑，因为初始的差分信号 U_A-U_B 的值不是很确定，如果经过同一放大器后，其量程就会远远地超过单片机的采样电压，或者 A、B 电压差值方向性不定。故调零时的显示方面应该好好考虑。

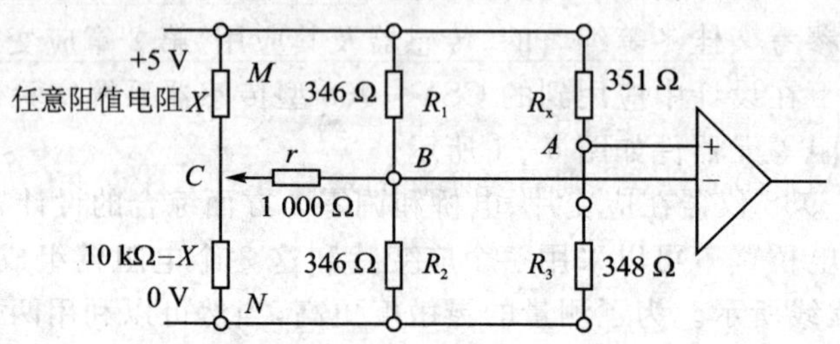

图 5－2　单臂电桥等效电路

5.4.2　差分信号与放大器的分析

按图 5－2 的单臂电桥接线测量，经过调零后对单臂电桥输出的差分信号测量结果如表 5－1所列。所使用的万用表最小测量量程为 0.1 mV。

表 5－1　单臂电桥输出的差分信号

加载砝码/g	0	20	40	60	80	100	120
U_A-U_B万用表测/mV	0	0.1	0.2	0.3	0.5	0.6	0.7

从表中可以看出，在要求的测量范围 0～100 g 内，经传感器和单臂电桥变化后差分信号为 0～0.6 mV。根据经验，如果接成半桥测量电路，则差分信号就为 0～1.2 mV；如果接成全桥测量电路，则差分信号就为 0～2.4 mV。为了得到更好的灵敏度，最好选用全桥。

灵敏度含义：假定选取 0809 芯片对 0～5 V 标准采样为 0～255，数字量“1”对应 19.5 mV。单臂接线时差分信号 0～0.6 mV 放大 8 333 倍成 0～5 V，重量增加 1 g，单臂差分输出信号变化 0.006 mV；放大 8 333 倍后成为 50 mV，如果电压有波动噪声 0.001 mV，则噪声也放大为 8.333 mV；全桥接线时差分信号为 0～2.4 mV，放大 2 083 倍成为 0～5 V，重量增加 1 g，单臂差分输出信号变化 0.024 mV，放大 2 083 倍后成为 50 mV，如果电压有波动噪声 0.001 mV，则噪声则放大为 2.083 mV。

如果灵敏度低，采用高的放大增益可以使系统灵敏度有很好的改善，但这样做又因为放大器的增益高，噪声也同时放大，对系统的干扰就大。

灵敏度是从传感器输出的信号量与检测对象输入量的关系，同样的干扰下，灵敏度高的传感器信号和干扰信号一起进入数据采集处理系统时，可以更好地抗干扰。

这里采用全桥接线方式测量，经过调零后全桥输出的差分信号测量结果如表 5-2 所列。其中，使用的万用表最小测量量程为 0.1 mV。

表 5-2 全桥输出的差分信号

加载砝码/g	0	20	40	60	80	100	120
U_A-U_B万用表测/mV	0	−0.5	−0.9	−1.4	−1.9	−2.4	−2.9

设计的称重仪测量范围为 0～100 g，输出电压约为 0～2.4 mV。放大 1 000 倍，输出电压为 0～2.5 V。采用 AD620 放大器，则需要匹配的增益电阻值计算方法如下：

$$R_G = \frac{49.4\ \mathrm{k\Omega}}{G-1} = \frac{49.4\ \mathrm{k\Omega}}{999} = 49.45\ \Omega$$

放大器的应用请参考第 1 章的有关内容。这样，全桥输出信号经过放大后，就可以用单片机系统进行采样、分析、处理、显示了。

5.4.3 单片机采样分析

单片机对信号采样的硬件电路如图 5-3 所示。

请参考第 1 章的程序自行编写采集程序。程序编好后，可以先进行一次校正测量，根据测量数据对采集的数据作一个校正处理，这样可以使设计的系统的测量线性度更高。方法如下：

把前端调整好的信号直接接单片机采样系统的 IN0 通道，用 10 个 10 g 标准砝码测量 10 组数据。根据这 10 个数据，先拟合一条曲线。显然，这条曲线和理想的测量的那条直线有些偏差。为了使测量显示的数据更精确，可以有两种方法，第一是用一条平移的直线代替测量曲线，在这一段曲线上，用插值法求相应的质量；第二是把这 10 个数据存入 ROM 中，在这 10 段曲线上用插值法求相应的质量。具体的程序请自行编写。

5.5 思考题

1. 分析图 5-2 怎样实现调零？
2. 分析调零时信号显示部分的量程挡怎样实现？
3. 为什么要最后校正测量结果？体会一下改进软件算法比用高精度硬件设备的优越性。

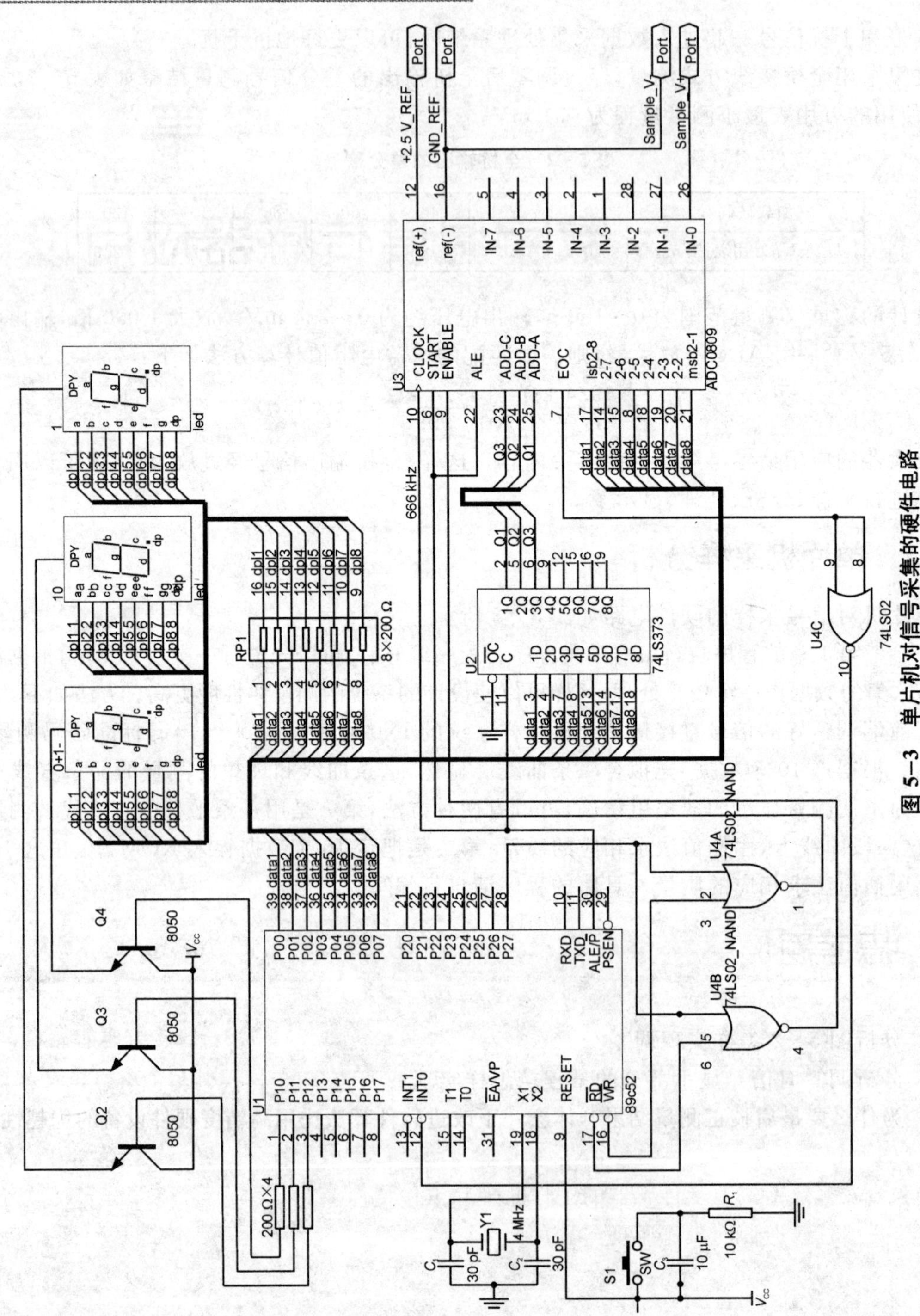

图 5-3　单片机对信号采集的硬件电路

第6章

数字温度传感器应用设计

6.1 设计任务

利用数字温度传感器 DS18B20 和单片机技术，设计制作一个分布式的、多点检测的温度测量系统。

6.2 设计目的

① 更进一步了解数字式温度传感器的工作原理及相关知识。

② 综合运用其他先修课程的理论和实践知识，制订设计方案。

③ 掌握数字通信的信号获取、处理的一般方法。

④ 学会应用单总线温度传感器组建一个简单的多点分布式测量系统，提高学生的动手能力。

⑤ 通过计算、分析、绘图，能运用标准、规范、手册并学会查阅有关资料等，培养仪表设计的基本技能，为毕业设计等奠定良好的基础。

6.3 设计要求

参考下面内容(这里只提示测一个点温度的测量方法)，用 3 个 DS18B20 组建能测量 3 个不同位置的温度测量系统。每个点的测量范围为 0～80°，精度为 1°。用 6 个 LED(或 3 个 2 位的 LED)分别显示各个点的温度值。

设计内容包括：

① 详细了解数字式温度传感器的工作原理和工作特性等。

② 掌握单总线通信的操作原理与方法。

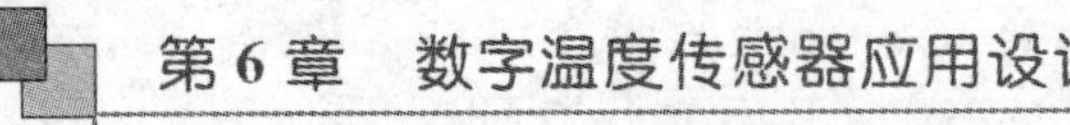

③ 用单片机和数字式温度传感器进行通信，得到各个点的温度信号值。要有 Protel 画的硬件接线原理图；利用 C 语言在单片机开发软件中编写相关程序，并对单片机的程序作详细解释。

④ 列出制作该装置的元器件，制作实验板，并调试运行成功。

⑤ 详细的设计说明书一份。

6.4　设计提示与分析

6.4.1　DS18B20 简介

DS18B20 是由 Dallas 半导体公司生产的“一线总线”接口的温度传感器。“一线总线”结构具有简洁、经济的特点，可使用户轻松地组建传感器网络，从而为测量系统的构建引入全新的概念。DS18B20 的测量范围为－55～＋125℃，在－10～＋85℃范围内，精度为±0.5℃。现场温度可直接通过“一线总线”以数字方式传输，大大提高了设计系统的抗干扰性。DS18B20 适合于恶劣环境的现场温度测量，如环境控制、设备或过程控制、测温类消费电子产品等。它工作在 3～5.5 V 的电压范围，采用多种封装形式，从而使系统设计更灵活、方便；设定分辨率及用户设定的报警温度存储在 EEPROM 中，掉电后依然保存。

DS18B20 的内部结构如图 6－1 所示，主要由 4 部分组成：64 位 ROM、温度传感器、非易失性温度报警触发器 TH 和 TL、配置寄存器。其中，DQ 为数字信号输入/输出端；GND 为电源地；V_{DD} 为外接供电电源输入端（采用寄生电源供电方式时接地）。

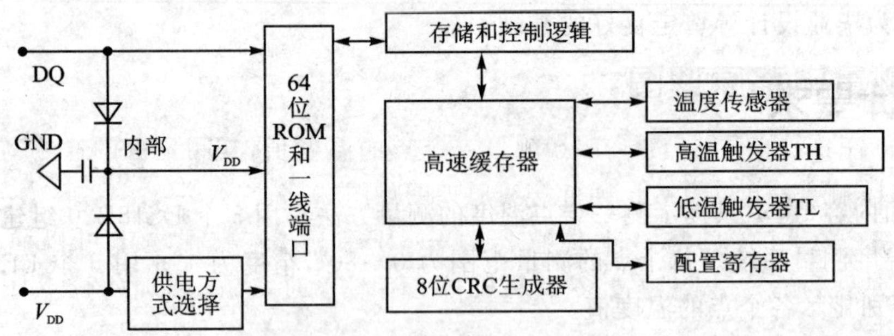

图 6－1　DS18B20 的内部结构

ROM 中 64 位序列号的作用是使每一个 DS18B20 都各不相同，这样就可以实现一根总线上挂多个 DS18B20。DS18B20 采用单总线工作方式，由于所有信号（控制和数据）都通过单总线传输，因此总线的时序逻辑必须非常严格。其工作时序有 3 种，分别是初始化时序、写“0”/

"1"时序、读"0"/"1"时序。图 6-2 是初始化时序。写时序和读时序的资料请参考 DS18B20 使用说明书。

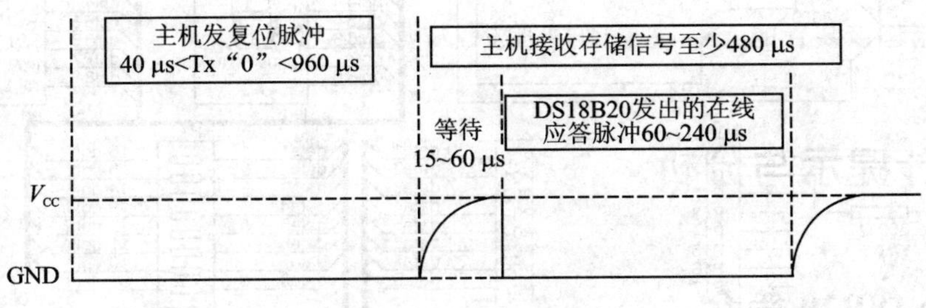

图 6-2 初始化时序

DS18B20 中的温度传感器可完成对温度的测量,并用 16 位符号扩展的二进制补码的形式输出温度值,以 0.0625℃/LSB 形式表达。DS18B20 输出值与温度的关系如表 6-1 所列。

表 6-1 DS18B20 输出值与温度的关系表

温度/℃	二进制输出	十六进制	温度/℃	二进制输出	十六进制
+125	0000 0111 1101 0000	07D0H	0	0000 0000 0000 0000	0000H
+85	0000 0101 0101 0000	0550H	-0.5	1111 1111 1111 1000	FFF8H
+25.0625	0000 0001 1001 0001	0191H	-10.125	1111 1111 0101 1110	FF5EH
+10.125	0000 0000 1010 0010	00A2H	-25.0625	1111 1110 0110 1111	FE6FH
+0.5	0000 0000 0000 1000	0008H	-55	1111 1100 1001 0000	FC90H

6.4.2 测量电路原理图

下面的设计是只用一个 DS18B20 测量一个点的温度值,其测量范围 0~80℃,且只显示室温的温度计,测量精度为 1℃。硬件接线原理图如图 6-3 所示。

因为主机(单片机)只与一个传感器(DS18B20)通信,故程序中可以简化有关读取 DS18B20 序列号的命令。当建立多个从机(DS18B20)时,要注意加入读取序列号的有关操作。

6.4.3 程序框图

程序框图如图 6-4 所示。

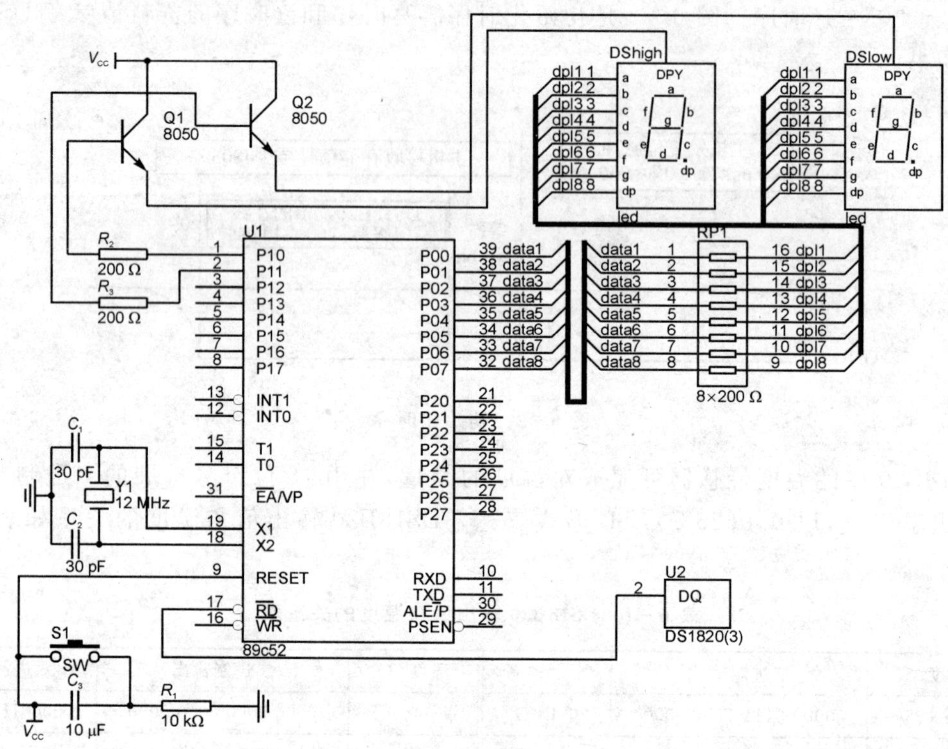

图 6－3 硬件接线原理图

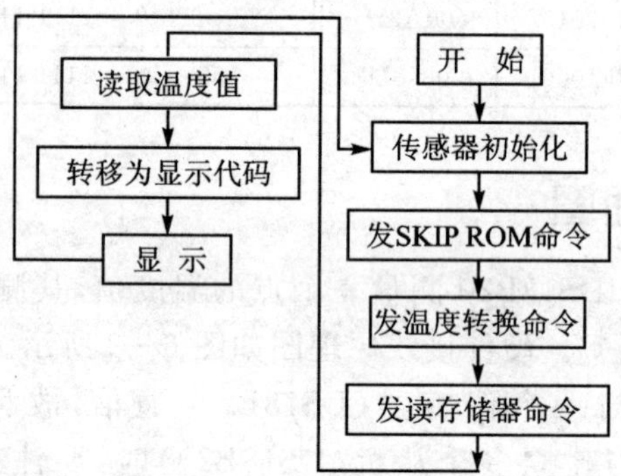

图 6－4 程序框图

6.4.4 参考程序

```
#include <stdio.h>
#include <reg51.h>
```

```
#define uint unsigned int
#define uchar unsigned char
sbit DQ = P3^7;
sbit P1_0 = P1^0;
sbit P1_1 = P1^1;
sbit P1_2 = P1^2;
uchar LED_code[10] = {0x03,0x9f,0x25,0x0d,0x99,0x49,0x41,0x1f,0x01,0x09};
uchar integer,point;
void delayms(uint x)
{
    int i,j;
    for(i = 0;i<x;i++)
    {
        for(j = 0;j<100;j++);
    }
}
void RST18B20(void)                          //DS18B20 初始化子程序
{
    uint i;
    DQ = 0;                                  //主机发初始化脉冲
    i = 103;
    while(i>0) i--;
    DQ = 1;                                  //主机释放总线
    i = 4;
    while(i>0) i--;
}
void tmpre(void)                             //等待初始化成功子程序
{
    uint i;
    while(DQ);                               //判断初始化是否成功,若不成功重新初始化
    while(~DQ);
    i = 4;
    while(i>0) i--;
}
void WR18B20(uchar n)                        //向 DS18B20 写 1 字节子程序
{
    uint i;
    uchar j;
    bit testb;
```

```
        for(j = 1;j< = 8;j ++ )
        {
            testb = n&0x01;                              //从字节最低位写起
            n = n>>1;                                    //将所写字节右移 1 位
            if(testb)                                    //testb 为 1,则向 DS18B20 数据线写 1
            {
                DQ = 0;                                  //将数据线拉低
                i ++ ;                                   //延时 15 μs
                i ++ ;
                DQ = 1;                                  //DS18B20 采样时间,向数据线写 1
                i = 8;                                   //延时 45 μs
                while(i>0) i -- ;
            }
            else                                         //testb 为 0,则向 DS18B20 写 0
            {
                DQ = 0;                                  //DS18B20 采样,向数据线写 0
                i = 8;
                while(i>0) i -- ;                        //延时 45 μs
                DQ = 1;                                  //释放数据线
                i ++ ;                                   //延时 15 μs
                i ++ ;
            }
        }
    }
    bit RDbit(void)                                      //从 DS18B20 读 1bit 子程序
    {
        uint i;
        bit n;
        DQ = 0;                                          //拉低总线 1 μs 以上,产生读时间隙
        i ++ ;
        DQ = 1;                                          //主机在 15 μs 内释放总线,并开始采样
        i ++ ;
        i ++ ;
        n = DQ;                                          //在 45 μs 内完成对数据线采样
        i = 8;
        while(i>0) i -- ;
        return n;                                        //返回采样值
    }
    uchar RD18B20(void)                                  //从 DS18B20 读 1 字节子程序
```

```
{
    uchar i,j,n;
    n = 0;
    for(i = 1;i<= 8;i++)                        //循环采样
    {
        j = RDbit();                            //调用读 1 位子程序,先从低位读起
        n = (j<<7)|(n>>1);                      //将所读值赋给 n,从最高位赋起,使用右移
                                                //将先赋值移向低位
    }
    return n;                                   //返回所读数据
}
void start(void)                                //启动温度转换子程序
{
    RST18B20();                                 //调用初始化子程序
    tmpre();                                    //等待初始化成功
    delayms(1);                                 //延时 1 ms
    WR18B20(0xcc);                              //向 DS18B20 发送跳过 ROM 命令
    WR18B20(0x44);                              //发启动温度转换命令
}
void Temp(void)                                 //读取温度子程序
{
    uchar i;uchar j;uchar m;uchar n;
    RST18B20();                                 //调用初始化子程序
    tmpre();                                    //等待初始化成功
    delayms(1);                                 //延时 1 ms
    WR18B20(0xcc);                              //向 DS18B20 发送跳过 ROM 命令
    WR18B20(0xbe);                              //单片机发连续读取 0～8 存储器中内容的命令
    i = RD18B20();                              //读取数据低字节
    j = RD18B20();                              //读取数据高字节
    m = i>>4;                                   //以下 4 句程序的功能是将 DS18B20 转换数据的
    n = j<<4;                                   //整数位和小数位分开存储,为了在主程序中能
    integer = m|n;                              //够使用 integer 和 point,将它们设置为全局
    point = (i&0x0f);                           //变量
}
void main()
{
    uint data1,data2,data3,data4;
    uchar P0_LED_code1,P0_LED_code2;
    int i;
```

```
data1 = 0;data2 = 0;data3 = 0;data4 = 0;
for(;;)
{
    delayms(2);
    start();                                    //启动温度转换
    for(i = 0;i<50;i++)                         //循环显示 50 次
      {
        P1_0 = 1;                               //十位位选信号
        P0_LED_code1 = LED_code[data2];         //段选码送 P0 口
        P0 = P0_LED_code1;                      //点亮 LED
        delayms(5);                             //延时 5 ms
        P1_0 = 0;
        P1_1 = 1;                               //个位位选信号
        P0_LED_code2 = LED_code[data3];
        P0 = P0_LED_code2;
        delayms(5);
        P1_1 = 0;
      }
    Temp();                                     //读取温度数据
    if(! (integer&0x80))                        //判断符号位
    {
      data1 = integer/100;                      //分离百位
      data2 = integer % 100/10;                 //分离十位
      data3 = integer % 10;                     //分离个位
      data4 = (int)(6.25 * point)/10;           //分离小数位
    }
    else
    {
      data1 = 0;data2 = 0;data3;data4;
    }
  }
}
```

6.5 思考题

数字式温度传感器 DS18B20 与模拟式的温度传感器 AD590 在构建系统上有何区别，各有何优缺点？

第 7 章

步进电动机控制综合设计

7.1 设计任务

用数码管指示电位器所在的位置，用电位器来控制步进电动机的转动：当电位器正向旋转时，步进电动机正转；当电位器反向旋转时，步进电动机反转；当电位器不动时，步进电动机停转；而且，步进电动机转动的角度与电位器旋转的角度成线性关系。

7.2 设计目的

① 掌握 A/D 转换电路的应用、掌握 8279 数码显示电路的应用、掌握步进电动机的工作原理和控制方法。

② 锻炼和培养由各个子模块单元构筑完整的微机控制系统的能力，掌握单片机控制系统的设计方法。

7.3 设计平台

- 电子电气综合实训系统。
- CPU 挂箱、电压给定电位器、系统电源。
- 二相四拍步进电动机模块、ADC0809 模/数转换模块、8279 数码管显示模块。

7.4 设计系统组成与工作原理

1. 系统的组成原理

步进电动机控制系统如图 7－1 所示。

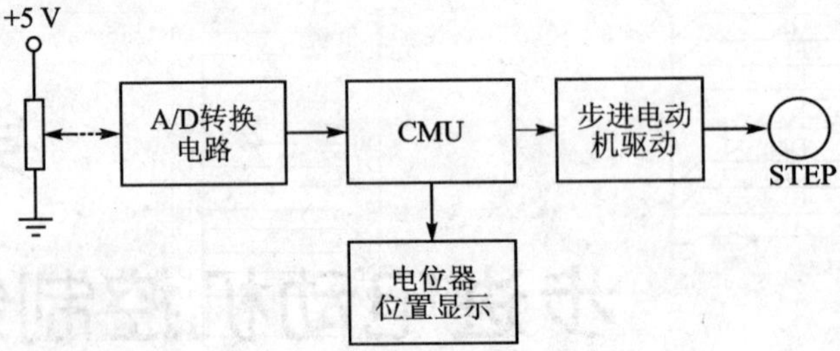

图 7-1 步进电动机控制系统

2. 各功能单元原理图

➤给定信号采样——A/D转换电路如图 7-2 所示。

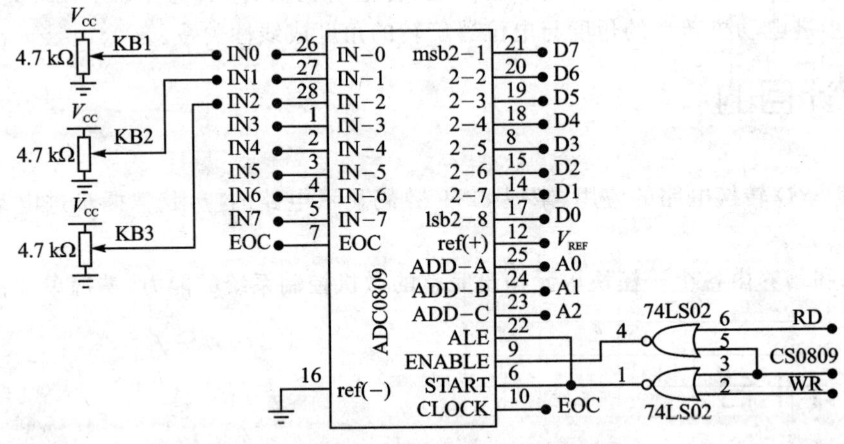

图 7-2 A/D 转换电路

➤ LED 显示——8279 显示接口电路如图 7-3 所示。

➤ 二相四拍步进电动机——步进电动机驱动电路。

(1) 步进电动机的工作原理

本模块中使用的二相四拍步进电动机共有 50 个齿，齿距角为 7.2°；每转一个齿距角需走 4 步，因而步距角为 1.8°。另外必须按照一定的次序给每个相通电，才能正常完成 4 步一个齿距的动作。电动机每相电流为 0.2 A，相电压为 5 V，通电次序如图 7-4 所示。

(2) 控制电路

控制电路如图 7-5 所示，步进电动机有 4 根引出线。红、绿为一组，红线接 A′，绿线接 A；黄、蓝为一组，黄线接 B′，蓝线接 B。

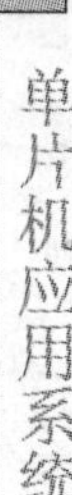

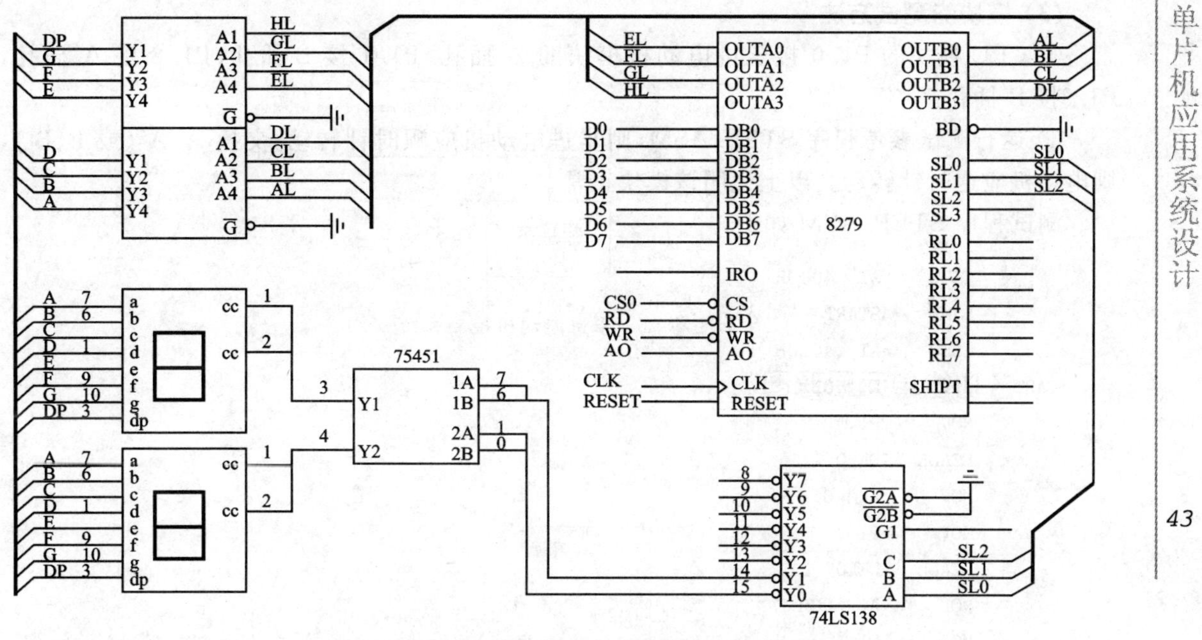

注：地址(系统固定)：数据口→CFE8H、控制口→CFE9H

图 7-3　8279 显示接口电路

相 / 顺序	A	B	A'	B'
0	1	1	0	0
1	0	1	1	0
2	0	0	1	1
3	1	0	0	1

反方向旋转 ↑↓ 正方向旋转

A　A'　B　B'

图 7-4　通电次序

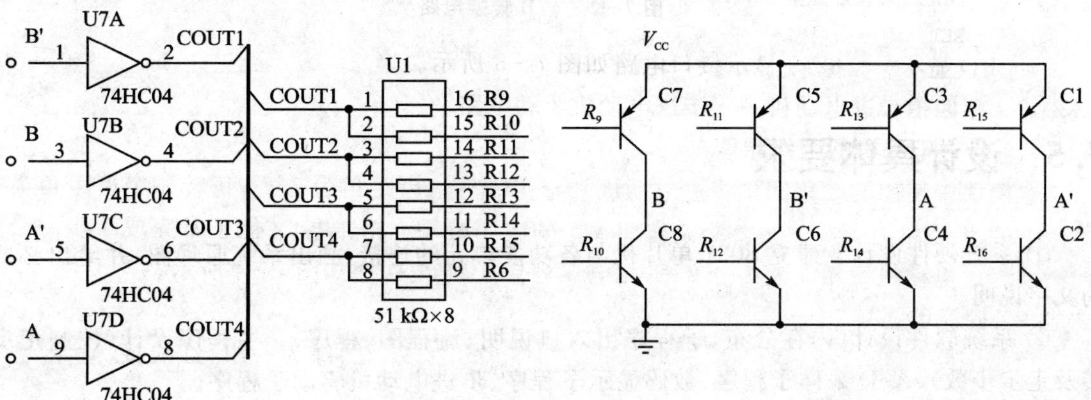

图 7-5　控制电路

(3) 模块的测试方法

① CPU模块的P1.0接步进电动机模块的A插孔，P1.1接B插孔，P1.2接A′插孔，P1.3接B′插孔。

② 运行测试参考程序STEP.ASM，则步进电动机应顺时针转动；交换A、A′(或B、B′)，则电动机应逆时针转动。以上说明该模块正常。

测试程序STEP.ASM如下：

```
          CSEG    AT  4000H
          LJMP    START
          CSEG    AT  4030H
START:    MOV     A,#03H
          MOV     P1,A
          LCALL   DEL0
          MOV     A,#06H
          MOV     P1,A
          LCALL   DEL0
          MOV     A,#0CH
          MOV     P1,A
          LCALL   DEL0
          MOV     A,#09H
          MOV     P1,A
          LCALL   DEL0
          LJMP    START
DEL0:     MOV     R2,#0FFH
DEL1:     MOV     R3,#100
          DJNZ    R3, $
          DJNZ    R2, DEL1
          RET
          END
```

7.5 设计具体要求

① 系统硬件设计。建立8031单片机与各功能单元的连接，画出系统原理图，并给出必要的文字说明。

② 系统软件设计(内存分布、子程序出入口说明、流程图、程序)。主程序设计(控制正反转及走步步数)、A/D采样子程序、数码显示子程序、步进电动机驱动子程序。

③ 设计连线，运行编制好的子程序对各功能单元进行调试。

④ 运行设计程序,结合硬件进行调试。

⑤ 旋转给定电位器,观察步进电动机是否按设计要求旋转。

⑥ 撰写设计报告。

7.6　参考程序

```
CSEG AT 0000H
          LJMP    START
START:    MOV     SP,#60H
          MOV     34H,#00110011B          //初始脉冲编码
          MOV     DPTR,#PORT              //启动通道 0
          MOVX    @DPTR,A
          JNB     P3.2,$
          MOVX    A,@DPTR
          MOV     30H,A
          NOP
          NOP
LOOP:     LCALL   ADC
          MOV     R1,35H
          LCALL   DISP
          MOV     A,35H
          CJNE    A, 30H, NEXT            //当前采样值发生变化,进入处理程序 NEXT
          LJMP    LOOP                    //两次采样值相同,返回循环体
NEXT:     JC      FANZHUAN
          SUBB    A, 30H
          MOV     R7, A
          MOV     A, 34H
L1:       MOV     P1, A                   //送正转脉冲
          RR      A
          DJNZ    R7,L1
          SJMP    F_RESTO
          NOP
FANZHUAN: CLR     C                       //求反转步数
          XCH     A,30H
          SUBB    A,30H
          MOV     R7,A
          MOV     A,34H
L2:       MOV     P1,A
          RL      A
```

```
          DJNZ    R7,L2
L2:       MOV     P1,A                          //送反转脉冲
          RL      A
          DJNZ    R7,L2
F_RESTO:  MOV     34H,A                         //记录停转时的脉冲编码
          MOV     A,35H                         //用当前采样值更新上次位置
          MOV     30H, A
          LJMP    LOOP                          //走步结束,返回循环体
          RET
ADC:      MOV     DPTR, # PORT
          MOVX    @DPTR, A
          JNB     P3.2, $
          MOVX    A,@DPTR
          RET
DISP:     MOV     A,R1
          SWAP    A
          ANL     A,# 0FH
          MOV     50H, A
          MOV     A, R1
          ANL     A,# 0FH
          MOV     51H, A
          MOV     DPTR,# 0CFE9H
          MOV     A,# 90H
          MOV     @DPTR,A
          MOV     R0,# 50H
          MOV     R1,# 02H
          MOV     DPTR,# 0CFE8H
DL0:      MOV     A, @R0
          ACALL   TABLE
          MOVX    @DPTR, A
          INC     R0
          DJNZ    R1,DL0
          SJMP    D_DEL1
TABLE:    INC     A
          MOVC    A, @A + PC
          RET
          DB    3FH, 06H,5BH,4FH,66H,6DH,7DH,07H
          DB    7FH,6FH,77H,7CH,39H,5EH,79H,71H
D_DEL1:   NOP
          RET
          END
```

第 8 章

温箱温度控制综合设计

8.1 设计任务

用电位器来控制温度,用数码管来指示加热箱的温度值。加热箱温度与步进电动机转动的角度呈线性关系。

8.2 设计目的

① 掌握 D/A 转换电路的应用、掌握 8279 数码显示电路的应用、掌握温度采集的及控制方法。

② 锻炼和培养由各个子模块功能单元构筑完整的微机控制系统的能力,掌握单片机控制系统的设计方法。

8.3 实验硬件设备

- 电子电气综合实训系统。
- CPU 挂箱、电压给定电位器、系统电源。
- 温度控制模块、ADC0809 转换模块、8279 数码管显示模块。

8.4 实验系统组成与工作原理

1. 系统的组成原理

温箱温度控制系统如图 8-1 所示。

2. 各功能单元原理图

- 给定信号采样——A/D 转换电路如图 7-2 所示。
- LED 显示——8279 显示接口电路如图 7-3 所示。
- 温度控制模块。

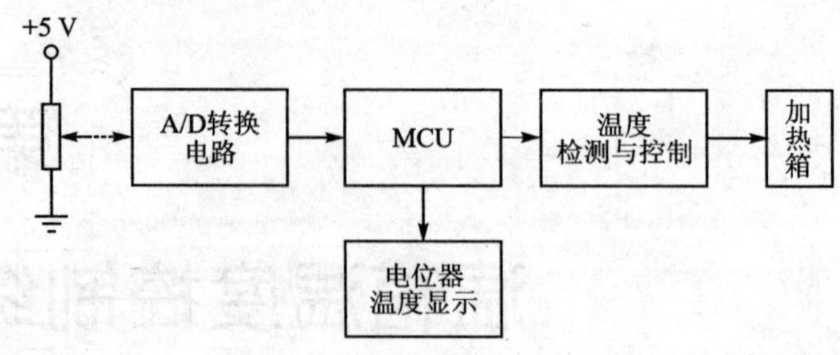

图 8-1 温箱温度控制系统

(1) 温度采集电路说明

温度采集电路如图 8-2 所示。

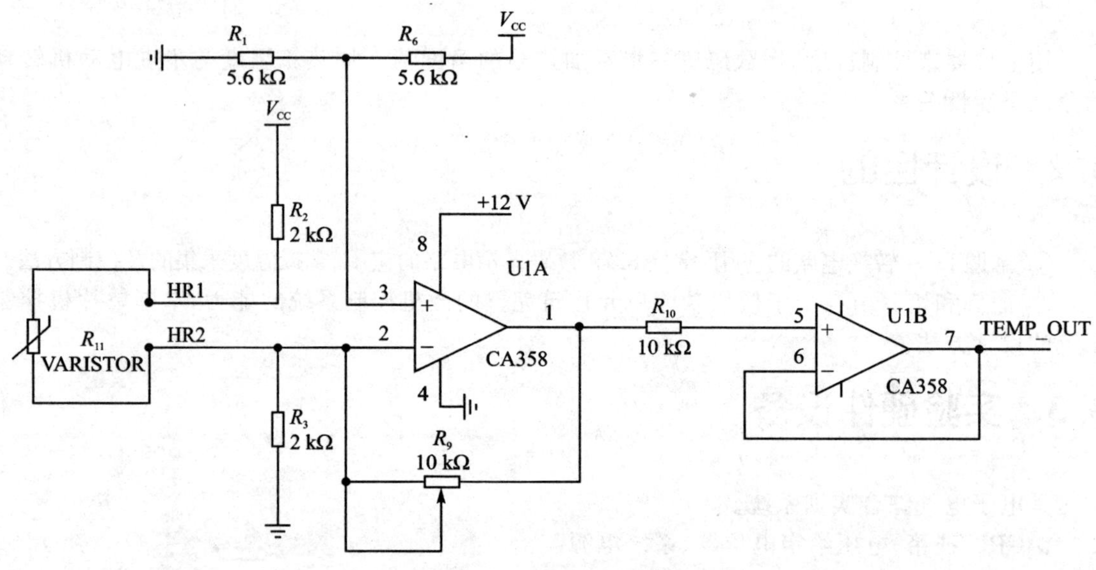

图 8-2 温度采集电路

本模块中温度信号的采集采用热敏电阻，其阻值随温度的升高而减小，经运放 LM358 转换为 A/D 模块可以处理的电压信号。室温(25℃)时，R_{11} 的阻值为 10 kΩ。当温度上升到 140℃时，阻值降为几欧。假设在此范围内，阻值随温度的变化是线性的。第 1 级 CA358 将电压信号放大，第 2 级 CA358 为电压跟随器。在实验中，假设温度从 0℃变化到 100℃，TEMP_OUT 的输出为 0～5 V，那么在室温(25℃)条件下，TEMP_OUT 的输出近似为3.75 V。因此每次实验前，必须调整 10 kΩ 电位器，使当前输出电压值与温度相匹配。

(2) 模拟温箱加热控制电路说明

如图 8-3 所示，温度的控制是通过双向可控硅 BT137 控制加热电阻 R_{12} 的加热时间来实现的。TLP521 为直流光电隔离，1、2 脚为输入端，3 脚为输出端。MC3021 为交流光电隔离，

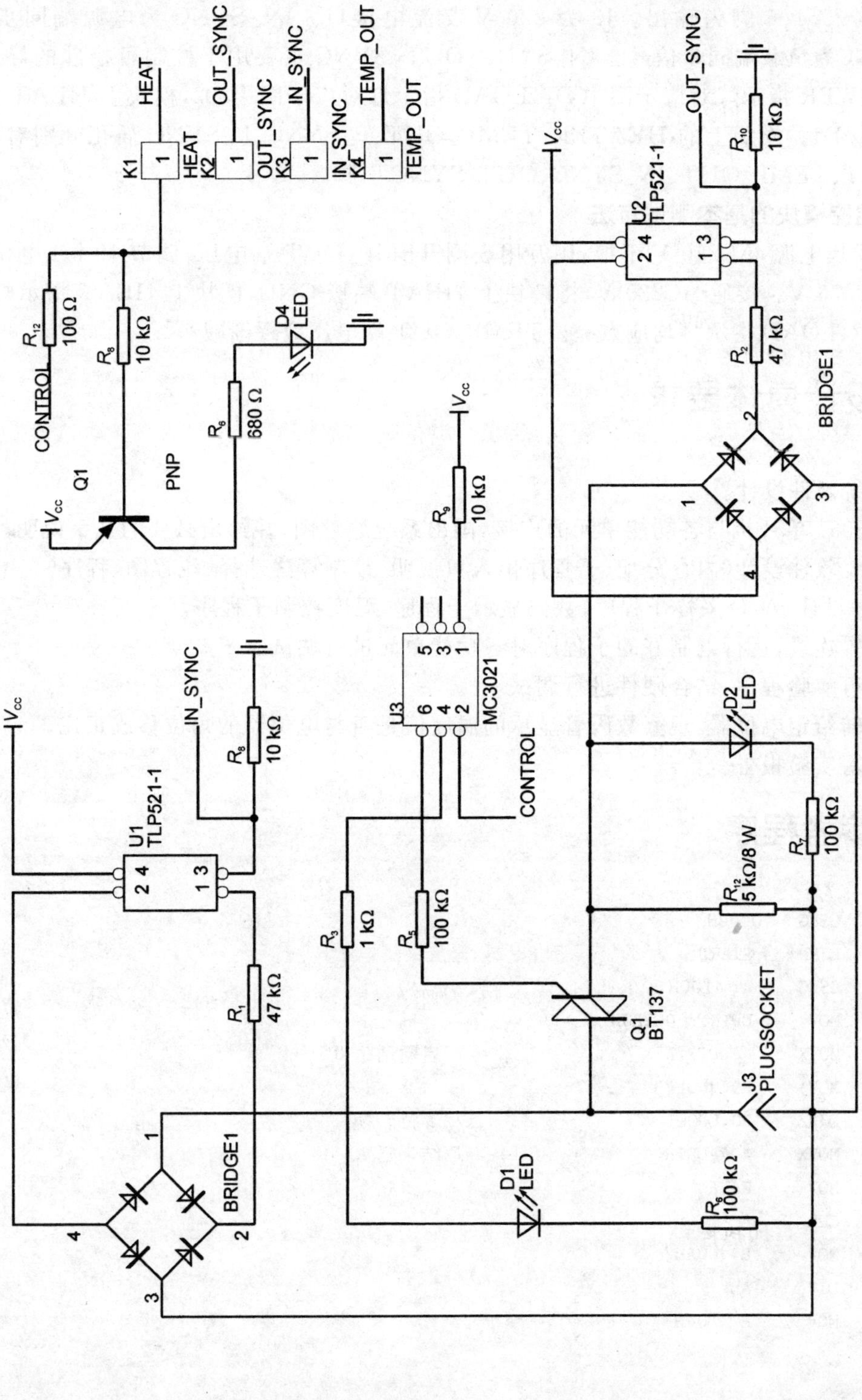

图 8-3　硬件信号采样电路

1、2脚为输入，4、6脚为输出。J3为220 V交流电接口。IN_SYNC为电源端同步信号，OUT_SYNC为负载端同步信号。IN_SYNC、OUT_SYNC主要用于控制可控硅的导通。铁壳上的POWER指示灯对应于图中D1，LOAD指示灯对应于图中D2，模块上HEAT指示灯对应于图中D4。模块上的HEATER、TEMP_OUT、P_SYNC、L_SYNC插孔分别对应于图中的HEAT、TEMP_OUT、IN_SYNC、OUT_SYNC引脚。

(3) 温控模块的基本测试方法

接通模块电源，AC220 V不接，用万用表测TEMP_OUT端电压，调节10 kΩ电位器，将电压调到3.75 V。接通AC220 V，将模块上HEAT端接GND，模块上HEAT指示灯、铁壳上POWER、LOAD指示灯均应点亮。TEMP_OUT端电压应逐渐减小。

8.5 设计具体要求

① 系统硬件设计。

建立8031单片机与各功能单元的连接，画出系统原理图，并给出必要的文字说明。

② 系统软件设计(内存分配、子程序出入口说明、控制算法选择、流程图、程序)。

主程序设计、A/D采样子程序、数码显示子程序、温度控制子程序。

③ 实验连线，运行编制好的子程序对各功能单元进行调试。

④ 运行实验程序，结合硬件进行调试。

⑤ 旋转给定电位器，观察数码管显示的温度值是否与电位器的角位移成正比。

⑥ 撰写实验报告。

8.6 参考程序

```
        CSEG AT 0000H
        LJMP    START
        CSEG    AT 4100H
START:  MOV     DPTR,#0CFA0H
        MOVX    @DPTR,A                 //启动通道0
        MOV     R0,#0FFH
LOOP1:  DJNZ    R0,LOOP1                //等待转换
        MOVX    A,@DPTR                 //结果送A
        MOV     R4,A
        CPL     A
        MOV     B,#0AH
        DIV     AB
        MOV     B,#04H
```

```
        MUL     AB
        MOV     B,#0AH
        DIV     AB
        MOV     50H,A                   //十位数送 50H
        XCH     A,B
        MOV     51H,A                   //个位数送 51H
START1: MOV     DPTR,#0CFA1H            //启动通道 1
        MOVX    @DPTR, A
        MOV     R0,#0FFH
LOOP1:  DJNZ    R0,LOOP1                //等待转换
        MOVX    A,@DPTR                 //结果送 A
        MOV     R5,A
        CPL     A
        MOV     B,#0AH
        DIV     AB
        MOV     B,#04H
        MUL     AB
        MOV     B,#0AH
        DIV     AB
        MOV     53H,A                   //十位数送 53H
        XCH     A,B
        MOV     54H,A                   //个位数送 54H
        XCH     A,B
        MOV     54H,A
        MOV     52H,#10
LOOP3:  MOV     DPTR,#0CFE9H
        MOV     A,#90H
        MOVX    @DPTR,A
        MOV     R0,#50H
        MOV     R1,#05H
        MOV     DPTR,#0CFE8H
DL0:    MOV     A,@R0
        ACALL   TABEL
        MOVX    @DPTR,A
        INC     R0
        DJNZ    R1,DL0
        ACALL   DEL1
BJ:     MOV     A,R4
        SUBB    A,R5
```

```
        JC      JR
RC:     SETB    P1.0
        LJMP    START
JR:     CLR     P1.0
        LJMP    START
TABEL:  INC     A
        MOVC    A,@A+PC
        RET
        DB  3FH,06H,5BH,4FH,66H,6DH
        DB  7DH,07H,7FH,6FH,40H
DEL1:   MOV     R6,#255
DEL2:   MOV     R7,#255
DEL3:   NOP
        DJNZ    R7,DEL3
        DJNZ    R6,DEL2
        RET
        END
```

第 9 章

考勤机系统设计

9.1 设计要求

① 实时显示时间。

② 时间可调整。

③ 考勤卡可方便写入 ID 卡号。

④ 可随时刷(读)卡。

⑤ 记录刷卡的卡号、时间并存储。

⑥ 定时打印刷卡纪录,并且当刷卡数量达到一定数量时自动打印纪录。

9.2 实现方案

① 实时显示时间：利用单片机的定时器产生时钟,并在 LED 数码管上显示。

② 时间可调整：利用键盘/显示控制芯片 8279、4×4 及键盘组成键盘输入电路随时调整时间。

③考勤卡可方便写入 ID 卡号：利用单片机的外中断 1 的服务程序完成考勤卡 ID 卡号的写入工作。

④ 可随时刷(读)卡：利用单片机外中断 0 的服务程序完成考勤卡的 ID 卡号的读出工作。

⑤ 记录刷卡的卡号、时间并存储：每次有效读卡后,将 ID 卡号、读卡的时间(分、秒)存储在系统的外部存储器中(起始地址：6000H)。

⑥ 定时打印刷卡纪录,并且当刷卡数量达到一定数量时自动打印纪录：设定两次打印的时间间隔,当时间到且存在为打印记录时即打印;或者当未打印的纪录数量达到设定值时也开始打印。

9.3 设计平台

- 电子电气综合实训系统。
- CPU 挂箱、接口挂箱。
- 微型打印机模块、IC 接触卡模块、8279 模块、8 位 LED 数码管 4×4 键盘模块。

9.4 系统定义

① 定义 IC 卡为考勤卡。

② 定义 CPU 挂箱上的单脉冲按键为写卡控制按键。

③ 定义 CPU 挂箱上的 KK1 平推开关为打印机控制开关。

④ 定义键盘模块上 4×4 键盘中的最靠右侧的一列按键(KEY14～KEY44)为应用键盘，来调整时间。其中，KEY14 为时间调整有效键；KEY24 为增量键；KEY34 为减量键；KEY44 为选中对象切换键。

9.5 主要模块原理说明

1. 微型打印机模块

微型打印机模块采用 EPSON 公司的 M－150II 型打印机芯，外加驱动电路，模块的电源从接口总线引入。模块上有一个进纸按钮，按下时，自动进纸。同时有一个启动/停止按钮：向上时，启动打印；向下时，停止打印。外加驱动电路如图 9－1 所示。

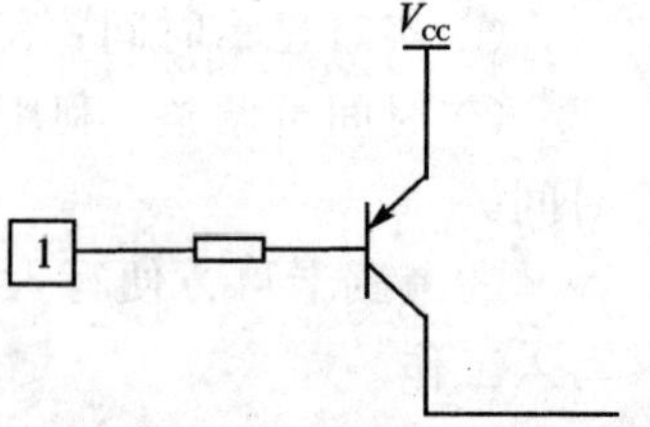

图 9－1　微型打印机模块

2. IC 接触卡模块

本模块中所用的 IC 卡为存储器卡，存储芯片为 24C01；关于 24C01 的详细使用说明请查阅相关手册。

IC 卡的电源受 POWER 引脚的控制。只有当 POWER 为高电平时，＋5 V 才能加到 IC 卡的 V_{CC}引脚上，如图 9－2 所示。

卡座的 I/O 对应于 24C01 的 SDA 引脚，CLK 对应于 SCL 引脚。RST、FUSE、PGM 用于兼容其他类型的 IC 卡，对 24C01 无作用。SW1 为插卡指示，不插卡时为高电平，插卡后变为低电平，如图 9－3 所示。

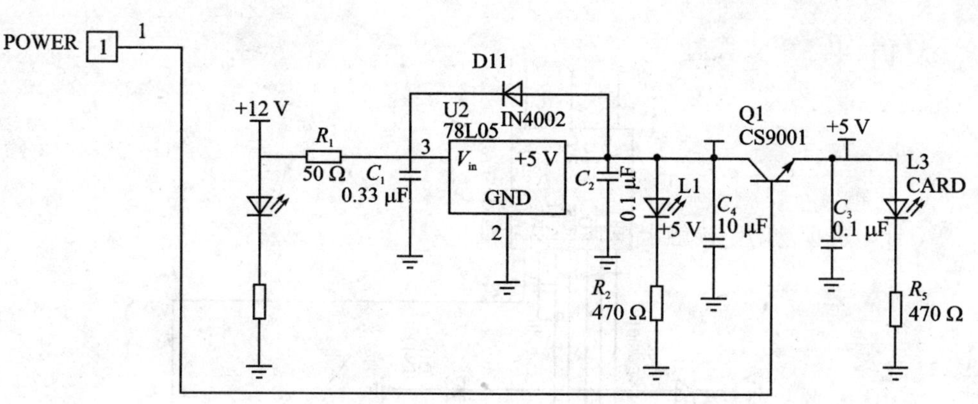

图 9-2 IC卡电源部分原理图

9.6 系统连接

1. 有关接触卡模块的接线

- 用导线将 RXD(CPU 模块)与 CLK(ICCARD 模块)相连。
- 用导线将 TXD(CPU 模块)与 IO(ICCARD 模块)相连。
- 用导线将 T0(CPU 模块)与 POWER(ICCARD 模块)相连。
- 用导线将 INT0(CPU 模块)与 SW(ICCARD 模块)相连。
- 用导线将 INT1(CPU 模块)与 P-(CPU 挂箱)相连。

2. 有关 8279 模块和键盘模块的连线

- 用短路帽将 CS8279(8279 模块)与 CS0(8279 模块)。
- 用导线将 A-DP 与 OUTB0-OUTB3、OUTA0-OUTA3(8279 模块)相连。
- 用导线将 SLED1、SLED2(KEY 模块)与 LED6、LED5(8279 模块)相连。
- 用导线将 SLED4、SLED5(KEY 模块)与 LED4、LED3(8279 模块)相连。
- 用导线将 SLED7、SLED8(KEY 模块)与 LED2、LED1(8279 模块)相连。
- 用导线将 KEYX1～KEYX4(KEY 模块)与 RL0～RL3(8279 模块)相连。
- 用导线将 KEYY4(KEY 模块)与 LED1(8279 模块)相连。
- 用导线将 8279CLK(8279 模块)与 CLK3(CPU 挂箱)相连。

3. 有关打印机模块的连线

- 用导线将 P1.0(CPU 模块)与 RESET(PRINTER 模块)相连。
- 用导线将 P1.1(CPU 模块)与 TIMEDETECT(PRINTER 模块)相连。
- 用导线将 P1.2(CPU 模块)与 PRINTPOWER(PRINTER 模块)相连。

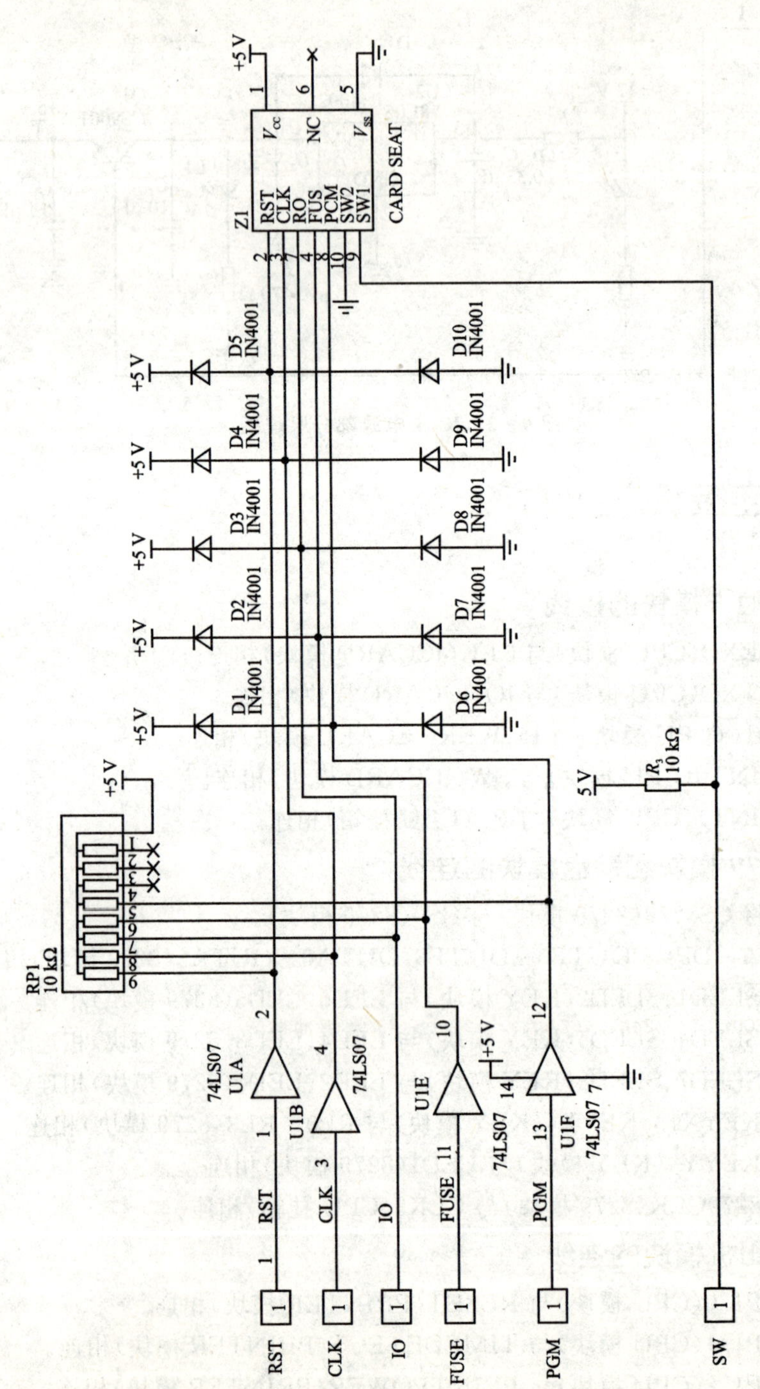

图 9-3　IC卡接口部分原理图

- 用导线将 P1.3(CPU 模块)与 PSA(PRINTER 模块)相连。
- 用导线将 P1.4(CPU 模块)与 PSB(PRINTER 模块)相连。
- 用导线将 P1.5(CPU 模块)与 PSC(PRINTER 模块)相连。
- 用导线将 P1.6(CPU 模块)与 PSD(PRINTER 模块)相连。
- 用导线将 P1.7(CPU 模块)与 K1(CPU 挂箱)相连。

9.7 参考程序

```
NAME        check                       //综合实验——考勤机
CLK         BIT     RXD                 //IC 卡操作时钟位
IO          BIT     TXD                 //IC 卡数据位
POWER       BIT     T0                  //IC 卡电源控制位
SW          BIT     INT0                //有无 IC 卡标志位
ENTER       BIT     00H                 //时钟调整允许位
M_S         BIT     01H                 //分、秒调整切换位
FLASH       BIT     02H                 //调整目标闪动标志位
PRINT       BIT     03H                 //打印机启动标志位
ADD_W       EQU     0A0H                //写卡地址
ADD_R       EQU     0A1H                //读卡地址
PORT        EQU     0CFA0H              //8279 的接口地址
REC_AD0     EQU     6000H               //读卡记录存储区首地址
CARD_AD     EQU     00H                 //IC 卡内部的操作地址
PRN_REC     EQU     10H                 //打印间隔的记录数
SEC_AL      EQU     2CH                 //两次打印间隔(秒)
PC_REC      EQU     05H                 //计划打印记录数
SEC         EQU     22H                 //秒存储字节
MIN         EQU     23H                 //分存储字节
BUF         EQU     24H                 //时钟缓冲存储字节
ID          EQU     25H                 //IC 卡号存储字节
INCB        EQU     26H                 //增量键标志存储字节
DECB        EQU     27H                 //减量键标志存储字节
REC_L       EQU     28H                 //新纪录首地址的低字节
REC_H       EQU     29H                 //新纪录首地址的高字节
SEC_L       EQU     2AH                 //读卡时上次秒存储字节
MIN_L       EQU     2BH                 //读卡时上次分存储字节
ID_L        EQU     2CH                 //读卡时上次 ID 号存储字节
P_REC_L     EQU     2DH                 //最后打印的记录号的低字节地址
P_REC_H     EQU     2EH                 //最后打印的记录号的高字节地址
```

```
I_TMP       EQU     30H         //增量键标志临时存储字节
D_TMP       EQU     31H         //减量键标志临时存储字节
SEC_TMP     EQU     32H         //秒字节显示存储字节
MIN_TMP     EQU     33H         //分字节显示存储字节
ID_TMP      EQU     34H         //IC卡号临时存储字节
TMP         EQU     35H         //临时缓冲存储字节
TMPS        EQU     36H         //秒字节临时存储字节
TMPM        EQU     37H         //分字节临时存储字节
REC_P       EQU     38H         //需要打印字节数量存储字节
PN_REC_L    EQU     39H         //计划打印到的记录号的低字节地址
PN_REC_H    EQU     3AH         //计划打印到的记录号的高字节地址
CUR_S       EQU     3BH         //当前时间换算成秒的存储字节
L_P_S       EQU     3CH         //上次打印时间换算成秒的存储字节
                                //40H～4FH是打印机专用存储区块
RR0         EQU     40H
RR1         EQU     41H
RR2         EQU     42H
RR3         EQU     43H
RR4         EQU     44H         //需要打印的字节数
RR5         EQU     45H         //每一个打印点阵字节的计数字节
RR6         EQU     46H         //一个点阵行的打印点数计数器
RR7         EQU     47H
RR8         EQU     48H
RR9         EQU     49H         //点阵行计数器(1～8)(一个字符行包括8个点阵行)
RR10        EQU     4AH         //点阵字中点阵数据字节数计数器
RR11        EQU     4BH
RR12        EQU     4CH
RR13        EQU     4DH
RR14        EQU     4EH
RR15        EQU     4FH
CSEG        AT      0000H
            LJMP    START
CSEG        AT      4003H       //读卡
            LJMP    CARD_RD
CSEG        AT      400BH       //时钟
            LJMP    CLOCK
CSEG        AT      4013H       //写卡
            LJMP    CARD_WR
CSEG        AT      4030H
```

```
        NOP
        NOP
START:  MOV     SP,#60H
        CLR     EA
        CLR     POWER
        MOV     20H,#00H
        MOV     ID_TMP,#00H
        MOV     DPTR,#PORT+1        //8279 显示 RAM 全部清零
        MOV     A,#0D1H
        MOVX    @DPTR,A
        LCALL   DELAY
        MOV     A,#00H              //设置 8279 的键盘为编码扫描方式
        MOVX    @DPTR,A
        MOV     TMOD,#01H           //定时器 0 设置为方式 1
        MOV     TL0,#0AFH           //置时间常数,每 0.1 s 中断一次
        MOV     TH0,#3CH
        MOV     SEC,#00H
        MOV     MIN,#00H
        MOV     CUR_S,#00H
        MOV     SEC_L,#00H
        MOV     MIN_L,#00H
        MOV     L_P_S,#00H
        MOV     ID,#00H
        MOV     BUF,#00H
        MOV     SEC_L,#0FFH
        MOV     MIN_L,#0FFH
        MOV     ID_L,#0FFH
        MOV     REC_L,#00H
        MOV     REC_H,#60H
        MOV     P_REC_L,#00H
        MOV     P_REC_H,#60H
        MOV     DPTR,#REC_AD0
        NOP
MEM_INI: NOP                        //初始化存储区 6000H～6FFFH 的内容为 0FFH
        NOP                         //用于记录刷卡信息
        MOV     A,#0FFH
        MOVX    @DPTR,A
        INC     DPTR
        MOV     A,DPH
```

```
            CJNE    A,#70H,MEM_INI
            SETB    EX0
            SETB    EX1
            SETB    IT0
            SETB    IT1
            SETB    ET0
            SETB    EA
            SETB    TR0
            NOP
LOOP:       NOP
            NOP
            MOV     TMP,#80H            //显示秒
            MOV     R0,#SEC_TMP
            LCALL   DISP
            INC     TMP
            MOV     R0,#MIN_TMP         //显示分
            LCALL   DISP
            INC     TMP                 //显示 IC 卡号
            MOV     R0,#ID
            LCALL   DISP
            MOV     DPTR,#PORT+1        //判断是否有键按下
            MOVX    A,@DPTR
            ANL     A,#0FH
            JZ      LP
            LCALL   KEY                 //时钟调整键值判断程序
LP:         LJMP    LOOP
            NOP
TABLE:      NOP
            NOP
            INC     A                   //取相应段显码
            MOVC    A,@A+PC
            RET
            DB  3FH,06H,5BH,4FH,66H
            DB  6DH,7DH,07H,7FH,6FH,00H,08H,40H
            NOP
DISP:       NOP
            NOP
            MOV     DPTR,#PORT+1        //写显示缓冲 RAM 命令
            MOV     A,TMP
```

```
        MOVX    @DPTR,A
        MOV     DPTR,#PORT          //8279 数据端口地址
        MOV     A,@R0               //取相应的时间值
        MOV     R1,A                //存入 R2 中
        ANL     A,#0FH              //获取低半字节
        ACALL   TABLE
        MOVX    @DPTR,A             //送入缓冲区
        INC     TMP
        MOV     DPTR,#PORT+1        //写显示缓冲 RAM 命令
        MOV     A,TMP
        MOVX    @DPTR,A
        MOV     DPTR,#PORT
        MOV     A,R1
        SWAP    A
        ANL     A,#0FH              //获取高半字节
        ACALL   TABLE
        MOVX    @DPTR,A
        RET
        NOP
CLOCK:  NOP
        NOP
        PUSH    ACC
        PUSH    PSW
        PUSH    00H
        PUSH    01H
        PUSH    03H
        MOV     TL0,#0AFH           //重置时间常数
        MOV     TH0,#3CH
        INC     BUF                 //计数值加一
        MOV     A,BUF
        CJNE    A,#0AH,ENDT0        //到 1 s 了吗？没有则退到 ENDT
        MOV     BUF,#00H            //到 1 s 了,计数值置零
        INC     CUR_S
        MOV     A,SEC
        INC     A                   //秒值加一,经十进制调整
        DA      A
        MOV     SEC,A               //送回秒字节
        CJNE    A,#60H,ENDT0        //秒值为 60 否
        MOV     SEC,#00H            //是,清零
```

```
            MOV     A,MIN
            INC     A
            DA      A
            MOV     MIN,A
            CJNE    A,#60H,ENDT0        //分值为60否
            MOV     MIN,#00H
            NOP
ENDT0:      NOP
            NOP
            JNB     PRINT,NOPRN         //判断是否需要打印
            MOV     L_P_S,CUR_S
            CPL     PRINT               //清除打印标志
            LCALL   PRN_REC1            //计算打印的字节数
            MOV     A,REC_P
            DEC     A
            MOV     REC_P,A
            JZ      NOPRN               //如果没有新数据则不打印
            INC     REC_P
            LCALL   PRN                 //启动打印
            MOV     P_REC_L,PN_REC_L    //更新上次打印到的纪录位置
            MOV     P_REC_H,PN_REC_H
            NOP
NOPRN:      NOP
            NOP
            JNB     ENTER,ENDT2         //判断时钟调整允许键是否按下
            JB      M_S,F_MIN           //判断时钟调整是分或者秒
            MOV     SEC_TMP,TMPS        //调整秒值
            MOV     A,INCB
            XRL     A,I_TMP
            JZ      S_DEC               //判断增量键是否按下
            MOV     I_TMP,INCB          //将秒值增1
            MOV     A,SEC_TMP
            CJNE    A,#0AAH,NO_F        //判断秒值是否熄灭
            LJMP    NO
NO_F:       CLR     C
            INC     A
            DA      A
            CJNE    A,#60H,NE_S
            CLR     A
```

```
NE_S:       MOV     SEC_TMP,A
            LJMP    NO
S_DEC:      MOV     A,DECB
            XRL     A,D_TMP
            JZ      NO                  //判断减量键是否按下
            MOV     D_TMP,DECB          //将秒值减 1
            MOV     A,SEC_TMP
            CJNE    A,#0AAH,NO_F1       //判断分值是否熄灭
            LJMP    NO
NO_F1:      CLR     C
            MOV     A,#5AH
            SUBB    A,SEC_TMP
            INC     A
            DA      A
            MOV     SEC_TMP,A
            MOV     A,#5AH
            SUBB    A,SEC_TMP
            DA      A
            CJNE    A,#60H,NE_S1
            MOV     A,#59H
NE_S1:      MOV     SEC_TMP,A
NO:         JB      FLASH,FLASH1
            CPL     FLASH
            MOV     TMPS,SEC_TMP
            MOV     SEC_TMP,#0AAH
            LJMP    ENDT1
ENDT2:      LJMP    ENDT3
FLASH1:     CPL     FLASH
            MOV     SEC_TMP,TMPS
            LJMP    ENDT1

F_MIN:      MOV     MIN_TMP,TMPM        //调整分值
            MOV     A,INCB
            XRL     A,I_TMP
            JZ      M_DEC               //判断增量键是否按下
            MOV     I_TMP,INCB          //将分值增 1
            MOV     A,MIN_TMP
            CJNE    A,#0AAH,NO_F2       //判断秒值是否熄灭
            LJMP    NO1
```

```
NO_F2:      MOV     A,MIN_TMP
            CLR     C
            INC     A
            DA      A
            CJNE    A,#60H,NE_S2
            CLR     A
NE_S2:      MOV     MIN_TMP,A
            LJMP    NO1
M_DEC:      MOV     A,DECB
            XRL     A,D_TMP
            JZ      NO1                 //判断减量键是否按下
            MOV     D_TMP,DECB          //将分值减1
            MOV     A,MIN_TMP
            CJNE    A,#0AAH,NO_F3       //判断分值是否熄灭
            LJMP    NO1
NO_F3:      CLR     C
            MOV     A,#5AH
            SUBB    A,MIN_TMP
            INC     A
            DA      A
            MOV     MIN_TMP,A
            MOV     A,#5AH
            SUBB    A,MIN_TMP
            DA      A
            CJNE    A,#00H,NE_S3
            MOV     A,#60H
NE_S3:      MOV     MIN_TMP,A
NO1:        JB      FLASH,FLASH2
            CPL     FLASH
            MOV     TMPM,MIN_TMP
            MOV     MIN_TMP,#0AAH
            LJMP    ENDT1
FLASH2:     CPL     FLASH
            MOV     MIN_TMP,TMPM
            LJMP    ENDT1
ENDT1:      MOV     SEC,SEC_TMP         //将调整的时间值赋给时钟
            MOV     MIN,MIN_TMP
            LJMP    ENDT4
ENDT3:      MOV     SEC_TMP,SEC         //将时钟值显示
```

```
            MOV     MIN_TMP,MIN
ENDT4:      CLR     C                       //计算当前时间与上次打印的时间间隔
            MOV     A,CUR_S
            SUBB    A,L_P_S
            JNC     ENDT5
            MOV     L_P_S,#00H
ENDT5:      CJNE    A,#SEC_AL,ENDT6         //判断是否需要打印
            CPL     PRINT
            NOP
ENDT6:      NOP
            NOP
            POP     02H
            POP     01H
            POP     00H
            POP     PSW
            POP     ACC
            RETI                            //中断返回
            NOP
DELAY:      NOP                             //软件延时
            NOP
            PUSH    PSW
            PUSH    00H
            PUSH    01H
            MOV     R0,#02H
DELAY1:     MOV     R1,#0FFH
            DJNZ    R1,$
            DJNZ    R2,DELAY1
            POP     01H
            POP     00H
            POP     PSW
            RET
            NOP
KEY:        NOP                             //按键键值识别
            NOP
            MOV     A,#40H
            MOVX    @DPTR,A
            MOV     DPTR,#PORT
            MOVX    A,@DPTR
            ANL     A,#0FH
```

```
            INC     A
            MOV     ID,A
            CJNE    A,#1,KEY2
            CPL     ENTER
            JMP     LP1
KEY2:       CJNE    A,#2,KEY3
            MOV     I_TMP,INCB
            MOV     A,INCB
            CPL     A
            MOV     INCB,A
            JMP     LP1
KEY3:       CJNE    A,#3,KEY4
            MOV     D_TMP,DECB
            MOV     A,DECB
            CPL     A
            MOV     DECB,A
            JMP     LP1
KEY4:       CJNE    A,#4,LP1
            CPL     M_S
LP1:        RET
            NOP
CARD_RD:    NOP                             //读卡程序
            NOP
            CLR     EA
            PUSH    PSW
            PUSH    DPL
            PUSH    DPH
            PUSH    00H
            PUSH    01H
            SETB    POWER                   //卡上电
            LCALL   DELAY                   //延时
            MOV     R0,#CARD_AD             //读出地址
            LCALL   READ_BYTE               //随机地址读出方式
            CLR     POWER                   //卡断电
            MOV     ID,A
            CJNE    A,ID_L,REC              //判断是否重复读卡
            MOV     A,MIN
            CJNE    A,MIN_L,REC
            MOV     A,SEC
```

```
        CJNE    A,SEC_L,REC
        LJMP    NO_REC
REC:    MOV     DPL,REC_L       //如果没有重复读卡
        MOV     DPH,REC_H       //则将卡号、分值、秒值存储
        MOV     A,ID
        MOVX    @DPTR,A
        INC     DPTR
        MOV     A,MIN
        MOVX    @DPTR,A
        INC     DPTR
        MOV     A,SEC
        MOVX    @DPTR,A
        INC     DPTR
        INC     DPTR
        MOV     REC_L,DPL
        MOV     REC_H,DPH
        MOV     ID_L,ID
        MOV     SEC_L,SEC
        MOV     MIN_L,MIN
        LCALL   PRN_REC1
        MOV     A,REC_P
        MOV     REC_P,A
        MOV     A,#PC_REC
        MOV     B,#04H
        MUL     AB
        CLR     C
        SUBB    A,REC_P
        JNC     NO_REC
        CPL     PRINT
NO_REC: POP     01H             //重复读卡
        POP     00H
        POP     DPH
        POP     DPL
        POP     PSW
        SETB    EA
        RETI
        NOP
CARD_WR: NOP                    //写卡,向 IC 卡写入 ID 号
        NOP
```

```
        CLR     EA
        CLR     IE1
        PUSH    PSW
        PUSH    00H
        PUSH    01H
        MOV     A,ID_TMP
        CLR     C
        INC     A
        DA      A                       //写入的数据
        MOV     ID_TMP,A
        SETB    POWER                   //卡上电
        LCALL   DELAY                   //延时
        MOV     R0,#CARD_AD             //写入地址
        LCALL   WRITE_BYTE              //字节写入方式
        CLR     A
        LCALL   DELAY                   //延时
        MOV     R0,#CARD_AD             //读出地址
        LCALL   READ_BYTE               //随机地址读出方式
        CJNE    A,ID_TMP,CARD_WR        //判断是否正确写入
        CLR     POWER
        MOV     ID,ID_TMP
        LCALL   DELAY
        POP     01H
        POP     00H
        POP     PSW
        SETB    EA
        RETI
        NOP
WRITE_BYTE:                             //向IC卡写入数据(字节)
        NOP
        NOP
        PUSH    ACC                     //保存A中的数据
        LCALL   WAKE                    //发开始信号
        MOV     A,#ADD_W                //写入器件地址
        LCALL   WR_BYTE
        MOV     A,R0                    //写入字节地址
        LCALL   WR_BYTE
        POP     ACC                     //恢复A中数据
        LCALL   WR_BYTE                 //写入数据
```

```
            LCALL    SLEEP
            RET
            NOP
READ_BYTE:                                 //从 IC 卡读出数据(字节)
            NOP
            NOP
            LCALL    WAKE
            MOV      A,#ADD_W              //执行空字节写序列
            LCALL    WR_BYTE               //载入数据地址
            MOV      A,R0
            LCALL    WR_BYTE
            LCALL    WAKE
            MOV      A,#ADD_R              //立即地址读取
            LCALL    WR_BYTE
            LCALL    RD_BYTE
            LCALL    SLEEP
            RET
            NOP
WAKE:       NOP                            //读写前的唤醒操作
            NOP                            //起始位
            CLR      CLK
            NOP
            NOP
            SETB     IO
            NOP
            NOP
            SETB     CLK
            NOP
            NOP
            CLR      IO
            NOP
            NOP
            CLR      CLK
            NOP
            RET
            NOP
SLEEP:      NOP                            //读写结束后的睡眠操作
            NOP
            CLR      CLK                   //停止位
```

```
            NOP
            NOP
            CLR     IO
            NOP
            NOP
            SETB    CLK
            NOP
            NOP
            SETB    IO
            NOP
            NOP
            CLR     CLK
            NOP
            NOP
            CLR     IO
            RET
            NOP
WR_BYTE:    NOP                         //向 IC 卡写入数据(8 位)
            NOP
            MOV     R1,#08              //一字节 8 位数据
            CLR     CLK
            NOP
            NOP
WR_BYTE1:
            RLC     A                   //带进位位左移,A.8->C
            MOV     IO,C                //SCL 低电平时改变 SDA 上的数据
            NOP
            SETB    CLK                 //拉高 SCL 把数据发送出去
            NOP
            NOP
            CLR     CLK
            NOP
            NOP
            DJNZ    R1,WR_BYTE1         //依次发送 A 中的 8 位数据
            SETB    IO
            SETB    CLK
            JB      IO,$                //等待 IC 卡 ACK 信号
            CLR     CLK
            NOP
```

```
            RET
            NOP
RD_BYTE:    NOP                                 //从 IC 卡读出数据(8 位)
            NOP
            MOV     R1,#08
            SETB    IO                          //设备 I/O 为输入状态
            CLR     A                           //清空 A 寄存器
RD_BYTE1:
            MOV     C,IO            //读一位数据到进位,第 1 位数据已经有第 9 个时钟的下降沿输出
            RLC     A                           //左移数据到 A.0
            SETB    CLK
            NOP
            NOP
            CLR     CLK                         //输出下一位数据
            NOP
            NOP
            DJNZ    R1,RD_BYTE1                 //依次读出 8 位数据到 A 中
            RET                                 //无应答信号
            NOP
PRN_REC1:                                       //计算需要打印的字节数
            NOP
            NOP
            PUSH    ACC
            PUSH    DPH
            PUSH    DPL
            MOV     REC_P,#00H
            MOV     DPL,P_REC_L                 //重装上次的打印位置字节
            MOV     DPH,P_REC_H
REC_RD:     MOVX    A,@DPTR
            CJNE    A,#0FFH,REC_INC
            INC     DPTR
            INC     REC_P
            MOVX    A,@DPTR
            CJNE    A,#0FFH,REC_INC
            LJMP    RETU1
REC_INC:    INC     DPTR
            INC     REC_P
            LJMP    REC_RD
RETU1:      MOV     PN_REC_L,DPL                //保存要打印到的纪录位置的打印位置
```

```
            MOV     PN_REC_H,DPH
            POP     DPL
            POP     DPH
            POP     ACC
            RET
            NOP
PRN:        NOP                             //打印程序
            NOP
            PUSH    00H
            PUSH    ACC
            PUSH    DPH
            PUSH    DPL
            MOV     P1,＃0FFH
            MOV     DPL,P_REC_L             //重装上次的打印结束的位置
            MOV     DPH,P_REC_H
            MOV     RR14,REC_P              //装入打印处理的字节数
            NOP
NO_PRN:     NOP
            NOP
            MOV     RR5,＃08H               //装入打印一个点阵字节的计数处置
            MOV     RR6,＃90H               //装入打印一个点行的计数处置(包括换行间隔)
            MOV     RR10,＃00H
            JNB     P1.7,DO_PRN             //判断是否允许打印(打印开关)
            LJMP    NO_PRN
DO_PRN:
            CLR     P1.2                    //打印机上电
PRINT50:                                    //打印第 1 个字节(打印字符)
            LCALL   PRINTLINE
            NOP
            DJNZ    RR5,PRINT50             //判断是否打印完第 1 个字节(打印字符)
            NOP
            SETB    P1.2                    //打印机断电
            LCALL   DELAY100M
            MOV     RR5,＃8
            CLR     P1.2                    //打印机上电
PRINT51:                                    //打印第 2 个字节(打印字符)
            LCALL   PRINTLINE
            NOP
            DJNZ    RR5,PRINT51             //判断是否打印完第 2 个字节(打印字符)
```

```
        NOP
        SETB    P1.2
        LCALL   DELAY100M
        MOV     RR5,＃7
        CLR     P1.2
PRINT52：                                    //打印第 3 个字节(打印字符)
        LCALL   PRINTLINE
        NOP
        DJNZ    RR5,PRINT52                  //判断是否打印完第 3 个字节(打印字符)
        NOP
        SETB    P1.2
        LCALL   DELAY100M
        MOV     RR10,＃00H
        MOV     RR5,＃08H
        MOV     RR6,＃90H
        INC     DPTR
        CLR     P1.2
PRINT550：
        LCALL   PRINTLINE1
        NOP
        DJNZ    RR5,PRINT550
        NOP
        SETB    P1.2
        LCALL   DELAY100M
        MOV     RR5,＃8
        CLR     P1.2
PRINT551：
        LCALL   PRINTLINE1
        NOP
        DJNZ    RR5,PRINT551
        NOP
        SETB    P1.2
        LCALL   DELAY100M
        MOV     RR5,＃7
        CLR     P1.2
PRINT552：
        LCALL   PRINTLINE1
        NOP
        DJNZ    RR5,PRINT552
```

```
        NOP
        SETB    P1.2
        LCALL   DELAY100M
        MOV     A,RR14
        CLR     C
        SUBB    A,＃04H
        JNZ     START11
        POP     DPL
        POP     DPH
        POP     ACC
        POP     00H
        RET
START11:
        INC     DPTR
        INC     DPTR
        INC     DPTR
        MOV     RR14,A
        LJMP    NO_PRN
PRINTLINE1:
        NOP
        JNB     P1.0,PRINTLINE1
        MOV     RR8,＃60H
        MOV     RR9,＃00H
        CLR     A
        MOV     C,P1.1
        RLC     A
        MOV     RR0,A
        LCALL   WAIT
PRINT3300:
        MOVX    A,@DPTR
        ANL     A,＃0F0H
        SWAP    A
        PUSH    DPH
        PUSH    DPL
        LCALL   UUU
        LCALL   PRINT1
        POP     DPL
        POP     DPH
        MOVX    A,@DPTR
```

```
        ANL     A,#0FH
        PUSH    DPH
        PUSH    DPL
        LCALL   UUU
        LCALL   PRINT2
        POP     DPL
        POP     DPH
        INC     DPTR
        MOVX    A,@DPTR
        ANL     A,#0F0H
        SWAP    A
        PUSH    DPH
        PUSH    DPL
        LCALL   UUU
        LCALL   PRINT3
        POP     DPL
        POP     DPH
        MOVX    A,@DPTR
        ANL     A,#0FH
        PUSH    DPH
        PUSH    DPL
        LCALL   UUU
        LCALL   PRINT4
        POP     DPL
        POP     DPH
        INC     RR9
        DEC     DPL
        MOV     A,RR9
        CJNE    A,#8,PRINT3300
        MOV     RR9,#0
        INC     RR10
        MOV     A,RR8
        JNZ     PRINT3300
        NOP
        RET
DELAY100M:
        MOV     RR6,#40         //60 ms
DEL1:   MOV     RR7,#250
DEL2:   NOP
```

```
                NOP
                DJNZ      RR7, DEL2
                DJNZ      RR6, DEL1
                RET
WAIT:           CLR       A
                MOV       C,P1.1
                RLC       A
                MOV       RR1,A
                XRL       A,RR0
                JZ        WAIT
                MOV       RR0,RR1
                RET
PRINTLINE:
                NOP
                JNB       P1.0,PRINTLINE          //等待打印头输出复位信号
                MOV       RR8,#60H                //设定一行(点阵行)所有打印针的操作次数
                MOV       RR9,#00H
                CLR       A
                MOV       C,P1.1
                RLC       A
                MOV       RR0,A
                LCALL     WAIT                    //等待打印头输出定时信号的改变
PRINT300:
                PUSH      DPH                     //保存打印字节的指针
                PUSH      DPL
                MOV       DPTR,#TABLE21           //定位第 1 个字符"第"的点阵
                LCALL     PRINT1                  //打印第 1 行的第一个点 (PRN A)
                POP       DPL
                POP       DPH                     //指针 DPTR 指向卡号字节
                MOVX      A,@DPTR                 //查找要打印的卡号(ID)字节
                ANL       A,#0F0H
                SWAP      A
                PUSH      DPH
                PUSH      DPL
                LCALL     UUU                     //定位第 2 个字符(卡号:ID 的高字节)的点阵
                LCALL     PRINT2
                POP       DPL                     //指针 DPTR 指向卡号字节
                POP       DPH
                MOVX      A,@DPTR
```

```
        ANL     A,#0FH
        PUSH    DPH
        PUSH    DPL
        LCALL   UUU              //定位第3个字符(卡号:ID的低字节)的点阵
        LCALL   PRINT3
        MOV     DPTR,#TABLE22    //定位第4个字符"号"的点阵
        LCALL   PRINT4
        POP     DPL              //指针DPTR指向卡号字节
        POP     DPH
        INC     RR9              //点阵行计数器增一
        MOV     A,RR9
        CJNE    A,#8,PRINT300    //判断是否打印完点阵数据中的的一个字节
        MOV     RR9,#0
        INC     RR10             //点阵数据字节计数器增一
        MOV     A,RR8
        JNZ     PRINT300
        NOP
        RET
UUU:    CJNE    A,#00H,II0       //查找要打印的字符的点阵
        MOV     DPTR,#TABLE10    //定位字符"0"的点阵
        RET
II0:    CJNE    A,#01H,II1
        MOV     DPTR,#TABLE11    //定位字符"1"的点阵
        RET
II1:    CJNE    A,#02H,II2
        MOV     DPTR,#TABLE12    //定位字符"2"的点阵
        RET
II2:    CJNE    A,#03H,II3
        MOV     DPTR,#TABLE13    //定位字符"3"的点阵
        RET
II3:    CJNE    A,#04H,II4
        MOV     DPTR,#TABLE14    //定位字符"4"的点阵
        RET
II4:    CJNE    A,#05H,II5
        MOV     DPTR,#TABLE15    //定位字符"5"的点阵
        RET
II5:    CJNE    A,#06H,II6
        MOV     DPTR,#TABLE16    //定位字符"6"的点阵
        RET
```

```
II6:        CJNE    A,#07H,II7
            MOV     DPTR,#TABLE17       //定位字符"7"的点阵
            RET
II7:        CJNE    A,#08H,II8
            MOV     DPTR,#TABLE18       //定位字符"8"的点阵
            RET
II8:        CJNE    A,#09H,II9
            MOV     DPTR,#TABLE19       //定位字符"9"的点阵
            RET
II9:        MOV     DPTR,#TABLE20       //定位空格的点阵
            RET
PRINT1:                                 //打印头A打印
            MOV     A,RR9
            JNZ     PRINT400
            MOV     A, RR10             //从字库中取出点阵数据
            MOVC    A, @A+DPTR
            MOV     RR3,A
PRINT400:
            MOV     A,RR3
            JNB     ACC.7, PRINT111
            CLR     P1.3
            LCALL   WAIT
            SETB    P1.3
            LJMP    PRINT311
PRINT111:
            LCALL   WAIT
PRINT311:
            MOV     A,RR3
            RL      A
            MOV     RR3,A
            RET
PRINT2:                                 //打印头B打印
            DEC     RR8
            MOV     A,RR9
            JNZ     PRINT401
            MOV     A,RR10
            MOVC    A,@A+DPTR
            MOV     RR4,A
PRINT401:
```

```
        MOV     A,RR4
        JNB     ACC.7,PRINT11
        CLR     P1.4
        LCALL   WAIT
        SETB    P1.4
        LJMP    PRINT312
PRINT11:
        LCALL   WAIT
PRINT312:
        MOV     A,RR4
        RL      A
        MOV     RR4,A
        RET
PRINT3:                                   //打印头C打印
        DEC     RR8
        MOV     A,RR9
        JNZ     PRINT402
        MOV     A,RR10
        MOVC    A,@A+DPTR
        MOV     RR13,A
PRINT402:
        MOV     A,RR13
        JNB     ACC.7,PRINT21
        CLR     P1.5
        LCALL   WAIT
        SETB    P1.5
        LJMP    PRINT313
PRINT21:
        LCALL   WAIT
PRINT313:
        MOV     A,RR13
        RL      A
        MOV     RR13,A
        RET
PRINT4:                                   //打印头D打印
        DEC     RR8
        MOV     A,RR9
        JNZ     PRINT403
        MOV     A,RR10
```

```
            MOVC    A,@A+DPTR
            MOV     RR12,A
PRINT403:
            MOV     A,RR12
            JNB     ACC.7,PRINTEND
            CLR     P1.6
            LCALL   WAIT
            SETB    P1.6
            LJMP    PRINT314
PRINTEND:
            LCALL   WAIT
PRINT314:
            MOV     A,RR12
            RL      A
            MOV     RR12,A
            DEC     RR8
            RET

TABLE10:                          //字符"0"的点阵
DB  00H,00H,00H,00H,00H,00H,00H,00H,00H,00H,00H,00H,00H,00H,00H,0EH
DB  00H,00H,11H,00H,00H,20H,80H,00H,20H,80H,00H,40H,40H,00H,40H,40H
DB  00H,40H,40H,00H,40H,40H,00H,40H,40H,00H,40H,40H,00H,40H,40H,00H
DB  20H,80H,00H,20H,80H,00H,11H,00H,00H,0EH,00H,00H,00H,00H,00H,00H
DB  00H,00H,00H,00H,00H

TABLE11:                          //字符"1"的点阵
DB  0FH,0EH,00H,00H,00H,00H,00H,00H,00H,00H,00H,00H,00H,00H,00H,04H
DB  00H,00H,3CH,00H,00H,04H,00H,00H,04H,00H,00H,04H,00H,00H,04H,00H
DB  00H,04H,00H,00H,04H,00H,00H,04H,00H,00H,04H,00H,00H,04H,00H,00H
DB  04H,00H,00H,04H,00H,00H,04H,00H,00H,3FH,80H,00H,00H,00H,00H,00H
DB  00H,00H,00H,00H,00H

TABLE12:                          //字符"2"的点阵
DB  0DH,0CH,00H,00H,00H,00H,00H,00H,00H,00H,00H,00H,00H,00H,00H,3FH
DB  00H,00H,40H,80H,00H,40H,40H,00H,40H,40H,00H,40H,40H,00H,00H,40H
DB  00H,00H,80H,00H,01H,00H,00H,02H,00H,00H,04H,00H,00H,08H,00H,00H
DB  10H,40H,00H,20H,40H,00H,40H,40H,00H,7FH,0C0H,00H,00H,00H,00H,00H
DB  00H,00H,00H,00H,00H
```

```
TABLE13：                          //字符"3"的点阵
DB  0BH,0AH,00H,00H,00H,00H,00H,00H,00H,00H,00H,00H,00H,00H,00H,3EH
DB  00H,00H,41H,00H,00H,40H,80H,00H,40H,80H,00H,00H,80H,00H,01H,00H
DB  00H,0EH,00H,00H,01H,80H,00H,00H,80H,00H,00H,40H,00H,00H,40H,00H
DB  40H,40H,00H,40H,40H,00H,40H,80H,00H,3FH,00H,00H,00H,00H,00H,00H
DB  00H,00H,00H,00H,00H

TABLE14：                          //字符"4"的点阵
DB  00H,00H,00H,00H,00H,00H,00H,00H,00H,00H,00H,00H,01H,00H,00H,03H
DB  00H,00H,03H,00H,00H,05H,00H,00H,09H,00H,00H,09H,00H,00H,11H,00H
DB  00H,21H,00H,00H,21H,00H,00H,41H,00H,00H,7FH,0E0H,00H,01H,00H,00H
DB  01H,00H,00H,01H,00H,00H,01H,00H,00H,0FH,0C0H,00H,00H,00H,00H,00H
DB  00H,00H,00H,00H,00H

TABLE15：                          //字符"5"的点阵
DB  00H,00H,00H,00H,00H,00H,00H,00H,00H,00H,00H,00H,00H,00H,00H,3FH
DB  0C0H,00H,20H,00H,00H,20H,00H,00H,20H,00H,00H,20H,00H,00H,2FH,00H
DB  00H,30H,80H,00H,20H,40H,00H,00H,40H,00H,00H,40H,00H,40H,40H,00H
DB  40H,40H,00H,40H,80H,00H,40H,80H,00H,3FH,00H,00H,00H,00H,00H,00H
DB  00H,00H,00H,00H,00H

TABLE16：                          //字符"6"的点阵
DB  00H,00H,00H,00H,00H,00H,00H,00H,00H,00H,00H,00H,00H,00H,00H,0FH
DB  00H,00H,10H,80H,00H,20H,80H,00H,20H,00H,00H,40H,00H,00H,4FH,00H
DB  00H,50H,80H,00H,60H,40H,00H,40H,40H,00H,40H,40H,00H,40H,40H,00H
DB  40H,40H,00H,20H,40H,00H,30H,80H,00H,0FH,00H,00H,00H,00H,00H,00H
DB  00H,00H,00H,00H,00H

TABLE17：                          //字符"7"的点阵
DB  00H,00H,00H,00H,00H,00H,00H,00H,00H,00H,00H,00H,00H,00H,00H,3FH
DB  0C0H,00H,60H,80H,00H,40H,80H,00H,41H,00H,00H,02H,00H,00H,02H,00H
DB  00H,04H,00H,00H,04H,00H,00H,08H,00H,00H,08H,00H,00H,08H,00H,00H
DB  08H,00H,00H,08H,00H,00H,08H,00H,00H,08H,00H,00H,00H,00H,00H,00H
DB  00H,00H,00H,00H,00H
TABLE18：                          //字符"8"的点阵
DB  00H,00H,00H,00H,00H,00H,00H,00H,00H,00H,00H,00H,00H,00H,00H,1FH
DB  00H,00H,20H,80H,00H,40H,40H,00H,40H,40H,00H,40H,40H,00H,20H,80H
DB  00H,11H,00H,00H,1FH,00H,00H,20H,80H,00H,40H,40H,00H,40H,40H,00H
DB  40H,40H,00H,40H,40H,00H,20H,80H,00H,1FH,00H,00H,00H,00H,00H,00H
```

```
DB  00H,00H,00H,00H,00H

TABLE19:                        //字符"9"的点阵
DB  00H,00H,00H,00H,00H,00H,00H,00H,00H,00H,00H,00H,00H,00H,00H,1EH
DB  00H,00H,21H,80H,00H,40H,80H,00H,40H,40H,00H,40H,40H,00H,40H,40H
DB  00H,40H,40H,00H,40H,0C0H,00H,21H,40H,00H,1EH,40H,00H,00H,40H,00H
DB  00H,80H,00H,20H,80H,00H,21H,00H,00H,1EH,00H,00H,00H,00H,00H,00H
DB  00H,00H,00H,00H,00H
TABLE20:                        //空格的点阵
DB  00H,00H,00H,00H,00H,00H,00H,00H,00H,00H,00H,00H,00H,00H,00H,00H
DB  00H,00H,00H,00H,00H,00H,00H,00H,00H,00H,00H,00H,00H,00H,00H,00H
DB  00H,00H,00H,00H,00H,00H,00H,00H,00H,00H,00H,00H,00H,00H,00H,00H
DB  00H,00H,00H,00H,00H,00H,00H,00H,00H,00H,00H,00H,00H,00H,00H,00H
DB  00H,00H,00H,00H,00H
TABLE21:                        //字符"第"的点阵
DB  00H,00H,00H,00H,02H,00H,06H,03H,00H,04H,26H,18H,0BH,0C5H,0E0H,11H
DB  08H,80H,20H,90H,0C0H,01H,20H,40H,2EH,0FFH,0E0H,00H,10H,60H,00H,10H
DB  60H,07H,0FFH,0E0H,04H,10H,40H,0CH,10H,00H,08H,10H,18H,0FH,0FFH,0F0H
DB  00H,50H,10H,00H,90H,10H,03H,33H,30H,04H,10H,0E0H,18H,10H,40H,60H
DB  10H,00H,00H,00H,00H
TABLE22:                        //字符"号"的点阵
DB  00H,00H,00H,00H,00H,00H,03H,0FFH,0C0H,02H,00H,80H,02H,00H,80H,02H
DB  00H,80H,02H,00H,80H,02H,00H,80H,03H,0FFH,80H,00H,00H,02H,3FH,0FFH
DB  0F8H,00H,80H,00H,00H,80H,00H,01H,80H,40H,01H,0FFH,0E0H,00H,00H,0C0H
DB  00H,00H,0C0H,00H,00H,80H,00H,00H,80H,00H,01H,80H,00H,3FH,00H,00H
DB  06H,00H,00H,00H,00H
RET
END
```

9.8 实验现象

① 首先检查连线,保证连线正确,然后给系统加电。

② 上位机运行 8051 的上位机程序,系统连接正常后,打开试验程序 CHECK. ASM 经编译、连接后,全速运行程序(根据需要可单步运行、单步跟踪、设置断点),键盘模块上的 LED 数码管自左至右显示“卡号”、“分”、“秒”,则程序正常运行。

③ 时间的调整:按“时间调整有效”键(KEY14),数码管上显示的“分”或者“秒”闪烁;按“增量”键(KEY24)或者“减量”键(KEY34),则数码管上闪烁的调整对象会有增 1 或减 1 的变

化;当需要改变调整对象时,按“选中对象切换”键(KEY44)可改变闪烁的对象。当调整的时间符合要求后,按“时间调整有效”键(KEY14),则退出时间调整程序,数码管恢复正常显示。

④ 考勤卡卡号的写入:将考勤卡正确推入卡座,按“写卡控制”键,数码管的左两位显示有变化,最后的结果为此卡的ID卡号,照此,可给不同的考勤卡写入不同的卡号。

⑤ 刷卡(读卡):将考勤卡正确推入卡座,数码管的左两位显示此卡的ID卡号,则刷卡成功。

⑥ 打印:在两种情况下打印,一种情况是当与上次打印的时间差达到设定值(可通过改变程序中SEC_AL的数值改变设定值),并且有新的未打印记录时打印;另一种情况是当未打印的记录数达到设定值(可通过改变程序中PC_REC的数值改变设定值)时打印。

第10章

贪食蛇游戏设计

10.1 设计任务

实现简单的贪食蛇游戏,开关组合相当于"上""下""左""右""进入""退出""暂停"等键,LCD相当于游戏显示屏。用"上""下""左""右"键移动蛇去吃食物,吃完所有食物则通过游戏。蛇头如果接触到自己身体或撞到壁,则游戏结束。"暂停"键暂停或取消暂停,"重新开始"键重新开始游戏。

10.2 设计平台

- 电子电气综合实训系统。
- CPU挂箱、接口挂箱。
- 点阵式LCD模块8251/8255扩展模块、开关组合模块。

10.3 系统组成原理

1. 系统的组成原理

系统组成原理如图10-1所示。

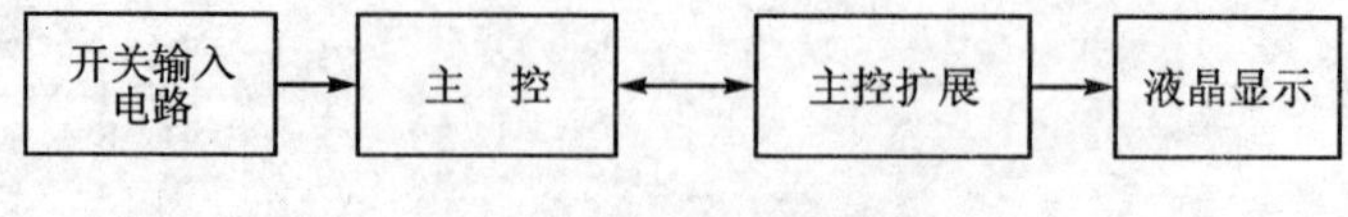

图10-1 系统组成原理图

2. 各模块简介

- 输入的实现——开关组合电路如图10-2所示。

➢ 主控——采用 8051。

➢ 主控扩展——采用 8251。

➢ 输出设备——点阵式 LCD 模块电路。

点阵式 LCD 模块由一大一小两块液晶模块组成，两模块均由并行的数据接口和应答信号接口两部分组成，电源由接口总线提供。

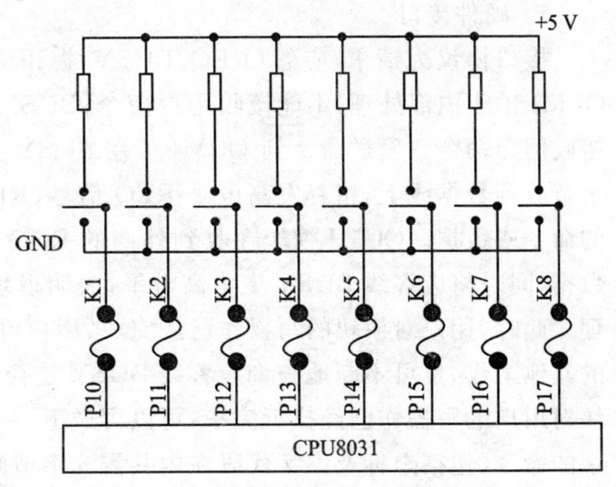

图 10-2 开关组合电路

(1) OCMJ2×8 液晶模块介绍

OCMJ 中文模块系列液晶显示器内含 GB 2312 16×16 点阵国标一级简体汉字和 ASCII8×8(半高)及 8×16(全高)点阵英文字库，用户输入区位码或 ASCII 码即可实现文本显示。

OCMJ 中文模块系列液晶显示器也可用作一般的点阵图形显示器，提供位点阵和字节点阵两种图形显示功能，用户可在指定的屏幕位置上以点为单位或以字节为单位进行图形显示，完全兼容一般的点阵模块。

OCMJ 中文模块系列液晶显示器可以实现汉字、ASCII 码、点阵图形和变化曲线的同屏显示，并可通过字节点阵图形方式造字。

本系列模块具有上下左右移动当前显示屏幕及清除屏幕的功能。一改传统的使用大量设置命令进行初始化的方法，OCMJ 中文模块所有的设置初始化工作都是在上电时自动完成的，实现了“即插即用”。同时保留了一条专用的复位线供用户选择使用，用户可对工作中的模块进行软件或硬件强制复位。规划整齐的 10 个用户接口命令代码，非常容易记忆。标准用户硬件接口采用 REQ/BUSY 握手协议，简单可靠。OCMJ2×8 引脚情况如表 10-1 所列。

表 10-1 OCMJ2×8(128×32)引脚说明

引 脚	名 称	方 向	说 明	引 脚	名 称	方 向	说 明
1	V_{LED+}	I	背光源正极(LED+5 V)	8	DB1	I	数据 1
2	V_{LED-}	I	背光源负极(LED-0 V)	9	DB2	I	数据 2
3	V_{SS}	I	地	10	DB3	I	数据 3
4	V_{DD}	I	(+5 V)	11	DB4	I	数据 4
5	REQ	I	请求信号，高电平有效	12	DB5	I	数据 5
6	BUSY	O	应答信号=1：已收到数据并正在处理中 =0：模块空闲，可接收数据	13	DB6	I	数据 6
				14	DB7	I	数据 7
7	DB0	I	数据 0				

1）硬件接口

接口协议为请求/应答（REQ/BUSY）握手方式。应答 BUSY 高电平（BUSY ＝1）表示 OCMJ 忙于内部处理，不能接收用户命令；BUSY 低电平（BUSY ＝0）表示 OCMJ 空闲，等待接收用户命令。发送命令到 OCMJ 可在 BUSY ＝0 后的任意时刻开始，先把用户命令的当前字节放到数据线上，接着发高电平 REQ 信号（REQ ＝1）通知 OCMJ 请求处理当前数据线上的命令或数据。OCMJ 模块在收到外部的 REQ 高电平信号后，立即读取数据线上的命令或数据，同时将应答线 BUSY 变为高电平，表明模块已收到数据并正在忙于对此数据的内部处理。此时，用户对模块的写操作已经完成，用户可以撤消数据线上的信号并可作模块显示以外的其他工作，也可不断地查询应答线 BUSY 是否为低（BUSY ＝0?）。如果 BUSY ＝0，表明模块对用户的写操作已经执行完毕，可以再送下一个数据。例如向模块发出一个完整的显示汉字的命令（包括坐标及汉字代码在内共需 5 字节），模块在接收到最后一个字节后才开始执行整个命令的内部操作，因此，最后一个字节的应答 BUSY 高电平（BUSY ＝1）持续时间较长，具体的时序图和时间参数说明查阅相关手册。

2）用户命令

用户通过用户命令调用 OCMJ 系列液晶显示器的各种功能。命令分为操作码及操作数两部分，操作数为十六进制；共分为 3 类 10 条，分别为：

➢ 字符显示命令。
— 显示国标汉字
— 显示 8×8 ASCII 字符
— 显示 8×16 ASCII 字符

➢ 图形显示命令。
— 显示位点阵
— 显示字节点阵

➢ 屏幕控制命令。
—清屏　— 上移　— 下移
— 左移　— 右移

注：以下所示取值范围分别为 2×8、4×8、5×10。

a. 显示国标汉字

命令格式：　F0 XX YY QQ WW

该命令为 5 字节命令（最大执行时间为 1.2 ms，Ts2＝1.2 ms），其中：

XX　　以汉字为单位的屏幕行坐标值，取值范围 00～07、02～09、00～09。

YY　　以汉字为单位的屏幕列坐标值，取值范围 00～01、00～03、00～04。

QQ WW　坐标位置上要显示的 GB 2312 汉字区位码。

b. 显示 8×8 ASCII 字符

命令格式：F1 XX YY AS

该命令为 4 字节命令(最大执行时间为 0.8 ms，Ts2＝0.8 ms)，其中：

XX　以 ASCII 码为单位的屏幕行坐标值，取值范围 00～0F、04～13、00～13。

YY　以 ASCII 码为单位的屏幕列坐标值，取值范围 00～1F、00～3F、00～4F。

AS　坐标位置上要显示的 ASCII 字符码。

c. 显示 8×16 ASCII 字符

命令格式：F9 XX YY AS

该命令为 4 字节命令(最大执行时间为 1.0 ms，Ts2＝1.0 ms)，其中：

XX　以 ASCII 码为单位的屏幕行坐标值，取值范围 00～0F、04～13、00～13。

YY　以 ASCII 码为单位的屏幕列坐标值，取值范围 00～1F、00～3F、00～4F。

AS　坐标位置上要显示的 ASCII 字符码。

d. 显示位点阵

命令格式：F2 XX YY

该命令为 3 字节命令(最大执行时间为 0.1 ms，Ts2＝0.1 ms)，其中：

XX　以 1×1 点阵为单位的屏幕行坐标值，取值范围 00～7F、20～9F、00～9F。

YY　以 1×1 点阵为单位的屏幕列坐标值，取值范围 00～40、00～40、00～40。

e. 显示字节点阵

命令格式：F3 XX YY BT

该命令为 4 字节命令(最大执行时间为 0.1 ms，Ts2＝0.1 ms)，其中：

XX　以 1×8 点阵为单位的屏幕行坐标值，取值范围 00～0F、04～13、00～13。

YY　以 1×1 点阵为单位的屏幕列坐标值，取值范围 00～1F、00～3F、00～4F。

BT　字节像素值，0　显示白点，1　显示黑点　(显示字节为横向)。

f. 清屏

命令格式：F4

该命令为单字节命令(最大执行时间为 11 ms，Ts2＝11 ms)，其功能为将屏幕清空。

g. 上移

格式：F5

该命令为单字节命令(最大执行时间为 25 ms，Ts2＝25 ms)，其功能为将屏幕向上移一个点阵行。

h. 下移

命令格式：F6

该命令为单字节命令(最大执行时间为 30 ms，Ts2＝30 ms)，其功能为将屏幕向下移动一个点阵行。

i. 左移

命令格式：F7

该命令为单字节命令(最大执行时间为 12 ms，Ts2＝12 ms)，其功能为将屏幕向左移动一个点阵行。

j. 右移

命令格式：F8

该命令为单字节命令(最大执行时间为 12 ms，Ts2＝12 ms)，其功能为将屏幕向右移动一个点阵行。

显示窗口坐标关系如图 10－3 所示。

		X=00H(L1~L16)				…	X=07H			
		L1	L2	L3	L4					
Y=00 (Line0~Line 15)	Line 0	1/0	1/0	1/0	1/0	…	1/0	1/0	1/0	1/0
	Line 1	1/0	1/0	1/0	1/0	…	1/0	1/0	1/0	1/0
	Line 2	1/0	1/0	1/0	1/0	…	1/0	1/0	1/0	1/0
	Line 3	1/0	1/0	1/0	1/0	…	1/0	1/0	1/0	1/0
	⋮									
Y=00 (Line16~Line 31)	Line 28	1/0	1/0	I/0	1/0	…	1/0	1/0	1/0	1/0
	Line 29	1/0	1/0	I/0	1/0	…	1/0	1/0	1/0	1/0
	Line 30	1/0	1/0	I/0	1/0	…	1/0	1/0	1/0	1/0
	Line 31	1/0	1/0	I/0	1/0	…	1/0	1/0	1/0	1/0
注：ASCII码坐标		X=00H(L1~L8)				------				X=0FH

图 10－3　显示窗口坐标关系

图 10－3 为汉字、ASCII 码显示屏幕坐标(ASCII 码 Y 坐标以点阵坐标为准)。例如显示图形点阵，则以 128×64(OCMJ4×8)或 128×32(OCMJ2×8)点阵坐标为准，可在屏幕任意位置显示。

(2) OCMJ2×8 液晶模块外部连接原理图及接口说明

OCMJ2×8 液晶模块外部连接原理图如图 10－4 所示，其中，DB0～DB7 插孔对应于位数据线；BUSY、REQ 插孔分别对应于图中相应的引脚。

10.4　系统连接

1) 开关组合与 8051 实际连线

P1.0～P1.7 接平推开关 K1～K8。

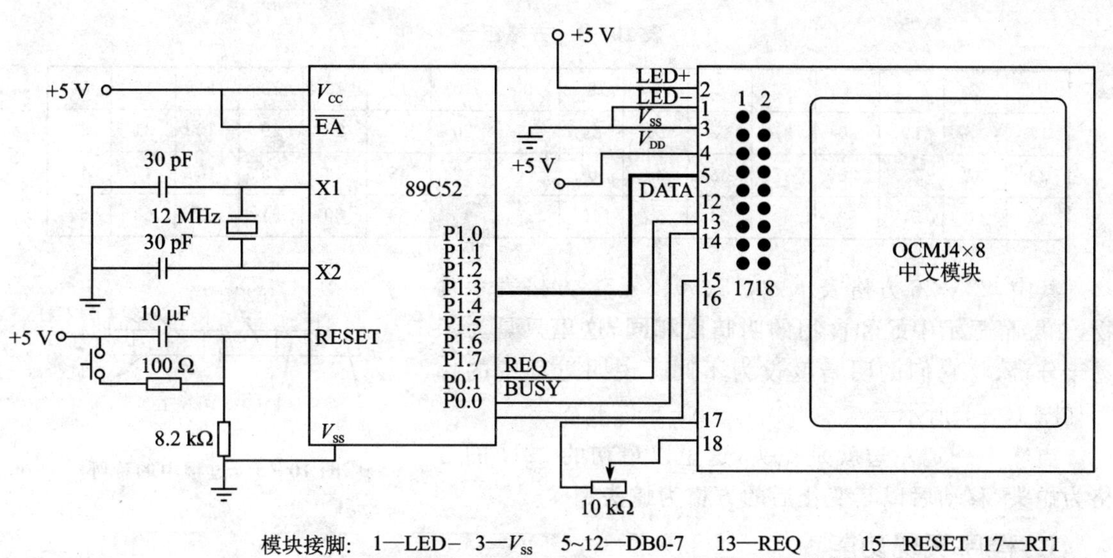

图 10-4　89C52 与 OCMJ4×8 模块连接图

2）8051 与 8255 实际连线

PA0～PA7 接 DB0～DB7，PC7 接 BUSY，PC0 接 REQ，CS8255 选择 CS0。

3）8255 与 LCD 实际连线

8255 的 PA0～PA7 接 DB0～DB7，PC7 接 BUSY，PC0 接 REQ，CS8255 接 CS0。

10.5　软件设计方案

LCD 是 128×64 点阵式，可以将 8×8 分为一个方格，则共分成 16×4 个方格，给它们编号，编号相当于方格的地址，如表 10-2 所列。

表 10-2　16×4 个方格

1	2	3	4	5	6	7	8	9	10	11	12	13	14	15	16
17	18	19	20	21	22	23	24	25	26	27	28	29	30	31	32
33	34	35	36	37	38	39	40	41	42	43	44	45	46	47	48
49	50	51	52	53	54	55	56	57	58	59	60	61	62	63	64

得到方格后，就通过方格的组合成图形，象征着“蛇”和“食物”。初始化后得到如表 10-3 所列。

表 10－3　方格组合

1	2	3	4	5	6	7	8	9	10	11	12	13	14	15	16
17	18	19	20	21	22	23	24	25	26	27	28	29	30	31	32
33	34	35	36	37	38	39	40	41	42	43	44	45	46	47	48
49	50	51	52	53	54	55	56	57	58	59	60	61	62	63	64

其中，22～26 方格表示蛇，18、30、35、58 方格表示食物，在屏幕显示中蛇和食物的明暗度相同，这里只是为了易于分辨，将它们的明暗度设为不同。说明过程中的称呼如图 10－5 所示。

当然不一定左边就是蛇头，这里以最初的 22H 的方格为蛇头，移动后以其变化后的方格为蛇头。

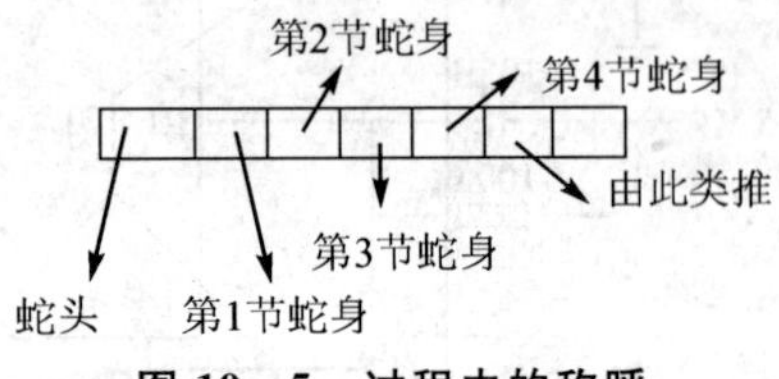

图 10－5　过程中的称呼

1. 程序实现功能

实现简单的贪食蛇游戏。开关 K2 相当于控制蛇移动方向的按键“上”，合开关 K2 蛇上移，即蛇头上移一行，然后第 1 节蛇身移到此次合 K2 前蛇头的位置，第 2 节蛇身移到此次合 K2 前第 1 节蛇身位置，即蛇身方格位置前移。例如，表 10－3 所列位置的蛇上移后如表 10－4 所列。

其余方向开关移动方式类似。开关 K3 相当于控制蛇移动方向的按键“下”，开关 K4 相当于控制蛇移动方向的按键“左”，开关 K5 相当于控制蛇移动方向的按键“右”。

开关 K6 相当于控制游戏从最初开始按键“重新开始”，蛇和食物的位置以及蛇移动的方向初始化，回到进入游戏时的状态。

开关 K7 相当于控制蛇移动暂停的按键“暂停”，单次按下后蛇停止不动，按方向键，重新开始键无效。再次按下后，蛇继续按原方向移动。

表 10－4　蛇的位置上移

1	2	3	4	5	6	7	8	9	10	11	12	13	14	15	16
17	18	19	20	21	22	23	24	25	26	27	28	29	30	31	32
33	34	35	36	37	38	39	40	41	42	43	44	45	46	47	48
49	50	51	52	53	54	55	56	57	58	59	60	61	62	63	64

2. 程序主要功能实现方法说明

从流程图(如图 10－6 所示)可看出，在左右上下间处理时都有判断蛇是否撞到墙，但处理判断是否撞到墙时，左右上下的处理过程不同，故各作一个处理过程。判断是否撞到自己和吃到食物时，处理过程相同，故作共同处理。

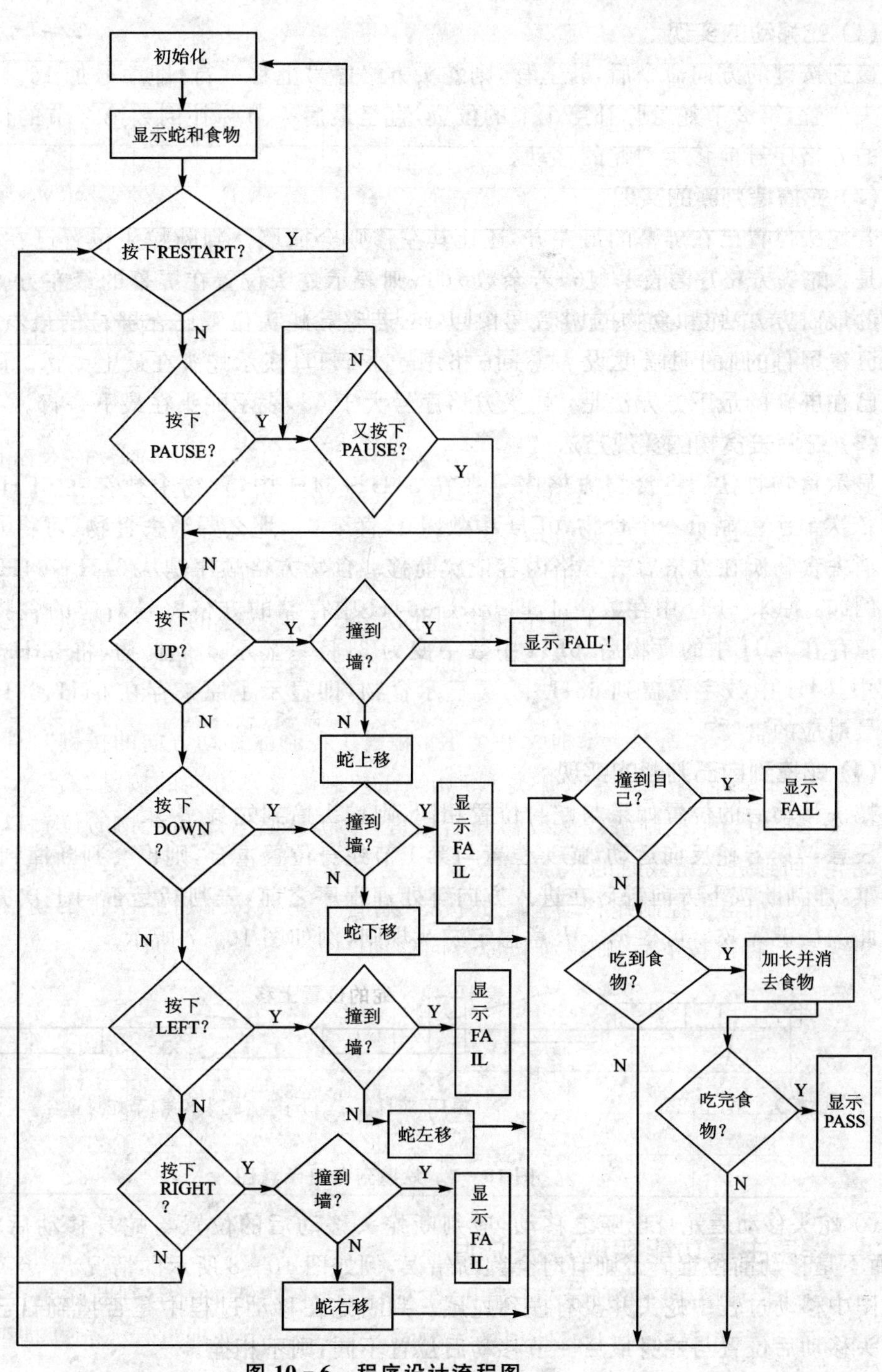

图 10-6 程序设计流程图

(1) 蛇移动的实现

接到按键的方向命令后，若上移，则蛇头方格序号上移一行，即序号加16。第1节蛇身弥补蛇头位置，第2节蛇身弥补第1节的位置，直至最后一节弥补倒数第2节的位置，即通过将它们的方格序号前移实现蛇的移动。

(2) 蛇撞墙判断的实现

若蛇头位置已在屏幕的最左方，还让其左移则会撞墙。判断蛇头位置已在屏幕最左方的方法是：蛇头方格序号除以16，若余数为1，则表示蛇头位置在屏幕的最左方。同理，判断在屏幕的最右方方法是：蛇头方格序号除以16，若整除蛇头位置已在屏幕的最右方。判断蛇头位置已在屏幕的最上方方法是：蛇头方格序号小于17，表示蛇头在最上一行。同理，判断蛇头位置已在屏幕的最下方方法是：蛇头方格序号大于48，表示蛇头在最下一行。

(3) 蛇消去食物的实现方法

显示食物方法：将食物方格序号存在61H～64H中，食物个数存在6FH中，从61H～64H依次显示。显示一个食物，6FH中数减1，直至0。那么要消去食物，可将6FH中数字减1，且消去食物所在方格后的方格内容依次前移。食物方格顺序是从61H～64H。

例如：原来6FH中存数字4，即61H～64H中存储的方格序号对应的食物都没被吃掉。蛇吃掉存在62H中的食物后，6FH中数字变为3，将只显示3个食物，将63H中数字覆盖到62H中，64H中数字覆盖到63H中，再显示食物，即显示了原来存在61H、63H、64H中的方格序号对应的食物。

(4) 蛇撞到自己判断的实现

蛇头移动后的位置如果与蛇身位置相同，则蛇头撞到蛇身。

注意：① 若蛇反向运动，蛇头位置与第1节蛇身位置重合，则也会判断撞到自己。要解决也不难，即判断按下方向键后在进入方向键处理程序之前，先判断是否与上次方向相反，若相反则此次按键无效。可根据个人意愿定游戏规则，例如图10-7所示。

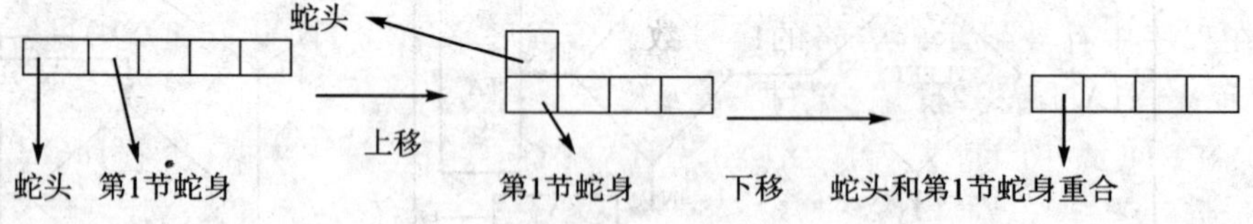

图10-7　蛇撞到自己示意图

② 蛇头移动后蛇身也随之移动，应判断蛇头移动后的位置与蛇身移动后的位置是否重叠，而不是移动前位置。否则有时会判断错误，例如图10-8所示的情况。

图中移动过程中蛇头并没有撞到蛇尾。判断蛇在移动过程中是否撞到自己的解决方法：若蛇头移动后位置与蛇身最后一节移动后位置不同，则不相撞。

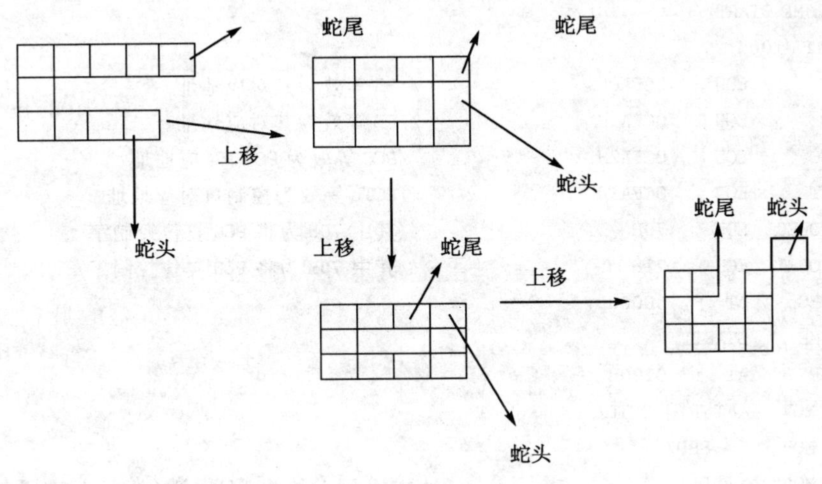

图 10-8　蛇头蛇尾不相撞示意图

3. 内存单元作用说明

51H 存蛇移动的方向：1 表示向上；2 表示向下；3 表示向左；4 表示向右；0 是初始化方向，非前后左右，即不动。

30H～38H 存蛇的位置，即依次存蛇头至蛇身最后一节的方格序号。

3EH 作为 30H 的备份，存储蛇移动前蛇头所在方格序号。

3FH 存蛇的长度，即蛇的节数。

61H～64H 存食物的位置，即依次存食物对应的方格序号。

6FH 存食物个数。

41H 存数据表中排列的序号数。子程序 PASS 和 FAIL 向 41H 输入数据，子程序 XIANA 从 41H 输出数据。

42H 在程序中存要显示的方格的序号数。子程序 XIANSHIALL 和 XIANA 向 41H 输入数据，子程序 XIAN 从 42H 输出数据。

70H 存 FFH 或 FEH，子程序 XIANSHIALL 向 70H 输入数据，子程序 XIANSHI 从 70H 输出数据。

10.6　参考程序

1. 主程序设计

```
NAME    TANSHISHE
CSEG    AT 0000H
```

```
            LJMP START
    CSEG    AT 0100H
    START: PA      EQU     0CFA0H              //PA 等效为其对应地址
           PB      EQU     0CFA1H              //PB 等效为其对应地址
           PCC     EQU     0CFA2H              //PCC 等效为 PC 口对应地址
           PCTL    EQU     0CFA3H              //PCTL 等效为控制口对应地址
           STOBE0  EQU     70H                 //其中 70H 为将 PC0 复位控制字
           STOBE1  EQU     71H                 //其中 70H 为将 PC0 复位控制字
           CSEG    AT      0000H
           LJMP    START1
           CSEG    AT      0100H
    START1:   MOV     DPTR,#PCTL//
              MOV     A,88H//
              MOVX    @DPTR,A;                 //设置 PA 口输出,PC 口高 4 位输入,低 4 位输出
              MOV     P1,#FFH;                 //设置 P1 口为输入口
              MOV     DPTR,#PCTL               //清屏
              MOV     A,#STOBE0
              MOVX    @DPTR,A;
              MOV     A,#0F4H;
              ACALL   XIAN;
              ACALL   DELAY

              MOV     30H,#22D;
              MOV     31H,#23D;
              MOV     32H,#24D;
              MOV     33H,#25D;
              MOV     34H,#26D;                //初始化蛇的初始位置,在 22,23,24,25,26 方格
              MOV     3EH,30H;                 //3EH 为 30H 的备份,初始化 3EH
              MOV     3FH,#05D;                //初始化蛇的长度,5 个
              MOV     61H,#18H;
              MOV     62H,#35H;
              MOV     63H,#58H;
              MOV     64H,#30H;                //初始化食物的位置
              MOV     6FH,#04H;                //初始化食物的个数
              MOV     51H,#00H;                //初始化蛇的运动方向
    START1    ACALL   XIANSHIALL;              //将蛇和食物显示出
              JB      P1.2,RESTART;            //判断按键,根据按键跳往各个入口
              JB      P1.3,PAUSE;
    DIRECT    JB      P1.4,UP;
```

```
        JB      P1.5,DOWN;
        JB      P1.6,LEFT;
        JB      P1.7,RIGHT;
        LJMP    WU                        //没有键按下,跳往 WU
LEFT    MOV     51H,#03H;                 //按下左键的撞墙处理
        MOV     A,#10H;
        MOV     B,A;
        MOV     A,30H;
        DIV     AB;
        MOV     A,B;
        CJNE    A,#01H,LEFT1;
        LJUNP   FAIL;
RIGHT   MOV     51H,#04H;                 //按下右键的撞墙判断处理
        MOV     A,#10H;
        MOV     B,A;
        MOV     A,30H;
        DIV     AB;
        MOV     A,B;
        CJNE    A,#00H,RIGHT1;
        LJUNP   FAIL;
UP      MOV     51H,#01H                  //按下上键的撞墙判断处理
        CLR     C;
        MOV     A,30H;
        SUBB    A,#10H;
        JB      C,UP1;
        LJUP    FAIL;
DOWN    MOV     51H,#02H;                 //按下下键的撞墙判断处理
        CLR     C;
        MOV     A,30H;
        SUBB    A,#30H;
        JNB     C,DONG1;
        LJUMP   FAIL;
PAUSE   ACALL   DELAY;                    //暂停程序,暂停后不停地判断暂停键,重新
                                          //按下暂停键即解除暂停后跳到判断方向键程序处
        JNB     P1.3,PAUSE;
        LJMP    DIRECT ;
RESTART LJMP    START;

LEFT1   DEC A;                            //按下左键的蛇头位置处理
```

```
        LJUMP   NEXT1;
RIGHT1  INC     A;                      //按下左键的蛇头位置处理
        LJUMP   NEXT1;
UP1     CLR     C;                      //按下左键的蛇头位置处理
        SUBB    A,#10H;
        LJUMP   NEXT1;
DOWN1   CLR     C;                      //按下左键的蛇头位置处理
        ADD     A,#10H;

NEXT1   ACALL   ZHUANG;                 //上下左右键判断撞到自已或碰到食物的公共处理
WU      CJNE    51H,#03H,LEFT;
        CJNE    51H,#4H,RIGHT;
        CJNE    51H,#01H,UP;
        CJNE    51H,#02H,DOWN;          //若没有键按下的处理：保持原来方向运动
        ACALL   DELAY;                  //延时
        LJUMP   START1                  //从头循环,判断按键
```

2. 子程序 XIAN

实现功能：将 42H 中 8 位数据输出到 LCD 中。

实现方法：等待 BUSY 为 0,为 0 表示 LCD 已空闲可以开始处理新的数据了。为 0 后,将数据送到 LCD 数据口,将 REQ 置位,要求 LCD 开始处理数据。要等到开始处理数据后,即 BUSY 变为 1,才可将 REQ 复位;如果立即复位,LCD 可能对不需要处理数据口中的数据误判断。

```
XIAN    NOP;
HE1     MOV     DPTR,#PCC;
        MOVX    A,@DPTR;                //将C口数移入A
        JB      ACC、7,HE1;             //等待 BUSY 为 1,为 1 表示可以处理送数据了
        MOV     DPTR,#PA;
        MOV     A,42H;
        MOV     @DPTR,A;                //将A中数送到PA口
        MOV     DPTR,#PCTL;
        MOV     A,#STOBE1;
        MOVX    @DPTR,A;                //将REQ至位
HE2     MOV     DPTR,#PCC
;       MOVX    A,@DPTR;
        JNB     ACC、7,HE2;             //等待 BUSY 为 0,为 0,REQ 可复位了
        MOV     DPTR,#PCTL;
        MOV     A,#STOBE0;
```

```
        MOVX    @DPTR,A;                    // REQ复位
        RET;
```

3. 子程序 XIANA

实现功能：显示 5 个 ASCAII 码，为显示“FAIL!”和显示“PASS!”两个程序服务。

实现方法；显示 ASCII 码的格式为 F9　XX　YY　AS，其中，XX 为以 ASCII 码为单位的屏幕行坐标值，YY 为以 ASCII 码为单位的屏幕列坐标值，AS 为坐标位置上要显示的 ASCII 字符码。先将 F9 送入，因要求 5 个 ASCII 码显示在同一行并依次相邻，则它们横坐标依次相差 1，纵坐标相同。因此循环 5 次，每次 XX 加 1，YY 不变，要显示的 ASCII 码在表中的序号也加 1，则在相邻坐标上显示表中下一个 ASCII 码。

41H 存数据表中排列的序号数。子程序 PASS 和 FAIL 向 41H 输入数据，子程序 XIANA从 41H 输出数据。42H 存要显示的方格的序号数，用于子程序 XIAN，从 42H 输出，用到暂存器 A、R3、R6、R7。

```
XIANA   MOV     R6,41H;
        MOV     R7,#05H;                    //循环次数为5
        MOV     R3,#01H;                    //显示ASCII码横坐标为01
HE4     MOV     42H,#F9H;
        ACALL   XIAN;
        MOV     42H,R3;
        ACALL   XIAN;
        MOV     42H,#01H;
        ACALL   XIAN;
        ACALL   SUB1;                       //将以R6内容为在表中的序号对应的ASCII代码移入A中
        MOV     42H,A;
        ACALL   XIAN;
        INC     R3;                         //纵坐标加1
        INC     R6;                         //指向下个ASCII代码
        DJNZ    R7,HE4;                     //循环5次
        RET;
SUB1    MOV     A,R6
        MOVC    A,@A+PC;
        RET;
DB      #66H ,#61H,#69H,#6CH,#21H;          //"FAIL!"的ASCII代码
DB      #70H,#61H,#73H,#73H;                //"PASS!"的ASCII代码
PASS    MOV     41H,#06H;                   //过关子程序，显示表中的字符“PASS!”
        ACALL   XIANA;
        ACALL   DELAY;
        LJMP    PASS;
```

```
FAIL    MOV     41H,#01H;               //没过关子程序,显示表中字符"FAIL!"
        ACALL   XIANA;
        ACALL   DELAY;
        LJMP    FAIL;
```

4. 子程序 XIANSHI

实现功能:显示41H中数字序号对应方块。

实现方法:LCD中显示字节点阵格式是F3　XX　YY　BT,其中XX、YY分别表示点位阵的横纵坐标。BT为字节像素值,0表示显示白点,1表示显示黑点(显示字节为横向)。例如,BT为FE,则得到第1～7个点为黑点,第8个点为白点的字节点阵。每个方格是8×8点阵式,由横向的8个1×8字节点阵组成,如图10-9所示。

将方块序号除以16,再将商乘以8后即为该方块第1排字节纵坐标(坐标从0开始记起),余数减1即为方块横坐标。然后在显示方块1～8排字节,即显示完整方块。例如要显示序号为36的方块,它在第3行第4列,所以该方块第1排字节横向数是第4个,纵向数为第2×8+1个(以字节点阵为记数单位,横向以8个点为单位计数,纵向以一个点为单位计数),其坐标为(4,17),其下方的7个1×8点阵坐标依次为(3,16),(3,17),(3,18),(3,19),(3,20),(3,21),(3,22),构成一个8×8方格。

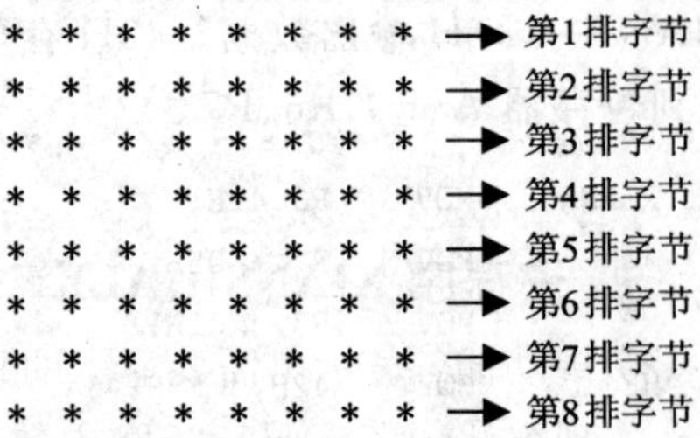

```
* * * * * * * *  → 第1排字节
* * * * * * * *  → 第2排字节
* * * * * * * *  → 第3排字节
* * * * * * * *  → 第4排字节
* * * * * * * *  → 第5排字节
* * * * * * * *  → 第6排字节
* * * * * * * *  → 第7排字节
* * * * * * * *  → 第8排字节
```

注:8×8点阵的组成单位为字节点阵

图10-9　8×8点阵

42H存要显示的方格的序号数。子程序XIANA向41H输入数据,用于子程序XIAN,从42H输出数据。70H存FFH或FEH,子程序XIANSHIALL向70H输入数据,子程序XIANSHI从70H输出数据,用到暂存器A、R1、R3、R4、R6。

```
XIANSHI MOV     R4,#08H;        //循环次数为8
        MOV     R1,42H;
        MOV     A,#10H;
        MOV     B,A;
        MOV     A,R1;
        DIV     AB;
        MOV     R3,A;           //将除的商存于R3
        MOV     A,B;
        DEC     A;              //得到要显示方格第1行字节横坐标
        MOV     R0,A;           //将横坐标存于R0
        MOV     A,#08H;
        MOV     B,A;
        MOV     A,R3;           //将除的商移出
```

```
            MUL     AB;                 //得到要显示方格第1行字节纵坐标
            MOV     R3,A;               //将纵坐标存于R3
LL          MOV     42H,#F3H;
            ACALL   XIAN;
            MOV     42H,R6;
            ACALL   XIAN
            MOV     42H,R3;
            ACALL   XIAN;
            MOV     42H,70H;
            ACALL   XIAN;               //以" F3  XX  YY  BIT"格式显示将要显示方格的第1行字节
            INC     R3;                 //纵坐标加1
            DJNZ    R4,LL;              //循环8次
            ACALL   DELAY;
            ACALL   DELAY;
            ACALL   DELAY;              //延时,使显示稳定
            RET;
```


5. 子程序 XIANSHIALL

实现功能：显示出需要显示的蛇和食物。

实现方法：将 30H～37H 中数字对应序号方块显示出来，3FH 中存要显示的个数，依序从 30H 开始，即显示蛇。并将 61H～64H 中数字对应序号的方块显示出来，3FH 中存要显示的个数，依序从 61H 开始即显示所剩食物。显示蛇时用循环结构，以蛇节数为循环次数，将#30 送到 R0，显示以@R0 为方格序号的方格。将 R0 加 1，再显示以@R0 为方格序号的方格，再将 R0 加 1，如此循环。显示食物时类似。

42H 存要显示的方格的序号数。子程序 XIANSHIALL 向 41H 输入数据，用于子程序 XIAN，从 42H 输出数据。70H 存 FFH 或 FEH，子程序 XIANSHIALL 向 70H 输入数据，用于子程序 XIANSHI，从 70H 输出数据，用到暂存器 A、R0、R3、R4。

```
XIANSHIALL  MOV     R3,3FH;             //设置循环次数设为蛇的节数
            MOV     R0,#30H;            //从30H中内容对应的方格开始显示
            MM      MOV 42H,@R0;
            MOV     70H,#FEH;           //设置42H、70H中内容,作为子程序XIANSHI入口
            ACALL   XIANSHI;
            INC     R0;                 //显示下一个方块
            DJNZ    R3,MM;
            MOV     R3,6FH;             //设置循环次数设为食物个数
            MOV     R0,#61H;            //从61中内容对应的方格开始显示
NN          MOV     42H,@R0;
            MOV     70H,#FFH;           //设置42H、70H中内容,作为子程序XIANSHI入口
```

```
        ACALL  XIANSHI;
        INC    R0;               //显示下一个方块
        DJNZ   R7,NN;
        ACALL  DELAY;
        ACALL  DELAY;
        ACALL  DELAY;            //延时,使显示稳定
        RET
```

6. 子程序 ZHUANG

实现功能:判断蛇头是否撞到自己或吃到食物,并作相应处理。

实现方法:判断是否撞到自己时用循环方式,判断吃到食物时用列举方式。判断是否撞到自己时以蛇节数为循环次数,将＃30 送到 R0。判断蛇头方格序号是否与以@R0 为方格序号的相同,相同表示撞到显示"FIAL!";不相同继续循环,将 R0 加 1,再显示以@R0 为方格序号的方格,再将 R0 加 1,如此循环。判断吃到食物时,蛇头方格序号依次与存放食物方格序号的 61H、62H、63H、64H 中存放的方格序号相比,若相同,则将顺序排在其后(顺序依次从 61H～64H)的存储单元里的方格序号前移,并将食物个数减 1,蛇个数加 1,跳向最后;若不同,则判断下一个。用到暂存器 A、R0、R4。


```
ZHUANG  MOV    R4,3FH;           //设置循环次数设为蛇的节数
        MOV    RO,＃31H;
        MOV    A,30H;
        MOV    71H,@R0;          //从 31H 中内容开始比较
        CJNE   A,71H,NXXT2;
        LJMP   FAIL;             //若相同表跳往 FAIL 子程序
NEXT2   CJNE   A,61H,NEXT3;
        DEC    6FH;              //食物个数减 1
        INC    3FH;              //长度加 1
        MOV    61H,62H;
        MOV    62H,63H;
        MOV    63H,64H;          //存在 62H～64H 食物序号依次前移至 61H～63H
        MOV    64H,＃00H;        //64H 内容清为 00H
        LJMP   NEXT 10;
NEXT3   CJNE   A,62H,NEXT4;
        DEC    6FH;              //食物个数减 1
        INC    3FH               //长度加 1
        MOV    62H,63H;
        MOV    63H,64H;          //存在 63H～64H 食物序号依次前移至 62H～63H
        MOV    64H,＃00H;        // 64H 内容清为 00H
        LJMP   NWXT10;
```

```
NEXT4   CJNE    A,63H,NEXT5;
        DEC     6FH;                //食物个数减1
        INC     3FH;                //长度加1
        MOV     63H,64H             //存在64H食物序号依次前移至63H
        MOV     64H,#00H;           //64H内容清为00H
NEXT5   CJNE    A,64H,NEXT10;
        DEC     6FH;                //食物个数减1
        INC     3FH;                //长度加1
        MOV     64H,#00H;           //64H内容清为00H
NEXT10  MOV     37H,36H;
        MOV     36H,35H;
        MOV     35H,34H;
        MOV     34H,33H;
        MOV     33H,32H;
        MOV     32H,31H;
        MOV     31H,3EH;            //60H～67H中存储的移动后的蛇的各节的方格序号修正为
                                    //移动后的蛇的各节的方格序号
        CJNE    6FH,#00H,PASS;      //判断事物是否吃完,若吃完则通过游戏
        RET;
```

7. DELAY子程序

实现功能：延时。

实现方法：MOV、DJNZ指令均需两个机器周期，所以每执行一条指令需要1÷0.256 μs，大约需35×111×111个指令实现延时功能。这里用到暂存器R2、R4、R6。

```
DELAY   MOV     R2,#23H;
DEL0    MOV     R4,#06FH;
DEL1    MOV     R6,#06FH;
DEL2    DJNZ    R6,DEL2;
        DJNZ    R4,DEL1;
        DJNZ    R2,DEL0
```

第11章

视频切换卡的设计

11.1 目的和意义

虽然近年来我国在ITS的研究和应用方面取得了长足进步，但较国外先进水平仍有相当的差距。目前，我国已经建立并开始使用的智能运输系统包括以下方面：交通控制系统；交通监视系统(CCTV)；交通管理系统；交通信息动态显示系统；交通疏导系统；交通运输安全报警系统；闯红灯违章监测系统；驾驶员考试系统；交通事故快速勘查系统；电子收费系统(ETC)。实际应用主要集中在车辆过路/桥全自动不停车收费及城市中心道路交通监控这两方面。ITS的发展空间还十分广阔。闯红灯违章监测系统即“电子警察”系统是ITS中的一个很重要的研究领域，它的使用能够有效减少交通事故的发生。

11.2 系统所需达到的要求

- 自动抓拍：抓拍时间小于50 ms。
- 两次拍照：闯红灯场景和车牌特写。
- 图像分辨率：640×240。
- 一套设备监测4个方向。
- 自动记录闯红灯的时间和地点。
- 与不同地方的车辆信息数据库链接。
- 前端路口系统能暂存100万个违章记录，4万张违章图片。
- 自动生成闯红灯违章确认单。
- 自动生成地方车辆信息数据库。

11.3 “电子警察”的系统设计要求

电子警察系统以工控机为平台，采用高分辨率、低照度的CCD彩色摄像机摄像，由视频监测器对监视区域的实时图像进行处理分析来判断是否有车辆违章。在有车辆违章时拍摄违章车辆的图像,图像保存到计算机硬盘中,并通过光纤或公用电话网络将图像和相关数据传回交通管理中心。交通管理中心的管理软件将接收的信息进行收集、存储,进行违章处理,实现由落后、低效的手工管理方式转变为先进、高效的计算机网络自动管理系统,其系统结构图如图 11-1 所示。

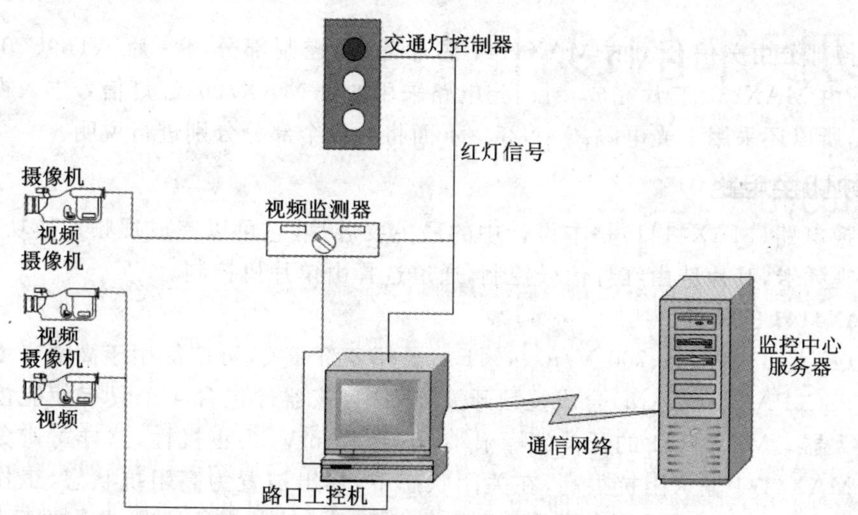

图 11-1　"电子警察"系统结构图

(1) 视频监测子系统

路口出现红灯时,监测计算机对监视区域的实时图像进行处理分析来判断是否有车辆违章。当红灯亮时,监测器开始工作,有车辆违章则送出视频捕捉触发信号;红灯灭时停止对该方向上行驶车辆的监测。

(2) 视频捕捉子系统

视频捕捉子系统由与交通灯控制器的接口单元、逻辑控制单元、彩色 CCD 摄像机、视频捕捉卡组成。与交通灯控制器的接口单元共同负责接收红灯信号。其中,逻辑控制单元主要控制摄像机与视频捕捉卡的运作。路口的工控机同时控制多部摄像机。当逻辑控制单元接收到视频监测子系统送出的触发信号后接通监控相应车道的摄像机,并启动视频捕捉程序,拍下行驶在该车道上违章车辆的近景图和全景图。近景图用于读取车牌号码,全景图反映路口情况,包括路口红灯、车辆违章全貌。图像以文件的形式存于工控机的硬盘中。

(3) 图像压缩、传输子系统

由 CCD 拍摄的图像是 BMP 格式的,文件容量较大,不适应存储和远程传输,因此需先对图像进行压缩。图像的压缩采用 JPEG 算法,生成 JPG 图像。

(4) 监控中心管理子系统

监控中心管理子系统采用数据网络化管理,使登录、管理、处罚 3 项工作活动能互异信息共享，有机地构成一个主体。数据管理系统由数据服务模块、违章车辆登录模块、数据管理模块和违章处罚模块组成。

11.4 视频切换卡硬件电路设计

视频切换部分由美信公司的 MAX4141 芯片完成，控制部分由一片 AT89C2051 芯片控制，串口通信由 MAX232 芯片完成，看门狗电路采用的是 MAX706，红灯信号进入视频切换卡的电压较高，所以还采用了光电隔离 4N25。下面将对各个部分分别进行说明。

1. 视频切换电路

视频切换电路(MAX4141)是本设计中的最主要芯片，它可以完成视频切换功能，直接连接摄像机和视频卡，其片选由红灯信号控制，通道选择由单片机控制。

(1) MAX4141 的特性

MAX4141 是 330 MHz、700 V/μs、4×1 的视频多路开关，可广泛用于高清晰度电视广播(HDTV、NTSC、PAL、SECAM)合成视频开关阵列中，该器件包含 4 个具有使能控制逻辑的开环缓冲放大器。MAX4141 的开关尖峰很小，小于 13 mV，为正极性，这样可避免与同步脉冲的混淆。MAX4141 输入阻抗很高，在关闭状态下，输出被置为高阻抗状态，工作电流仅为 250 μA。其输出采用开环结构，能驱动电容性负载而不产生振荡。在组成大的开关阵列（如广播/ HDTV 质量彩色信号多路开关、视频通路和开关矩阵、彩色图像信号通路和远程通信信路等）的应用中是比较理想的器件。

(2) 芯片引脚排列及说明

图 11-2 为芯片引脚图，引脚功能说明如表 11-1 所列。

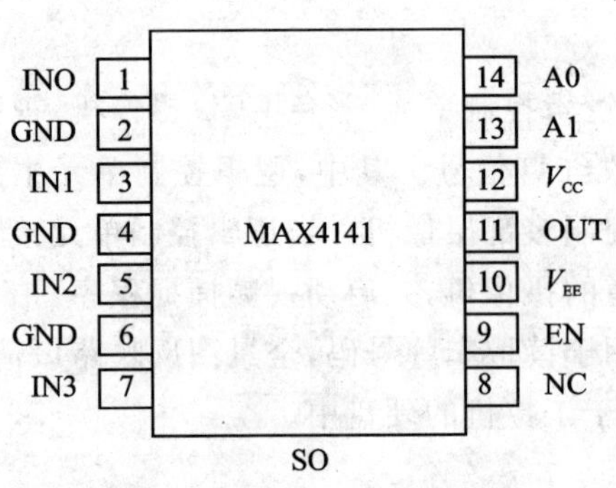

图 11-2　MAX4141 引脚图

表 11-1　MAX4141 控制真值表

输入状态/输出状态

A1	A0	EN	OUT
X	X	0	高阻抗
0	0	1	INT0
0	1	1	INT1
1	0	1	INT2
1	1	1	INT3

2. 中央控制部分

中央控制部分(AT89C2051)作为本设计的控制芯片，决定 MAX4141 的通道选择和接收上位机的数据，分析判断并执行相关操作，是设计的核心部分；软件方面的编程也是针对它的。

AT89C2051 的连接示意图如图 11－3 所示。

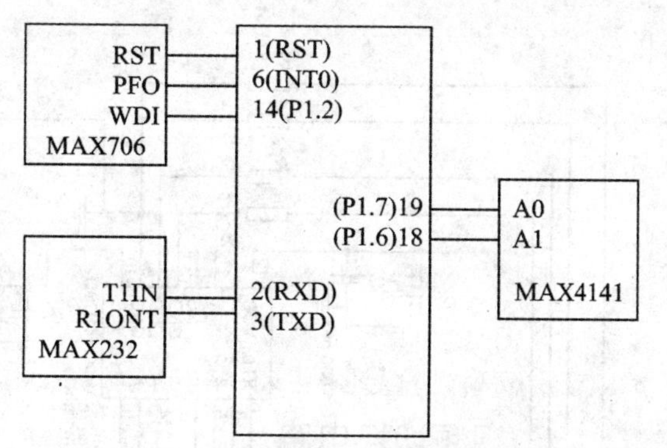

图 11－3 AT89C2051 的连接示意图

P1.7 和 P1.6 连接 MAX4141 的通道选择位 A0 和 A1，用于调整 MAX4141 输出端的信号来源于哪个路口或近景、远景。P1.2 连接 MAX706 的 WDI 引脚，是为了在小于 1.6 s 的时间内给 MAX706 的 WDI 输入脉冲，证明 AT89C2051 中的程序未进入死循环，阻止 MAX706 发出 RST 信号，使 AT89C2051 复位。RST 连接的是 MAX706 的复位信号发出端，当程序进入死循环或电压超出规定的范围时，MAX706 的 RST 引脚发出高电平，使 AT89C2051 复位。P3.0 和 P3.1 是单片机的串口，它连接 MAX232 的 11 和 12 引脚，接收由 MAX232 转换的＋5 V 电压的串口信号。P3.2 和 P3.3 是单片机的两个中断源，分别连接 MAX796 的 PFO 端和 4N25 转换后的红灯信号，其作用都是为了引起单片机处理外部中断。当供电电压低于规定值时，MAX706 将使 PFO 端由低变高，使 AT89C2051 响应 INT0 的中断；当有红灯信号来时，P3.3 被拉高，使 AT89C2051 响应 INT1 的中断。

3. 看门狗电路

看门狗电路（MAX706）系列监控器是 MAXIM 公司生产的具有代表性的多功能微处理器监控电路，性价格比极高，广泛用于各种手持、智能设备及计算机、通信设备中。MAX706 具有以下几个功能：

① 提供上电、断电复位功能。

② 提供独立的看门狗保护功能。

③ 提供电源电压监测告警功能。

④ 提供手动复位功能。

4. 光电耦合器 4N25

红灯信号直接进入本视频切换卡，作为一个控制信号。但是，直接的红灯信号不知道是多少伏的电压，单片机还不能直接使用，必须经由电平转换转换到5 V。因此，加入一个光电隔离耦合器 4N25 变换电平。其后的 74LS04 有消除毛刺的作用，使输入信号被单片机稳定地接收。4N25 的引脚和功能框图如图 11－4 所示。

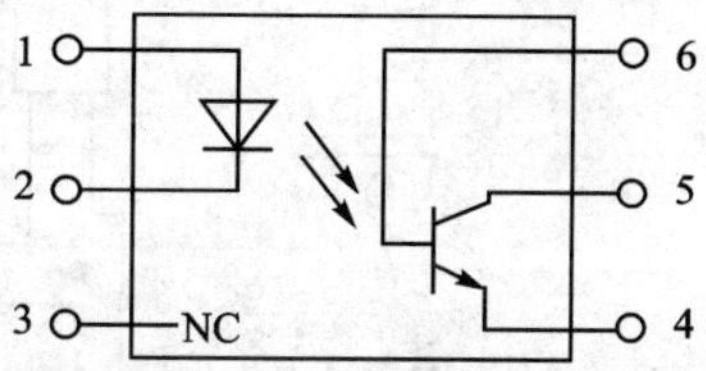

图 11－4 4N25 引脚和功能框图

5. 串口通信部分

由于本设计的数据传输距离比较短，数据量不是很多，且单片机和上位机都有串行口，因此采用串行通信。采用 MAX232 芯片，进行电压变换。

中央控制部分原理如图 11－5 所示。

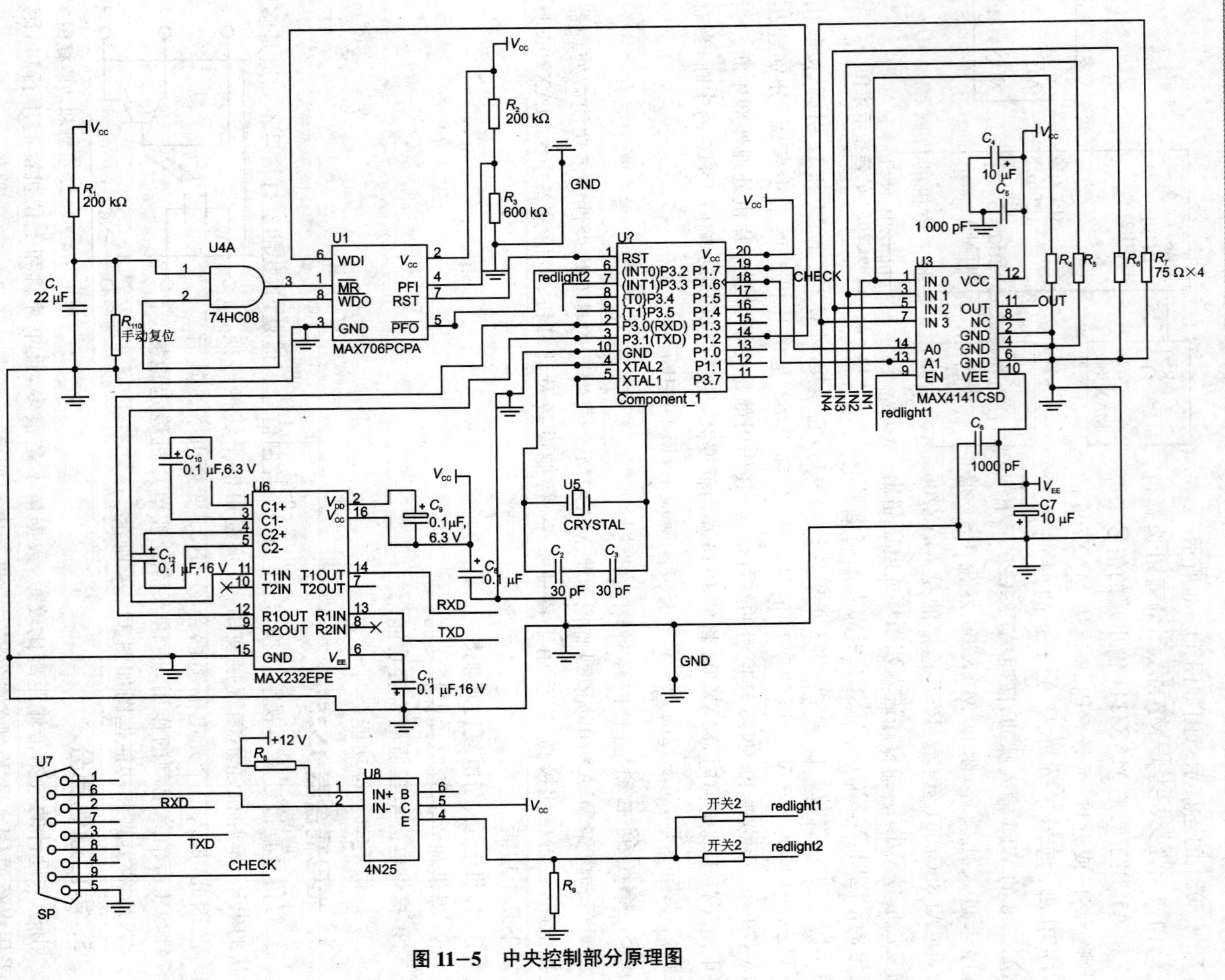

图 11-5 中央控制部分原理图

11.5　视频切换卡软件设计

11.5.1　总体软件设计

软件的总体布局是：主循环中改变看门狗 MAX706 电路的 WDI 引脚的状态，其他的信号都通过中断的方式引入，INT0 和 INT1 分别对应 MAX706 的 PFO 引脚和视频监测信号，红灯信号作为视频切换芯片 MAX4141 的使能端，串行中断用于接收上位机的数据和命令。

硬件系统监测到视频监测信号产生的中断时，软件就会给上位机发出 INT_FRAME 的一帧，以说明已监测到有车辆违规。上位机此时也监测到有红灯信号的时候，就响应此帧，与单片机建立串行通信和视频通信，进行视频采集工作。主流程如图 11－6 所示。

11.5.2　单片机和工控机通信

(1) 通信协议及任务

单片机和工控机（上位机）之间通过串行口通信。根据实际需要定义了表 11－2 所列的几种帧。表中的校验和是由“内容”列中数据“异或”运算后得到的，用于保证帧的正确性。前导字符用于同步计算机和单片机。

表 11－2　串行通信协议

帧　名	方　向		帧格式			描　述
	发帧	收帧	前导数字 (Hex)	内容 (Hex)	校验和 (Hex)	
错误帧	单片机	计算机	0x7F	0x08＋0x72	0x5E	通知计算机收到错误帧
正确帧	单片机	计算机	0x7F	0x08＋0x71	0x5D	通知计算机收到命令正确，已执行操作
初始化帧	单片机	计算机	0x7F	0x08＋0x70	0x5C	通知计算机可以开始采集流程
错误帧 1	单片机	计算机	0x7F	0x02＋0x24	0x02	通知计算机收到帧的第 1 帧是 0x65，但第 2 帧错误
错误帧 2	单片机	计算机	0x7F	0x01＋0x24	0x01	通知计算机收到帧的第 1 帧是 0x08，但第 2 帧错误
采集帧	计算机	单片机	0x7F	0x65＋0x51	0x34	计算机准备采集东西方向
采集帧	计算机	单片机	0x7F	0x65＋0x52	0x35	计算机准备采集南北反向
采集近景	计算机	单片机	0x7F	0x65＋0x53	0x36	采集近景
采集远景	计算机	单片机	0x7F	0x65＋0x56	0x39	采集远景
结束帧	计算机	单片机	0x7F	0x65＋0x57	0x3A	采集结束
回复正确帧	计算机	单片机	0x7F	0x08＋0x71	0x79	计算机收到的数据正确
回复错误帧	计算机	单片机	0x7F	0x08＋0x72	0x7A	计算机收到的数据错误

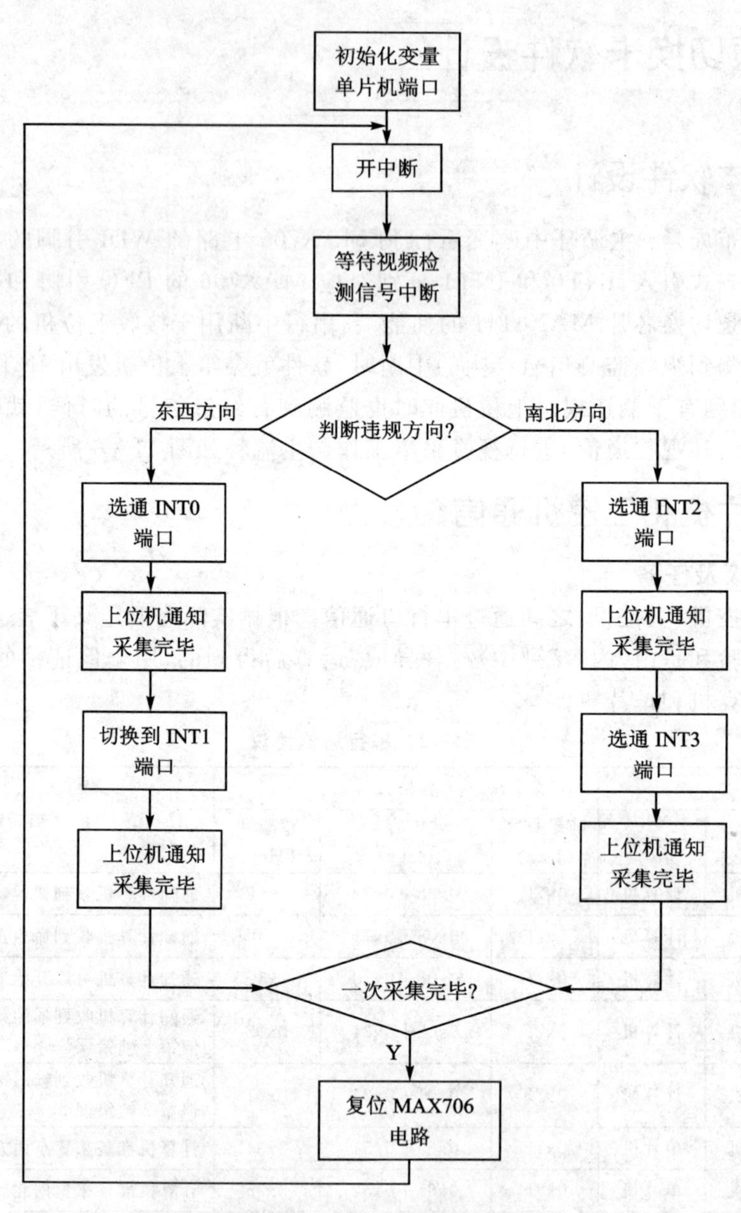

图 11-6　单片机主程序流程图

(2) 单片机通信模块

单片机的接收数据是基于串行中断的，每次接收一个数据。接收的流程如图 11-7 所示。

单片机的发送数据采用循环发送的方式。单片机将一个数据放入发送缓冲区(SBUF)之后，不断查询 TI 状态，如果发送完毕再将另一个数据放入发送缓冲区。

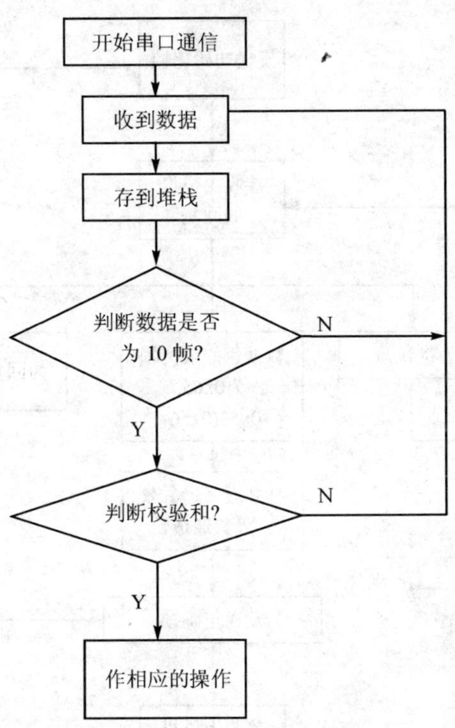

图 11－7　串口接收流程图

单片机接收到上位机传输的数据后，要对其进行处理，包括判断其正确性、帧的种类和接收后的操作等。图 11－8 是帧分析处理流程。

(3) 工控机(上位机)通信模块

工控机部分的主要工作是在计算机上实现通信协议，完成和硬件之间信号交换。工控机的通信流程和单片机的流程一样，不过是用同一协议的两种语言来实现。

11.6　参考程序

```
# include <reg51.h>
# define error_frame 0
# define right_frame   1
# define first_frame   2
# define right_answer_frame 3
# define error_answer_frame 4
# define error__frame1 5
# define error__frame2 6
```

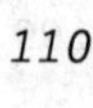

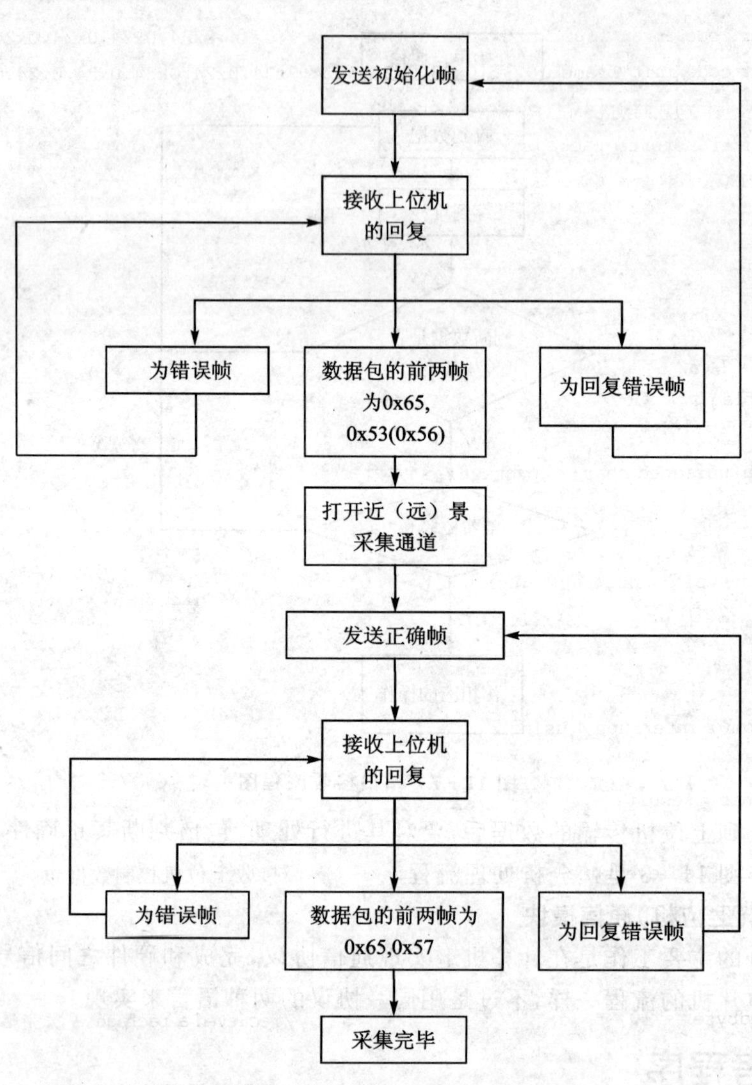

图 11-8 帧分析流程图

```
#define uint unsigned int
#define uchar unsigned char
#define true   1
#define false 0
//定义帧
unsigned char code fail_package[10] = {0x08,0x72,0x24,0x24,0x24,0x24,0x24,0x24,0x24,0x5E};
unsigned char code ucc_package[10] = {0x08,0x71,0x24,0x24,0x24,0x24,0x24,0x24,0x24,0x5D};
unsigned char code error_frame1[10] = {0x02,0x24,0x24,0x24,0x24,0x24,0x24,0x24,0x24,0x02};
```

```
unsigned char code error_frame2[10] = {0x01,0x24,0x24,0x24,0x24,0x24,0x24,0x24,0x24,0x01};
unsigned char code init_frame[10] = {0x08,0x70,0x24,0x24,0x24,0x24,0x24,0x24,0x24,0x5c};
unsigned char serial_temp[10],recievedbyte;
unsigned char transfered_package[10];
sbit P1_0 = P1^0;
sbit P1_1 = P1^1;
sbit P1_2 = P1^2;
sbit P1_3 = P1^3;
sbit P1_6 = P1^6;
sbit P1_7 = P1^7;
uchar bdata flag ;
void init();
void senddata(unsigned char * ppackage);
unsigned char analyze_package();
void delay(uint x) ;
void input_int(void) interrupt 0 using 1
{
  ;
}
void serialcom() interrupt 4 using 2
{
  unsigned char   result;
  if(RI == 1)
  { serial_temp[recievedbyte] = SBUF;                //接收上位机控制数据包
    recievedbyte ++ ;
    RI = 0;
  }
  if(recievedbyte == 10)                             //recieved a pachage 一次完整的数据包有 10 帧
  {
     result = analyze_package();                     //调用分析函数
     if(result == first_frame)                       //接收到上位机第 1 帧,发送初始化帧
      senddata(init_frame);
     else if(result == right_frame)                  //收到的上位机数据正确,发确认帧
          senddata(succ_package);
     else if(result == error_frame)                  //接收到的上位机数据错误,发错误帧
          senddata(fail_package);
          else if(result == error_answer_frame)      //接收到的是上位机要求重发帧,重发上一数据包
          senddata(transfered_package);
     else if(result == error__frame1)                //告知上位机第 2 帧错误
```

```
            senddata(error_frame1);
        else if(result = = error__frame2)
            senddata(error_frame2);
            else if(result = = right_answer_frame)
            {}
        recievedbyte = 0;
    }
}
void main()
{
    init();                                            //初始化变量和端口
    for(;;)
    {delay(20);                                        //延时
    P1_2 = ~P1_2;                                      //循环地给 MAX706 发复位信号
    }
}
void init()                                            //初始化函数
{
    TMOD = 0x21;                                       //置串口为方式 1 速率为 9.6 kbps
    TL1 = 0xFD;   TH1 = 0xFD;    TR1 = 1;
    SCON = 0x50;   PCON = 0x00;
    IT0 = 1;
    EX0 = 1;
    ES = 1;
    EA = 1;                                            //打开中断
}
void senddata(unsigned char * ppackage)                //发送数据函数
{
    unsigned char i;
    for(i = 0;i<10;i + + )
    {
        SBUF = * (ppackage + i);
        transfered_package[i] = * (ppackage + i);
        while(TI = = 0);                               //等待中断
        TI = 0;
    }
}
unsigned char analyze_package()                        //分析数据包函数
{
```

```
unsigned char result = 10;
unsigned char k;
unsigned char check_sum = 0;
for(k = 0;k<9;k++)
  check_sum = check_sum^serial_temp[k];           //计算校验和
if(check_sum == serial_temp[9])                    //验证校验和
{
  switch(serial_temp[0])
  {
    case 0x65:{                                    //按第 1 帧分类,如果为 0x65
       result = right_frame;
     switch(serial_temp[1])                        //按第 2 帧分类
     {case 0x51:                                   //为 0x51,选通视频通道 1,即拍摄东西方向
        { P1_1 = 0;
          P1_7 = 0;
          P1_6 = 0;
          result = first_frame;
          break;}
     case 0x52:                                    //为 0x52,选通视频通道 3,即拍摄南北方向
        { P1_1 = 1;
          P1_7 = 1;
          P1_6 = 0;
          result = first_frame;
          break;}
     case 0x53:                                    //为 0x53,选通道 2
        { P1_6 = 0;
          break;}
     case 0x56:                                    //选通道 4
        { P1_6 = 1;
          break;}
     case 0x57:                                    //收到结束帧
        {break;}
      default:
        { result = error__frame1;
          break;} }
    }break;.
    case 0x08: {                                   //第 1 帧为 0x80,为上位机回复帧
       if(serial_temp[1] == 0x71)                  //第 2 帧为 0x71,说明上位机收到正确帧
          result = right_answer_frame;
```

```
            else if(serial_temp[1] == 0x72)
                result = error_answer_frame;          //第 2 帧为 0x72,说明上位机收到错误帧
            else
                result = error__frame2;
        }break;
        default:{
            result = error_frame;
        }
    }
  }
  else
    result = error_frame;
  return result;                                     //it is should use,返回 sesult 的值
}
void delay(uint x)                                   //延时函数
    {unsigned char j;
     while(x -- )
      {
      for(j = 0;j<1250;j ++ )
         {;}
      }
    }
```

11.7　总　结

在硬件电路的设计与调试过程中,可以对单片机的功能与应用有了比较深入的了解,对视频切换芯片 MAX4141 也有了一定的应用的经验。单片机芯片 AT89C2051 是与 8031 兼容的,它可以通过内部电路自己上拉引脚电压,但是与 MAX4141 的连接中发现,当用 P1.0 和 P1.1 引脚作为 MAX4141 通道选择信号时无法自身改变电压,这可能与 P1.0 和 P1.1 端口是单片机内部精确模拟比较器的正向输入和反向输入有关。MAX4141 的模拟输入端口是一个标准视频输入端口,它所承受的电压是有限的,据测量可知在 1 V 左右,电压过大就会击穿视频输入通道,导致 4 个输入端的电压始终一样。还要注意,串口芯片 MAX232 需要有一个 −5 V的电压。

第12章

10/100M光纤收发器的设计

12.1 目的和意义

随着信息技术的飞跃发展，接入在网络的建设中显得越来越重要，而且随着小区、企业和城市建设的扩张，接入网络的建设范围也越来越广。传统的采用双绞线来建立连接的方式由于网络传输距离的增加而受到了限制，如果通过增加级联的级数来延长传输距离务必会增加建设成本，而且也使得网络变得异常复杂。于是在这种情况下光电转换器应运而生，它是一种将以太网的电信号转换成光信号或者将光信号转换成电信号的设备，可以使从电口出来的以太网信号在光纤上传输时的传输距离成百上千地增加，而且这种光电转换器成本低廉，且可不改变网络的拓扑结构，大大降低网络建设成本。

10/100M(即 10/100 Mbps)光纤收发器是一款 10/100M 自适应的光电转换器，它提供一个 10/100M 自适应的电口和一个 100M 的光口，可将以太网信号在光/电之间相互转换；通过采用不同的光收发模块可使信号在光纤上的传输距离达到 20 km～120 km，满足不同用户的需求。光电转换通过对每个以太网帧存储转发来完成，能够对光/电口间的速率进行适配，延时很小，对错误帧有过滤功能，同时又不影响上层协议的正常运行，相对于其他厂家的同类产品，它还支持光纤和远端设备的故障指示和定位，便于网络维护。

在了解光纤通信技术的基础上，学习单片机通过并口网络交换芯片的 EEPROM 接口连接方法，掌握网络交换芯片接口电路及单片机的具体应用程序等。

12.2 关键器件及设备

- 单片机控制管理模块。
- AT8985P 交换模块。
- 电源接口模块。
- 灯显示模块。
- Netcom 公司 SmartBits2000(可选)。

12.3　光纤收发器简介

1. 光纤收发器的定义

光纤收发器是一种将短距离的双绞线电信号和长距离的光信号进行互换的以太网传输媒体转换单元，也称为光电转换器或光纤转换器。为了保证与网卡、中继器、集线器和交换机等网络设备的完全兼容，光纤收发器产品严格符合 10Base－T、100Base－TX、100Base－FX、IEEE802.3 和 IEEE802.3u 等以太网标准。

2. 光纤收发器分类

目前国外和国内生产光纤收发器的厂商很多，产品线也极为丰富。国内各大运营商正在大力建设小区网、校园网和企业网，因此光纤收发器产品的用量也在不断提高，以更好地满足接入网的建设需要。

随着光纤收发器产品的多样化发展，其分类方法也各异，但各种分类方法之间又有着一定的关联。

(1) 按速率来分

光纤收发器可以分为单 10M 的光纤收发器、单 100M 的光纤收发器（如图 12－1 所示）、10/100M 自适应的光纤收发器（如图 12－2 所示）和 1000M 光纤收发器（如图 12－3 所示）。

图 12－1　100M 光纤收发器

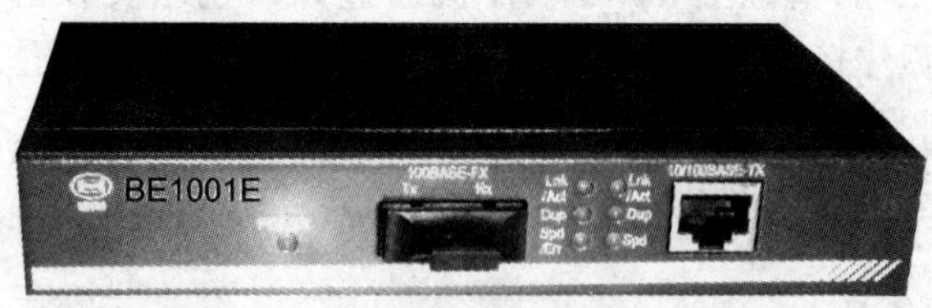

图 12－2　10/100M 光纤收发器

图 12-3　1000M 光纤收发器

10/100M 的收发器产品工作在物理层，在这一层工作的收发器产品是按位来转发数据的。该转发方式具有转发速度快、通透率高、延时低等方面的优势，在兼容性和稳定性方面较好，适合应用于速率固定的链路上。

而 10/100M 光纤收发器工作在数据链路层，在这一层工作的光纤收发器使用存储转发机制，对接收到的每一个数据包都要读取它的源 MAC 地址、目的 MAC 地址和数据净荷，并在完成 CRC 循环冗余校验以后才将该数据包转发出去。存储转发的好处一方面可以防止一些错误的帧在网络中传播，占用宝贵的网络资源；同时还可以很好地防止由于网络拥塞造成的数据包丢失，当数据链路饱和时，存储转发可以将无法转发的数据先放在收发器的缓存中，等待网络空闲时再进行转发。这样既减少了数据冲突的可能，又保证了数据传输的可靠性，因此，10/100M 的光纤收发器适合于工作在速率不固定的链路上。

1000M 的光纤收发器可以按实际需要工作在物理层或数据链路层，市场上这两种 1000M 的光纤收发器都有提供。

(2) 按结构来分

可以分为桌面式(独立式)光纤收发器和机架式光纤收发器。桌面式光纤收发器适合于单个用户使用，如满足楼道中单台交换机的上联。机架式光纤收发器适用于多用户的汇聚，如小区的中心机房必须满足小区内所有交换机的上联，使用机架便于实现对所有模块型光纤收发器的统一管理和统一供电。

(3) 按光纤来分

可以分为多模光纤收发器和单模光纤收发器。由于使用的光纤不同，收发器所能传输的距离也不一样，多模收发器一般的传输距离在 2 km～5 km 之间，而单模收发器覆盖的范围可以从 20 km～120 km。需要指出的是，因传输距离的不同，光纤收发器本身的发射功率、接收灵敏度和使用波长也会不一样。5 km 光纤收发器的发射功率一般在 −20～−14 dBm 之间，接收灵敏度为 −30 dBm，使用 1310 nm 的波长；而 120 km 光纤收发器的发射功率多在 −5～0 dBm之间，接收灵敏度为 −38 dBm，使用 1550 nm 的波长。

(4) 按光纤数量来分

可以分为单纤光纤收发器和双纤光纤收发器。顾名思义,单纤设备可以节省一半的光纤,即在一根光纤上实现数据的接收和发送,在光纤资源紧张的地方十分适用。这类产品采用了波分复用的技术,使用的波长多为1310 nm和1550 nm。但由于单纤收发器产品没有统一国际标准,因此不同厂商产品在互联互通时可能存在不兼容的情况。另外由于使用了波分复用,单纤收发器产品普遍存在信号衰耗大的特点。目前市面上的光纤收发器多为双纤产品,此类产品较为成熟和稳定。

(5) 按网管来分

可以分为网管型光纤收发器和非网管型光纤收发器。随着网络向着可运营可管理的方向发展,大多数运营商都希望自己网络中的所有设备均能达到可远程网管的程度,光纤收发器产品与交换机、路由器一样也逐步向这个方向发展。

(6) 按电源分类

可以分为内置电源和外置电源两种。其中,内置开关电源为电信级电源,而外置变压器电源多使用在民用设备上。前者的优势在于能支持超宽的电源电压,更好地实现稳压、滤波和设备电源保护,减少机械式接触造成的外置故障点;后者的优势在于设备体积小巧和价格便宜。

3. 光纤收发器产品特点

- 提供超低延时的数据传输。
- 对网络协议完全透明。
- 采用专用ASIC芯片实现数据线速转发。可编程ASIC将多项功能集中到一个芯片上,具有设计简单、可靠性高、电源消耗少等优点,能使设备得到更高的性能和更低的成本。
- 机架型设备可提供热拔插功能,便于维护和无间断升级。
- 可网管设备能提供网络诊断、升级、状态报告、异常情况报告及控制等功能,能提供完整的操作日志和报警日志。
- 设备多采用1+1的电源设计,支持超宽电源电压,实现电源保护和自动切换。
- 支持超宽的工作温度范围。
- 支持齐全的传输距离(0～120 km)。

4. 光纤收发器的应用

光纤收发器一般应用在以太网电缆无法覆盖、必须使用光纤来延长传输距离的实际网络环境中;同时把光纤最后1 km线路连接到接入网络或宽带网。光纤收发器也为需要将系统从铜线升级到光纤,但缺少资金、人力或时间的用户提供了一种廉价的方案。

光纤收发器在数据传输上打破了以太网电缆的百米局限性，依靠高性能的交换芯片和大容量的缓存，在真正实现无阻塞传输交换性能的同时，还提供了平衡流量、隔离冲突和监测差错等功能，保证数据传输时的高安全性和稳定性。因此在很长一段时间内光纤收发器产品仍将是实际网络组建中不可缺少的一部分，相信今后的光纤收发器会朝着高智能、高稳定性、可网管、低成本的方向继续发展。

12.4 光电转换器的硬件设计

光纤收发器的高速率收发传送的主体功能，决定了它的功能结构。图 12－4 所示的光纤收发器主要由以下几部分组成：光电介质转换芯片、电信号接口(RJ45)和光信号接口(可以是独立的发射器和接收器或光收发一体模块)；如果配备网管功能，则还包括网管信息处理器(可编程逻辑芯片或 MII 接口)，含有可编程逻辑芯片带网管功能的收发器如图 12－5 所示，含有 MII 接口的带网管的收发器如图 12－6 所示，主要提供电—光—电的转换、光信号接入、网络信号接入、管理等功能。

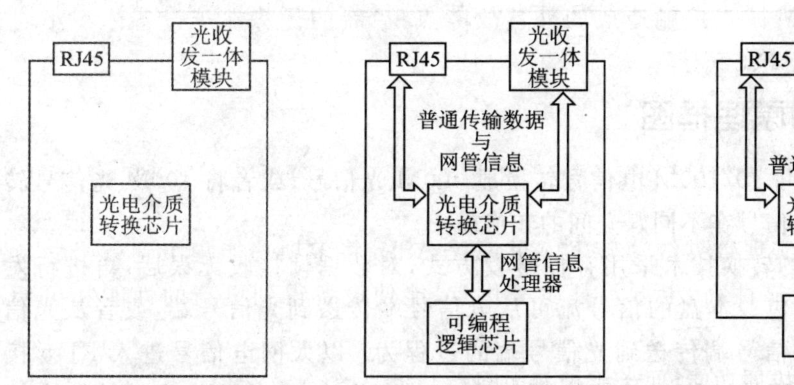

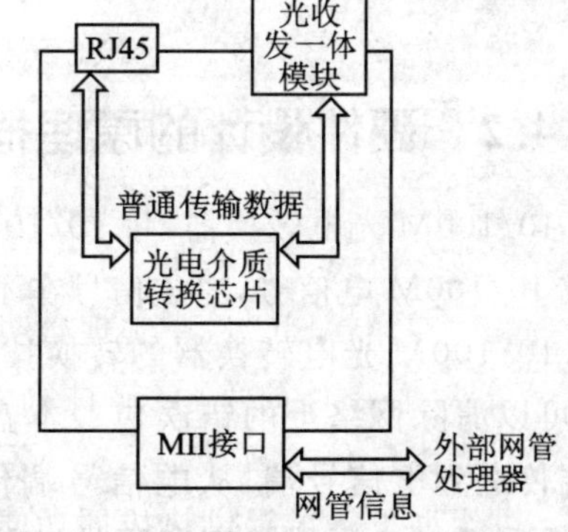

图 12－4　无网管的收发器　图 12－5　带网管功能的收发器　图 12－6　含 MII 接口的带网管的收发器

12.4.1 光电转换器主要性能指标

1. 电路性能要求

本光电转换器为高速 PCB 板，在 EMC、ESD 上都有比较高的要求。对电源和地的处理都要比较细心，需要有电源层和地层，并根据不同的电源和地进行分割。本盘中有许多高速的差分信号线，它们需要成对的、平行的、比较靠近地布线，而且线长要尽可能短。

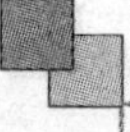

2. 电路指标要求

10/100M 光电转换器的技术指标如表 12-1 所列。

表 12-1 10/100M 光电转换器技术指标

指 标	说 明
网络标准	IEEE802.3,IEEE802.3u
端口	一对光/电相互转换的端口
支持的工作模式	10/100 Base-TX,100Base-FX,速率/双工自适应
最大包转发率	148,810 pps(packet per second)
交换机 LED 状态指示灯	1个(电源)
端口 LED 状态指示灯	每端口 Lnk/Act,Dup,Spd 指示灯各一个
尺寸	160 mm×94 mm×28 mm(宽×深×高)
电源	5 V /1 A DC
功耗	<2.5 W

12.4.2 硬件设计的原理框图

10/100M 光电转换器,将 10/100M 电信号转换成 100M 光信号;或者将 100M 光信号转换成 10/100M 电信号,完成信号在不同媒介间的转换。

10/100M 光电转换器的转换技术采用存储转发方式,对数据帧接收无误后,再进行发送,可以滤除网络上的错误包。本盘的信号流可从电信号端传送到光信号端,或者从光信号端传送到电信号端,从电信号端传送到光信号端的过程为:以太网电信号进入 RJ45 接口,然后经过变压器隔离和阻抗匹配后从一个端口进入交换芯片,在此芯片中被接收存储为一个完整的数据包后,转发到另一个端口,以 PECL 信号输出到光模块,然后以光的信号发送到光纤上;从光信号端传送到电信号端完成上述相反的过程,这样就完成了以太网光电转换的过程。

10/100M 光电转换器在原理上主要由接口单元、转换单元、灯显示单元、控制单元和电源接口 5 部分组成,其组成的方框图如图 12-7 所示。

12.4.3 单元电路的功能与设计

1. 接口单元

接口单元由光接口单元和电接口单元两部分构成。光接口单元主要由光收发器组成,用

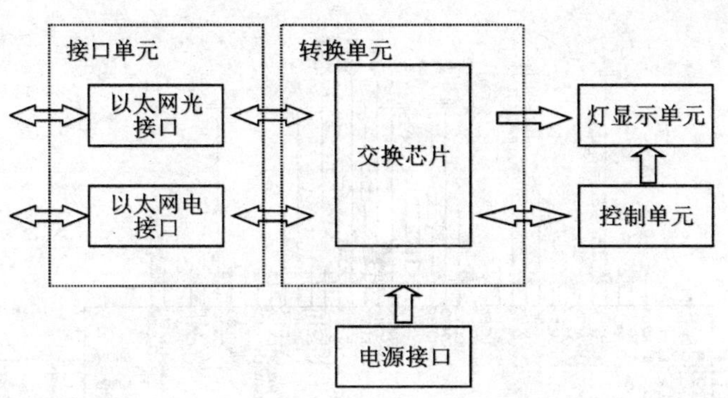

图 12-7　10/100M 光电转换盘原理框图

于接收光路上传来的光信号，然后转换成 PECL 的电信号或者 PECL 的电信号经过它以后以光的形式传到光路上。电接口单元由 RJ45 插座和变压器组成。进入 RJ45 的电信号经过变压器隔离和阻抗匹配后就可进入媒介转换芯片了；发送电信号刚好完成相反的过程。

2. 转换单元

转换单元由一个以太网交换芯片组成，为 10/100M 光电转换器的核心芯片，该芯片为 ATAN 公司的 AT 8985P，其芯片电路框图如图 12-8 所示。转换单元电路原理如图 12-9 所示。

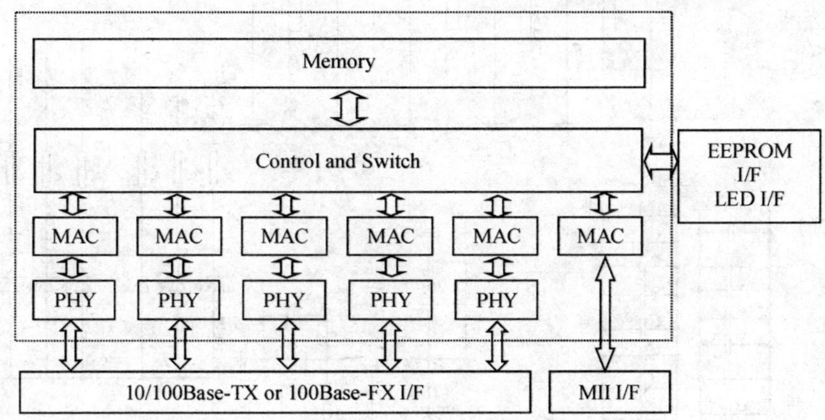

图 12-8　AT8985P 电路框图

AT8985P 具有 5 个内置的 PHY 模块，每个 PHY 模块都支持 10/100Base-TX 和 100Base-FX 两种接口方式。10/100M 光电转换器选用其中的端口 0 作为电口，端口 4 作为光口。AT8985P 还提供一个 EEPROM 接口，既可以用于初始化配置，也可以实时地更改配置，便于通过单片机对芯片进行一些控制，实现一些所需的产品功能。

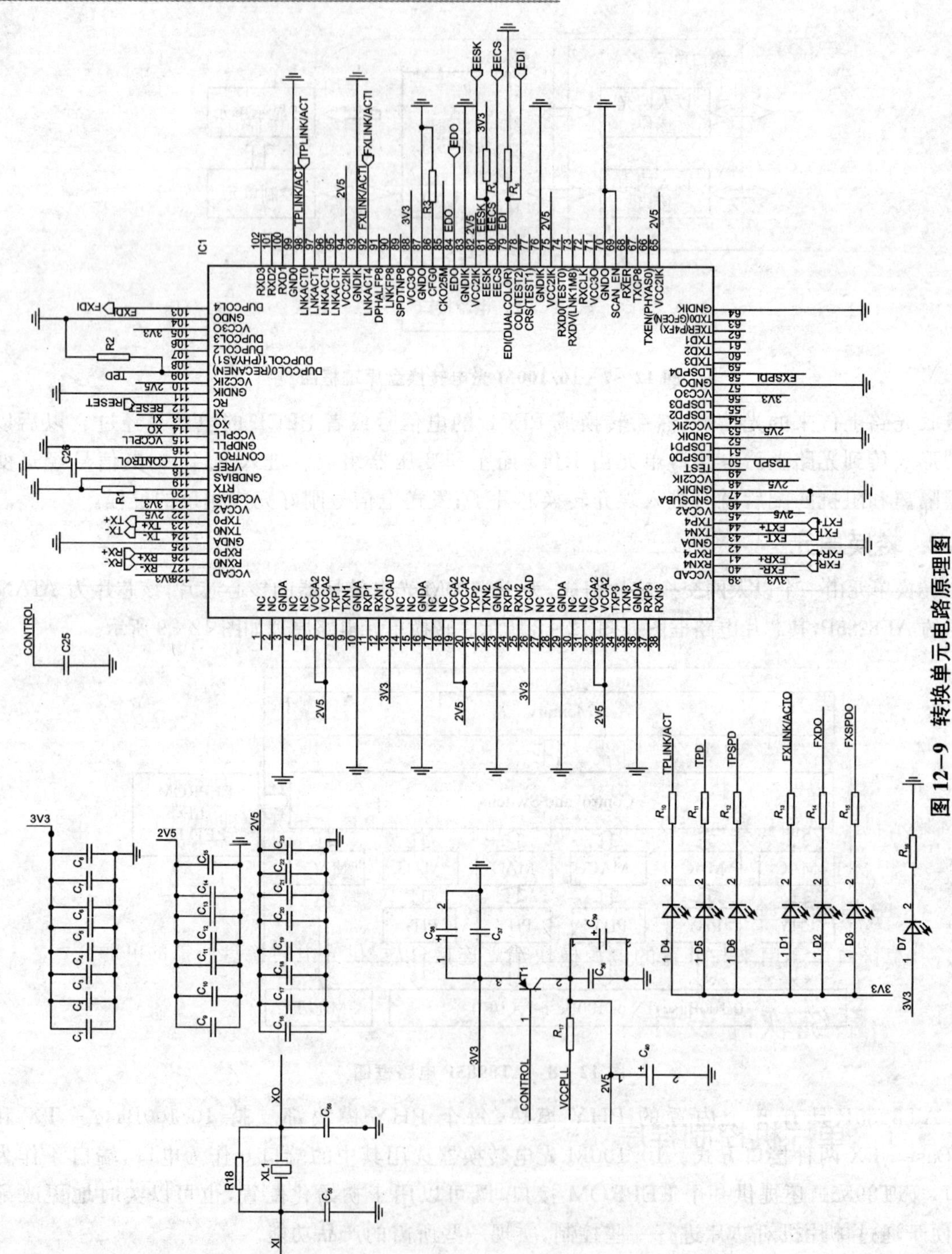

图 12－9　转换单元电路原理图

3. 灯显示单元

灯显示单元主要由电源指示灯和端口指示灯组成。电源指示灯有一个；每个端口有3个指示灯，分别为Lnk/Act灯、Dup灯和Spd灯。可以通过观察灯的显示情况获得链路连接和数据收发以及链路差错情况。指示灯说明如表12-2所列。

表12-2　光电转换器指示灯说明

指示灯	颜　色	状　态	说　明
POWER	绿	亮/灭	正常加电/未加电
Lnk/Act(光口)	绿	亮/闪/灭	光口已连接/光口有数据收发/光口未连接
Dup(光口)	绿	亮/灭	光口全双工/光口半双工
Spd/Err(光口)	绿	亮/慢闪/快闪/灭(注)	光口连接速率为100M/远端电口未连接/远端光口收无光/本端光口收无光
Lnk/Act(电口)	绿	亮/闪/灭	电口已连接/电口有数据收发/电口未连接
Dup(电口)	绿	亮/灭	电口全双工/电口半双工
Spd(电口)	绿	亮/灭	电口连接速率为100M/电口连接速率为10M

注：慢闪指亮或灭的时间大约持续500 ms，即大约每秒闪动1次；快闪指亮或灭的时间大约持续50 ms，即大约每秒闪动10次。

4. 控制单元

控制单元主要以Atmel公司的单片机芯片AT89C51为核心构成。单片机与AT8985P的EEPROM接口以及端口状态信号相连接，不断查询端口的工作状态，及时更改端口的工作模式和灯显示状态，从而实现远端设备的差错指示和定位功能。控制单元原理如图12-10(参见本书所附光盘)所示。

5. 电源接口单元

电源接口单元用来与外置的电源模块建立连接，以提供光电转换盘所需的电源。

12.5　系统软件设计

12.5.1　单片机控制程序

管理单元由单片机和串口组成。PC机可以通过串口配置EEPROM和交换芯片的寄存器数据，单片机主要完成对寄存器的读/写和与PC之间的通信。

10/100M光电转换器控制单元的软件，利用既有的硬件基础，对设备的工作状态进行查询和控制，实现独特的远端设备差错指示功能，流程图如图 12－11 所示。

12.5.2　参考程序

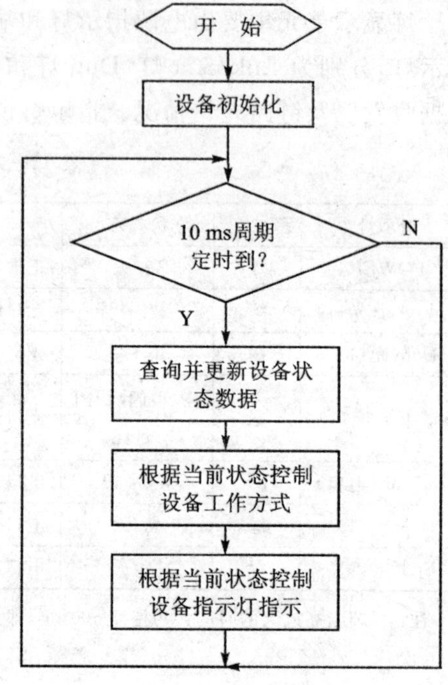

图 12－11　光电转换器软件流程图

```
#include <reg51.h>
#include <intrins.h>
sbit    CS = P1^7;
sbit    SK = P1^6;
sbit    DI = P1^5;
sbit    DO = P1^4;
sbit    SD = P1^3;
sbit    FXSPDOUT = P1^2;
sbit    TXLNK = P1^1;
sbit    FXLNK = P1^0;
sbit    RST = P3^3;
sbit    FXSPDIN = P3^2;
sbit    FXLNKOUT = P2^5;
sbit    FXDUPIN = P2^6;
sbit    FXDUPOUT = P2^4;
sbit    AEN_KEY = P2^2;
sbit    SPD_KEY = P2^0;
sbit    DUP_KEY = P2^1;
sbit    FLW_KEY = P2^3;
bdata unsigned int    flag;
sbit    tick = flag^0;              //clock tick:10ms
sbit    tx_lnk = flag^1;
sbit    fx_lnk = flag^2;
sbit    fx_sd = flag^3;
sbit    tx_lnk_led1 = flag^4;
sbit    tx_lnk_led2 = flag^5;
sbit    fx_lnk_led1 = flag^6;
sbit    fx_lnk_led2 = flag^7;
sbit    pulse_1s = flag^8;          //altered every 1s
sbit    err_r_tx = flag^9;
sbit    led_fls1 = flag^10;
sbit    led_fls2 = flag^11;
sbit    fx_sel = flag^12;
bdata unsigned chardev_mode;
sbit    aen_key = dev_mode^0;
sbit    spd_key = dev_mode^1;
sbit    dup_key = dev_mode^2;
```

```
sbit     flw_key = dev_mode^3;
unsigned int     fx_emode,fx_omode;
unsigned char     tx_lnk_cnt = 0;
unsigned char     fx_lnk_cnt = 0;
unsigned char     fx_sd_cnt = 100;
unsigned char     ctrl_cnt = 0;   // 0 for initial value,1 - 10 for nomal value
# define     LEDON      0
# define     LEDOFF      1
# define     o_to_e     RegWrite(0x08,fx_emode),fx_sel = 0
# define     e_to_o     RegWrite(0x08,fx_omode),fx_sel = 1
# define     _nopn_(n)     {     \
    unsigned char     i;     \
    for(i = n;i;i - - ){     \
        _nop_();     \
    }     \
}
void delay(unsigned char cnt10ms);
void update_mode(void);
void RegWrite(unsigned int reg,unsigned int value);
void EepromWrite(unsigned int addr,unsigned int value);
unsigned int EepromRead(unsigned int addr);
void     EepromEwen(void);
void     EepromEwds(void);
void     ISR_time0()     interrupt 1
{
    static unsigned char tick_cnt = 40;
    if(! tick){
        - - tick_cnt;
        if(! tick_cnt){
            tick = 1;
            tick_cnt = 40;
        }
    }
}
void main()
{
    unsigned char     cnt_1s = 0,cnt_led_fls1 = 0,cnt_led_fls2 = 0;
    EA = 0;
    TMOD|= 0x02;
    TH0 = 0x1A;
    TR0 = 1;
```

```
ET0 = 1;
EA = 1;
CS = 0,SK = 0,DI = 0,DO = 1;
SD = 1,TXLNK = 1,FXLNK = 1,FXDUPIN = 1;
RST = 0;
delay(20);
RST = 1;
delay(20);
RegWrite(0x12,0xb600);        // added for 16col drop
RegWrite(0x14,0x0081);        // added for port_based vlan
update_mode();
e_to_o;
tx_lnk = 0;
fx_lnk = 0;
fx_sd = 0;
tx_lnk_led1 = LEDOFF;
fx_lnk_led1 = LEDOFF;
while(1){
    while(! tick){}
    tick = 0;
    if(++cnt_1s>= 100){
        cnt_1s = 0;
        pulse_1s = ~pulse_1s;
    }
    if(++cnt_led_fls1>= 50)      cnt_led_fls1 = 0,led_fls1 = ~led_fls1;
    if(++cnt_led_fls2>= 5)      cnt_led_fls2 = 0,led_fls2 = ~led_fls2;
    if(SD)     fx_sd_cnt++;
    else     fx_sd_cnt--;
    if(fx_sd_cnt>= 120){
        fx_sd_cnt = 100;
        fx_sd = 1;
    }
    else if(fx_sd_cnt<= 80){
        fx_sd_cnt = 100;
        fx_sd = 0;
    }
    tx_lnk_led2 = tx_lnk_led1;
    tx_lnk_led1 = TXLNK;
    fx_lnk_led2 = fx_lnk_led1;
    fx_lnk_led1 = FXSPDIN;
    if((tx_lnk_led2 == LEDOFF)&&(tx_lnk_led1 == LEDOFF)){        //off
```

```
        tx_lnk_cnt++;
        if(tx_lnk_cnt>=100){
            tx_lnk_cnt=0;
            tx_lnk=0;
        }
    }
    else if((tx_lnk_led2==LEDOFF)&&(tx_lnk_led1==LEDON)){        //rise
        tx_lnk_cnt=0;
        tx_lnk=1;
    }
    else if((tx_lnk_led2==LEDON)&&(tx_lnk_led1==LEDOFF)){        //down
        tx_lnk_cnt=0;
    }
    else{                                                        //on
        tx_lnk_cnt++;
        if(tx_lnk_cnt>=100){
            tx_lnk_cnt=0;
            tx_lnk=1;
        }
    }
    if((fx_lnk_led2==LEDOFF)&&(fx_lnk_led1==LEDOFF)){            //off
        fx_lnk_cnt++;
        if(fx_lnk_cnt>=200){
            fx_lnk_cnt=0;
            fx_lnk=0,err_r_tx=0;
        }
    }
    else if((fx_lnk_led2==LEDOFF)&&(fx_lnk_led1==LEDON)){        //rise
        if((fx_lnk_cnt<200)&&(fx_lnk_cnt>20)){
            fx_lnk=0,err_r_tx=tx_lnk1=0;
        }
        fx_lnk_cnt=0;
    }
    else if((fx_lnk_led2==LEDON)&&(fx_lnk_led1==LEDOFF)){        //down
        if((fx_lnk_cnt<200)&&(fx_lnk_cnt>20)){
            fx_lnk=0,err_r_tx=tx_lnk1=0;
        }
        fx_lnk_cnt=0;
    }
    else{                                                        //on
        fx_lnk_cnt++;
```

```
            if(fx_lnk_cnt>=200){
                fx_lnk_cnt=0;
                fx_lnk=1,err_r_tx=0;
            }
        }
        if(!fx_sd){
            if(fx_sel)    o_to_e;
        }
        else if(!tx_lnk){
            if(pulse_1s){
                if(!fx_sel)    e_to_o;
            }
            else{
                if(fx_sel)    o_to_e;
            }
        }
        else if(!fx_sel)    e_to_o;
        if(err_r_tx)    FXSPDOUT=led_fls1,FXLNKOUT=1,FXDUPOUT=1;
        else if((!fx_lnk)&&fx_sd&&tx_lnk)
            FXSPDOUT=led_fls2,FXLNKOUT=1,FXDUPOUT=1;
        else FXSPDOUT=FXSPDIN,FXLNKOUT=FXLNK,FXDUPOUT=FXDUPIN;
        update_mode();
    }
    return;
}
void delay(unsigned char cnt10ms)
{
    for(;cnt10ms;cnt10ms--){
        tick=0;
        while(!tick){}
    }
}
void update_mode(void)
{
    unsigned int    reg;
    if(ctrl_cnt==0){
        ctrl_cnt=1;
        aen_key=AEN_KEY;
        spd_key=SPD_KEY;
        dup_key=DUP_KEY;
        flw_key=FLW_KEY;
```

```
        reg = 0x8400;
        if(aen_key)     reg|= 0x0002;
        if(spd_key)     reg|= 0x0004;
        if(dup_key)     reg|= 0x0008;
        if(flw_key)     reg|= 0x0001;
        RegWrite(0x01,reg);
        fx_emode = 0x840c;
        fx_omode = 0x440c;
        if(flw_key)     fx_emode|= 0x0001,fx_omode|= 0x0001;
    }
    else{
if((aen_key^AEN_KEY)||(spd_key^SPD_KEY)||(dup_key^DUP_KEY)||(flw_key^FLW_KEY)){
            ++ctrl_cnt;
            if(ctrl_cnt>=10){
                ctrl_cnt = 1;
                aen_key = AEN_KEY;
                spd_key = SPD_KEY;
                dup_key = DUP_KEY;
                flw_key = FLW_KEY;
                reg = 0x8400;
                if(aen_key)     reg|= 0x0002;
                if(spd_key)     reg|= 0x0004;
                if(dup_key)     reg|= 0x0008;
                if(flw_key)     reg|= 0x0001;
                RegWrite(0x01,reg);
                fx_emode = 0x840c;
                fx_omode = 0x440c;
                if(flw_key)     fx_emode|= 0x0001,fx_omode|= 0x0001;
            }
        }
        else    ctrl_cnt = 1;
    }
}
void RegWrite(unsigned int reg,unsigned int value)
{
    EepromEwen();
    _nopn_(75);
    SK = 1;
    SK = 0;
    _nopn_(75);
    EepromWrite(reg,value);
```

```
    _nopn_(75);
    SK = 1;
    SK = 0;
    _nopn_(75);
    EepromEwds();
}
//------------------------------------------------------------------------
// EEPROM Write
// Input: address(8 bit),
//        data(16 bit)
// Output:none
//------------------------------------------------------------------------
void EepromWrite(unsigned int addr,unsigned int value)
{
    unsigned char     i;
    unsigned int      iodata;
    EA = 0;
    CS = 0;
    SK = 0;
    CS = 1;
    iodata = 0xa000|((addr&0x003f)<<(16 - 3 - 8));      //101_A5..A0
    _nopn_(50);
    for(i = 11;i;i - -){
        DI = iodata&0x8000;
        _nopn_(30);
        SK = 1;
        _nopn_(30);
        SK = 0;
        iodata<< = 1;
    }
    iodata = value;
    for(i = 16;i;i - -){
        DI = iodata&0x8000;
        _nopn_(30);
        SK = 1;
        _nopn_(30);
        SK = 0;
        iodata<< = 1;
    }
    _nopn_(40);
    CS = 0;
```

```
    EA = 1;
    return;
}
# if 0
//------------------------------------------------------------------
// EEPROM Read
// Input: address(6 bit)
// Output:data(16 bit)
//------------------------------------------------------------------
unsigned int EepromRead(unsigned int addr)
{
    unsigned char    i;
    unsigned int     iodata;
    EA = 0;
    CS = 0;
    SK = 0;
    CS = 1;
    iodata = 0xc000|((addr&0x003f)<<(16 - 3 - 6));              //110_A5..A0
    _nopn_(50);
    for(i = 9;i;i - - ){
        DI = iodata&0x8000;
        _nopn_(30);
        SK = 1;
        _nopn_(30);
        SK = 0;
        iodata<< = 1;
    }
    iodata = 0;
    for(i = 16;i;i - - ){
        iodata<< = 1;
        SK = 1;
        _nopn_(30);
        iodata|= DO;
        SK = 0;
        _nopn_(30);
    }
    _nopn_(40);
    CS = 0;
    EA = 1;
    return    iodata;
}
```

```
# endif
//------------------------------------------------------------------------
// EEPROM EWEN,write enable
// Input: none
// Output:none
//------------------------------------------------------------------------
void    EepromEwen(void)
{
    unsigned char    i;
    unsigned int     iodata;
    EA = 0;
    CS = 0;
    SK = 0;
    CS = 1;
    iodata = 0x9800;              //10011XXXX
    _nopn_(50);
    for(i = 11;i;i - - ){
        DI = iodata&0x8000;
        _nopn_(30);
        SK = 1;
        _nopn_(30);
        SK = 0;
        iodata<< = 1;
    }
    _nopn_(40);
    CS = 0;
    EA = 1;
    return;
}
//------------------------------------------------------------------------
// EEPROM EWDS,write disable
// Input: none
// Output:none
//------------------------------------------------------------------------
void    EepromEwds(void)
{
    unsigned char    i;
    unsigned int     iodata;
    EA = 0;
    CS = 0;
    SK = 0;
```

```
    CS = 1;
    iodata = 0x8000;                    //10000XXXX
    _nopn_(50);
    for(i = 11;i;i - - ){
        DI = iodata&0x8000;
        _nopn_(30);
        SK = 1;
        _nopn_(30);
        SK = 0;
        iodata<< = 1;
    }
    _nopn_(40);
    CS = 0;
    EA = 1;
    return;
}
```


12.6 调试及结果

12.6.1 调试所需的仪表

- 带 10/100M 网卡的 PC 机两台。
- 直连或交叉网线两根。
- 光纤 4 根。
- 220 V 输入、5 V/1 A 输出的电源模块一块。
- 示波器一台。
- 数字万用表一块。
- 带 100M 光口或电口的 Netcom 公司 SmartBits 一台。

12.6.2 调测步骤

① 排除电路板上的短路、断路故障(主要检查电源与地是否短路)。

② 将烧有程序的单片机插在 IC3 的位置,然后连接好电源,观察电源指示灯是否正常,并用数字万用表或示波器测量 5 V、3.3 V 和 2.5 V 的电压值是否正常,电压值可以偏离+/-0.1 V。

③ 如果有 10/100M 电口的网卡,可按照图 12 - 12 用网线连接好光纤收发器与 PC 机。由于光纤收发器是一个电口和一个光口,所以要使用两台带 10/100M 电口网卡的 PC 机,且需要将两台光纤收发器串起来进行测试。

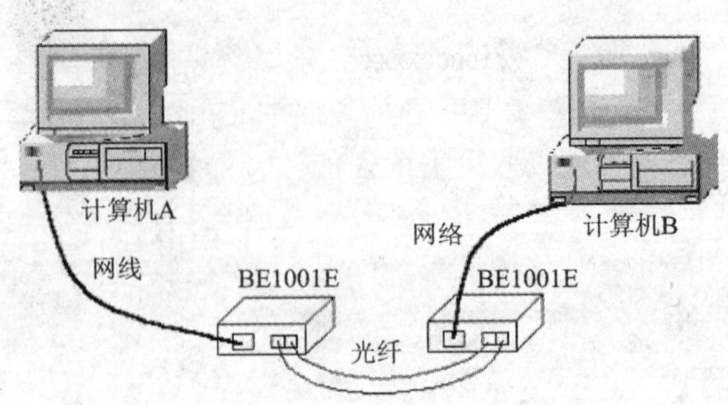

图 12－12　测试系统配置图

连接好系统后，我们可以通过观察端口指示灯的状态来判断线路的连接情况，如果连接正常的话，两台 PC 应能 Ping 通，现象如图 12－13 所示；两端口不通时，现象如图 12－14 所示。

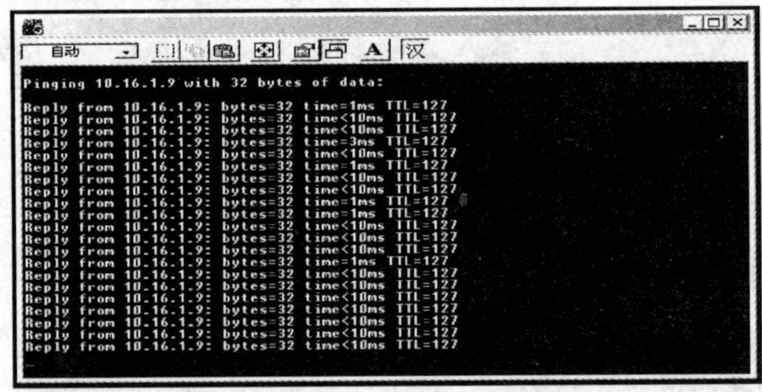

图 12－13　两端口通时的现象

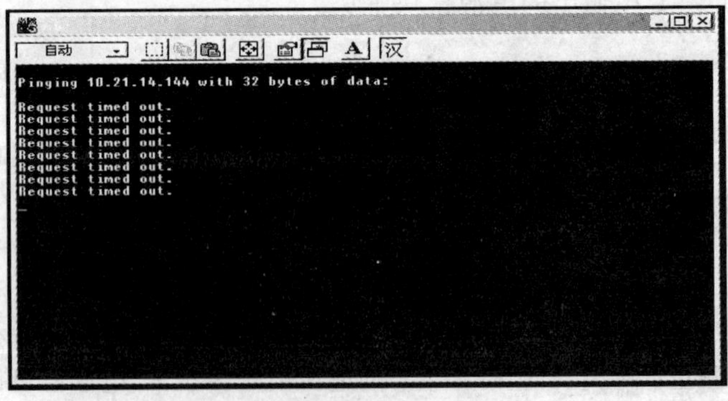

图 12－14　两端口不通的现象

本转换盘电源指示灯有一个；每个端口有 3 个指示灯，分别为 Lnk/Act 灯、Dup 灯和 Spd

灯。可以通过观察灯的显示情况获得链路连接和数据收发以及链路差错情况。

12.6.3 性能测试

可以用 Smartbits 仪表对本光纤收发器的性能进行测试。一般情况会进行通透率、延时、丢包率和背对背 4 项测试。采用 SmartBits 测试系统配置图如图 12-15 所示。光纤收发器性能测试结果如表 12-2～表 12-5 所列。

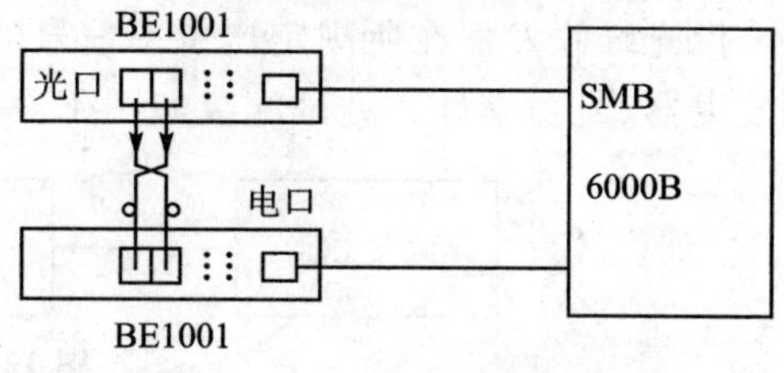

图 12-15 测试系统配置图

表 12-2 通透率测试结果 单位:pps

帧长 / 速率	64	128	256	512	1024	1280	1518
100 Mbps	148810	84459	45290	23496	11973	9615	8127

测试结果：通透率能达到线速的 100%。

表 12-3 延时测试结果 单位:μs

帧长 / 速率	64	128	256	512	1024	1280	1518
100 Mbps	1.0	1.1	1.0	1.1	1.1	1.0	1.0

测试结果：满足指标要求。

表 12-4 丢包率测试结果 单位:%

帧长 / 速率	64	128	256	512	1024	1280	1518
100 Mbps	0	0	0	0	0	0	0

测试结果：满足指标要求。

表 12-5 背靠背测试结果 单位:300 s

帧长 / 速率	64	128	256	512	1024	1280	1518
100 Mbps	44643000	25337700	13587000	7048800	3591900	2884500	2438100

测试结果：满足指标要求。

12.6.4 光口指标测试

光口指标主要进行以下几项测试，包括发送光功率，接收灵敏度和光谱宽；测试仪表：OLP-18C，OLA-15B，AQ6371B；测试结果如下所述。

1. 发送光功率

指光纤收发器在所规定比特率信号的调制下，正常工作时的输出平均光功率。测试设备：码发生器、光功率计。测试配置如图12-16所示。

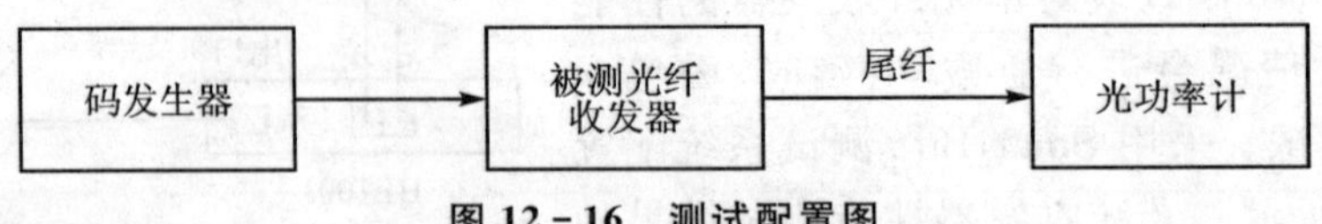

图12-16　测试配置图

测量过程：

① 开启码发生器。

② 根据被测光纤收发器的调制比特率(10 Mbps或100 Mbps)，将码发生器的时钟频率设定在相应值(10 MHz或100 MHz)，数字信号设定在PECL(或ECL)电平，NRZ码、采用$2^{23}-1$的伪随机序列码，随机误码率设定在10^{-10}，输出阻抗为50 Ω，使得测试设备正常工作。

③ 开启光纤收发器的电源。

④ 用光功率计测量光纤收发器的输出纤光功率。

测试仪表：OLP-18C，测量结果如表12-6所列。

表12-6　光功率测试结果　单位：dBm

光模块序号	单模 (−11.5 dBm≤标准≤−3 dBm)
1	−10.11
2	−10.94

测试结果：满足指标要求。

2. 接收灵敏度

测量过程：

① 开启码发生器。

② 根据被测光纤收发器的调制比特率(10 Mbps或100 Mbps)，将码发生器的时钟频率设定在相应值(10 MHz或100 MHz)，数字信号设定在PECL(或ECL)电平，NRZ码、采用$2^{23}-1$的码伪随机序列，随机误码率设定在10^{-10}，输出阻抗为50 Ω。

③ 开启可调制光源的电源，光可变衰减器调整在适当的位置，使其输出口的光功率大约在−25 dBm。

④ 开启光纤收发器的电源。

⑤ 缓慢增加光可变衰减量，减小被测光纤收发器光接收模块的输入光功率，使得误码率达到10^{-10}，稳定3 s。

⑥ 用光功率计测量光纤收发器的输入光纤光功率，即为该光纤收发器的最小灵敏度。

测试仪表：OLP−18C，OLA−15B，测量结果如表12-7所列。

表12-7　接收灵敏度测试结果　单位：dBm

光模块序号	单模 (标准<−19 dBm)
1	−37.86
2	−38.64

测试结果：满足指标要求。

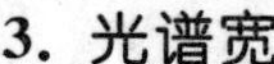

3. 光谱宽

测试仪表：AQ6371B，测量结果如表12-8所列。

4. 中心波长

测试仪表：AQ6371B，测量结果如表12-9所列。

表12-8　光谱宽测试结果　单位：nm

光模块序号	单模 （标准<4 nm）
1	1.091(RMS,Root,Mean Square)
2	0.883(RMS)

测试结果：满足指标要求。

表12-9　中心波长测试结果　单位：nm

光模块序号	单模 （1270 nm≤标准≤1355 nm）
1	1324.518
2	1320.816

测试结果：满足指标要求。

第13章

网络交换机的设计

13.1 目的和意义

自数字信息化以来，计算机技术与通信技术在多层次上的相互渗透结合，标志着当今信息社会又跨入了一个新的发展阶段。在交换领域、信息数字化、业务综合化、系统集成化、网络智能化的结合促进了计算机局域网络的飞速发展。网络交换技术是近几年发展起来的一种结构化的解决方案，它是计算机网络发展到高速传输阶段出现的一种新的网络应用形式。随着市场的扩大和需求的增加，其发展越来越迅速，产品越来越多，而且功能越来越强。

基于单片机控制的网络交换机的设计，包括硬件和构架设计，它利用串口和计算机进行通信，通过控制软件的设计实现对交换机的管理。交换机利用 Windows 系统自带的超级终端进行控制，将设计好的程序通过编程器输入 EEPROM，从而实现对于串口的控制。此交换机具有较高的性价比，能很好地满足企业网和电信运营商对宽带接入的需求，实现了高速网络的交换。

在了解计算机技术与通信技术的基础上，学习单片机通过 I^2C 总线与网络交换芯片、24C02 的连接方法，掌握网络交换芯片接口电路及单片机的具体应用程序，学习单片机对 24C02、网络交换芯片的 C 语言编程，包括单片机的 24C02 读/写程序、与计算机串口通信程序等。

13.2 关键器件及设备

- 单片机控制管理模块。
- AL101 交换模块。
- 电源接口模块。
- 灯显示模块。
- 网络接口模块。

13.3 交换机相关知识

1. 交换机的工作原理

智能以太网交换机采用了快速以太网交换技术，具有先进的硬件结构和卓越的交换机高端性能，能满足企业网和大中型园区网用户宽带接入的需求，具有性能全面稳定、结构灵活合理、易于安装等优点。它提供 24 个高性能的 10/100M 以太网接口，支持全双工/半双工、10/100M 自动适应，支持设备的级联，支持基于端口的 VLAN 划分和 Trunking，具有流量控制等特点，可以用作快速以太网的主干交换机以及为高性能的服务器提供高吞吐量的连接。

交换机根据收到数据帧中的源 MAC 地址建立该地址同交换机端口的映射，并将其写入 MAC 地址表中。交换机将数据帧中的目的 MAC 地址同已建立的 MAC 地址表进行比较，以决定由哪个端口进行转发。如果数据帧中的目的 MAC 地址不在 MAC 地址表中，则向所有端口转发，这一过程称之为泛洪(flood)。广播帧/组播数据帧向所有的端口转发。

2. 交换机的主要功能

1) 学习

以太网交换机了解每一端口相连设备的 MAC 地址，并将其地址同相应的端口映射起来存放在交换机缓存中的 MAC 地址表中。

2) 转发/过滤

当一个数据帧的目的地址在 MAC 地址表中有映射时，它被转发到连接目的节点的端口，而不是所有端口(如该数据帧为广播/组播数据帧，则回转发至所有端口)。

3) 消除回路

当交换机包括一个冗余回路时，以太网交换机将通过生成树协议来避免回路的产生，同时允许存在后备路径。

3. 交换机的工作特性

交换机的每一个端口所连接的网段都是一个独立的冲突域。

交换机所连接的设备仍然在同一个广播域内，也就是说，交换机不隔绝广播(唯一的例外是在配有 VLAN 的环境中)。

交换机依据帧头的信息进行转发，因此交换机是工作在数据链路层的网络设备。

4. 交换机的分类

依照交换机处理帧的不同的操作模式，主要可分为两类。

1) 存储转发

交换机在转发之前必须接收整个帧，并进行检错，如无错误再将这一帧发向目的地址。帧通过交换机的转发延时随帧长度的不同而变化。

2）直通式

交换机只要检查到帧头中所包含的目的地址就立即转发该帧，而无须等待全部的帧被接收，也不进行错误校验。由于以太网帧头长度总是固定的，因此帧通过交换机的转发延时也保持不变。

注意：直通式的转发速度大大高于存储转发模式，但可靠性及稳定性要差一些，因为可能转发冲突帧或带 CRC 错误的帧。

5. 以太网交换机外部端口

1）端口密度

指支持专用以太网的端口数。流行的以太网交换机通常带有 24 个以上的以太网络端口。

2）LCD 控制面版和指示灯

以太网交换机的指示灯用来提示信息或说明交换状态。

3）高速端口

高速端口用来连到服务器或主干网络上。

4）管理端口

用来连接终端或调制解调器以实现网络管理。

6. 以太网交换机内部机制

1）CPU 和内存

以太网交换机本身采用足够强大的 CPU 和内存，以保证交换得以快速运行而不会在交换机内发生错误。

2）支持多种以太网络帧格式

如以太网络的 IEEE802.2 和 ETHERNET SNAP 等帧格式。

3）管理协议

以太网交换机支持简单网络管理协议 SNAP 和扩充版 RMON 管理协议。

7. 接口的工作模式

以太网卡可以工作在两种模式下：半双工和全双工。

1）半双工

半双工传输模式实现以太网载波监听多路访问冲突检测。

2）全双工

全双工传输采用点对点连接，这种安排没有冲突，因为它们使用双绞线中两个独立的线路，这等于没有安装新的介质就提高了带宽。标准以太网的传输效率可达到 50％～60％的带宽，全双工在两个方向上都提供 100％的效率。

13.4 AL101 网络交换芯片简介

13.4.1 AL101 芯片的主要特点

- 支持 8 端口 10/100M 以太网 RMII 接口。
- 800M 的链接能力。
- 全双工和半双工操作模式。
- 通过 MDIO 实现自适应控制。
- 1 KB MAC 地址的内置存储。
- 低功耗的 SGRAM。
- RoX 扩展总线,支持 4.8 GB 背板容量。
- 可配置 EEPROM 接口。
- 自动地址学习能力。
- 安全模式下的广播风暴控制。
- 端口监控,支持全双工基于 IEEE802.3 协议的流控制操作。
- 支持半双工操作的流量控制。
- 支持存储转发的交换。
- VLAN 支持。
- 支持 RMON 和 SNMP 网络管理。
- 3.3 V 电源电压,256 脚(PQFP)。

AL101 芯片内部结构如图 13-1 所示。AL101 提供 8 个 10/100M 以太网端口,其操作方式由 PHY 实现自动协商,支持 VLAN 网络应用。Trunk 功能实现单一的 800M 链接。

AL101 提供两种流量控制方法。半双工方式时,实现背压流量控制;全双工方式时,利用 IEEE802.3x 实现流控制机制。8 个端口共享 1 KB MAC 内部地址空间。

初始化的配置由外部 EEPROM 程序执行。非管理的交换机不需要单片机的控制,通过 EEPROM 实现系统配置。在可配置管理的交换机中,单片机通过 I^2C 总线控制 AL101 芯片的相应寄存器,实现各种配置的网络管理。

AL101 支持基于端口的 VLAN。任何差错的帧被自动过滤,同时具有端口监控、广播风暴抑制等功能。

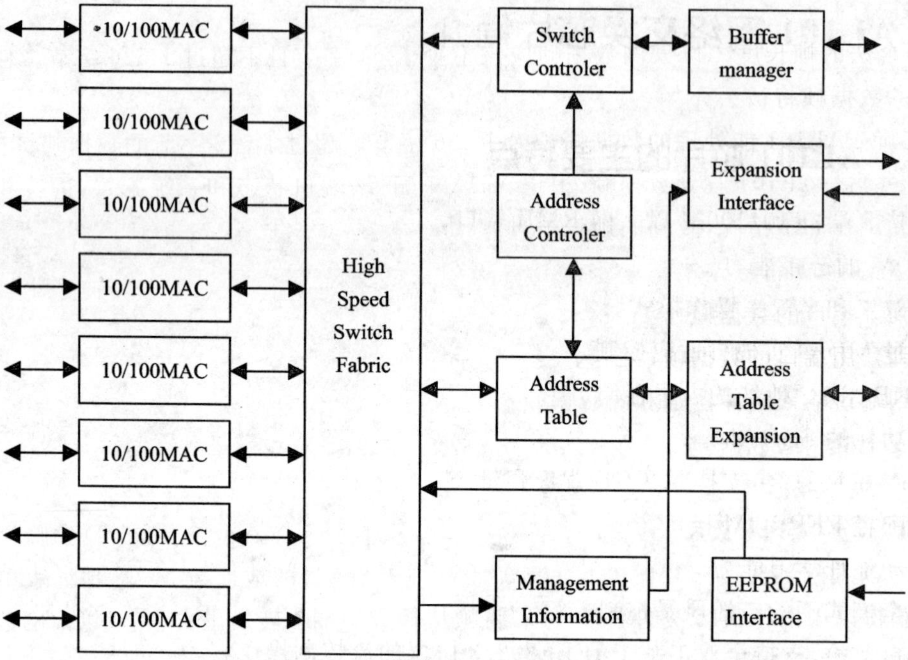

图 13－1　AL101 芯片内部结构

13.4.2　AL101 功能说明

1）RoX 接口

3 个 AL101 通过 RoX 总线构成 24 个 10/100M 端口的以太网交换机。RoX 环路是由数据环路和控制环路构成，如图 13－2 所示。数据环路用来交换数据帧、MIB 数据、系统配置和状态报告信息。控制环路用来传送 RoX 环路协议信息。

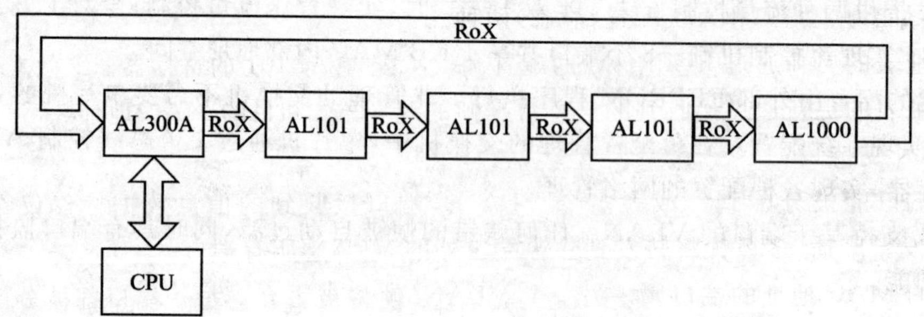

图 13－2　RoX 环路构成

2）数据接收

① 不合法的帧长度　以太网数据帧应该不少于64字节且不超过1 536字节。任何不合法帧长度的数据帧将被丢弃。

② 长帧　AL101能处理的数据帧长为1 536字节。超过1 536字节的数据帧将被丢弃。

③ 帧过滤　AL101收到数据帧，根据VLAN配置、端口状态和系统配置，进行相应的过滤或转发。例在如下情况，收到的帧将被过滤。

收到差错帧，如符号差错和FCS差错等；

转发到源端口的数据帧；

转发到禁用端口的数据帧；

转发到端口输入缓冲器饱和的数据帧；

违反安全机制的数据帧。

3）帧交换

系统工作在OSI（开放系统互连）参考模型的第2层——MAC（介质访问控制）层。通过分析进来的以太网帧头以获得帧的目的地址和源地址，将目的地址与MAC地址表中的地址相比较以获得以太网帧需转发的端口，然后将帧从相应的端口转发出去，完成以太网数据帧点到点的交换。

4）半双工方式操作

半双工方式，指当发现冲突时，根据IEEE802.3的backoff算法进行相应的延时转发。

5）安全模式操作

在安全模式，端口将停止学习新的MAC地址。每一端口地址的地址表仍然不变。违反安全的帧将被丢弃，防止入侵者访问网络。

6）地址学习

接收到的信息数据帧查询MAC地址表，然后进行相应的转发。MAC地址表的更新具有自动地址学习能力（动态）和人工配置（静态）两种。

静态地址表的更新通过EEPROM的配置和人工配置AL101的寄存器。

动态地址表的更新通过接收到的信息数据帧的源MAC和目的MAC地址。

7）VLAN支持

每一个端口能被分配到一或者多个VLAN。端口接收到的信息数据帧仅仅在同一个VLAN内转发。广播/多播帧将转发到除源端口外的VLAN所有端口。

如果目的MAC地址的端口属于另一个VLAN，帧将被丢弃。每一端口都被分配一个上行端口，未知目的MAC地址的Unicast帧将转发到源端口的上行端口。

AL101提供两个VLAN寄存器，实现VLAN的配置功能。

8）端口聚集

AL101 支持端口聚集。端口聚集是将多个物理端口捆绑成一个逻辑端口的方法。例如，4 个全双工的 100M 端口通过端口聚集，形成一个 800M 端口。

9）生成树算法支持

AL101 支持生成树算法，阻止帧在回路无限循环。如果回路存在，会导致帧被不断地重复转发，从而导致网络的瘫痪。在 AL101 中，通过桥协议数据单元（BPDU），实现生成树算法的功能。

10）流量控制

AL101 的每一个端口都能实现全双工或半双工流量控制。在全双工模式下，将执行 Flow Control 流量控制机制（802.3X）；在半双工模式下，执行 Back Pressure 流量控制机制。

11）端口监控

提供对端口完全的监视功能，AL101 把被监视端口的收、发数据包分别复制到各自的监视端口。

12）PHY 管理

AL101 通过 MDIO 和 MDC 接口，管理和配置 PHY 芯片。

13）EEPROM 接口

AL101 通过 EEPROM 接口，实现系统初始化，获得系统状态，进行实时配置。

14）SGRAM 接口

AL101 的端口都是存储转发方式，在数据帧被收到之后，通过 SGRAM 接口，将数据存储在 SGRAM 内，并查询目的地址端口，然后进行转发。SGRAM 利用地址计数器实现自动更新。

13.5　系统硬件设计

13.5.1　系统指标要求

75 MHz、50 MHz 的高速时钟精度＜50 ppm（pulse position modulation），同时时钟通过分配电路送给不同的芯片，分配的时钟之间的相位差小于 2 ns。根据需要可对端口进行 10/100 Mbps 速率设置、全/半双工设置、流量控制、静态 MAC 地址设置、镜像设置、VLAN 设置和 Trunk 设置等。

交换机的技术指标如表 13－1 所列。

表 13-1　交换机技术指标

网络标准	IEEE802.3,IEEE802.3u,IEEE802.3ab,IEEE802.3x
端　口	24 个 10/100M 自适应 RJ45 交换端口
支持的工作模式	10/100M Base-TX：全双工/半双工自适应
控制端口	RS-232(9 针)
交换方式	存储转发(Store-and-Forward)
背板交换速率	4.8Gbps
最大包转发率	148,810pps(100MBase-TX)
MAC 地址	3 KB
缓存容量	6 MB
交换机 LED 状态指示灯	1 个(电源)
端口 LED 状态指示灯	每个端口 2 个
电　源	220VAC,47 Hz～63 Hz
功　耗	<20 W

13.5.2　系统电路框图

1. 原理和框图介绍

系统主要由接口单元、交换单元、管理单元、灯显示单元和电源接口单元 5 部分组成,其组成的框图见图 13-3 所示。系统实物如图 13-4 所示。

系统的交换技术采用存储—转发方式。

RJ45 接口收到以太网帧结构的数据包后,经过变压器隔离和阻抗匹配后送到 PHY(物理接口芯片),在此芯片中完成模拟信号到 RMII 接口的数字信号的变换,并获得链路状态、冲突、信息是否超长、速率等信息。

然后数据进入交换芯片(系统的交换芯片由 3 个 AL101 芯片组成,通过 RoX 总线形成一个环路,可以完成数据在 3 个芯片之间的交换)。交换芯片将获得数据的目的地址和源地址,并对以太网帧进行差错校验,如果没有错误,就将帧保存到外接的 SGRAM 中;如果发现错误,就将帧丢掉。

交换芯片将源地址保存在自己的 MAC 地址表中,然后再将目的地址与 MAC 地址表中的地址相匹配以获取数据将转发的相应端口,如果目的端口在同一个交换芯片中,则从 SGRAM 中取出数据转发到相应的端口;如果目的端口不在同一个交换芯片中,则数据通过 RoX 总线传到相应的交换芯片再转发出去;如果在 MAC 地址表中没有找到相应的目的地址,就将帧转发到除源端口之外的其他属于同一 VLAN 的所有端口或者某一个上连端口(与寄存

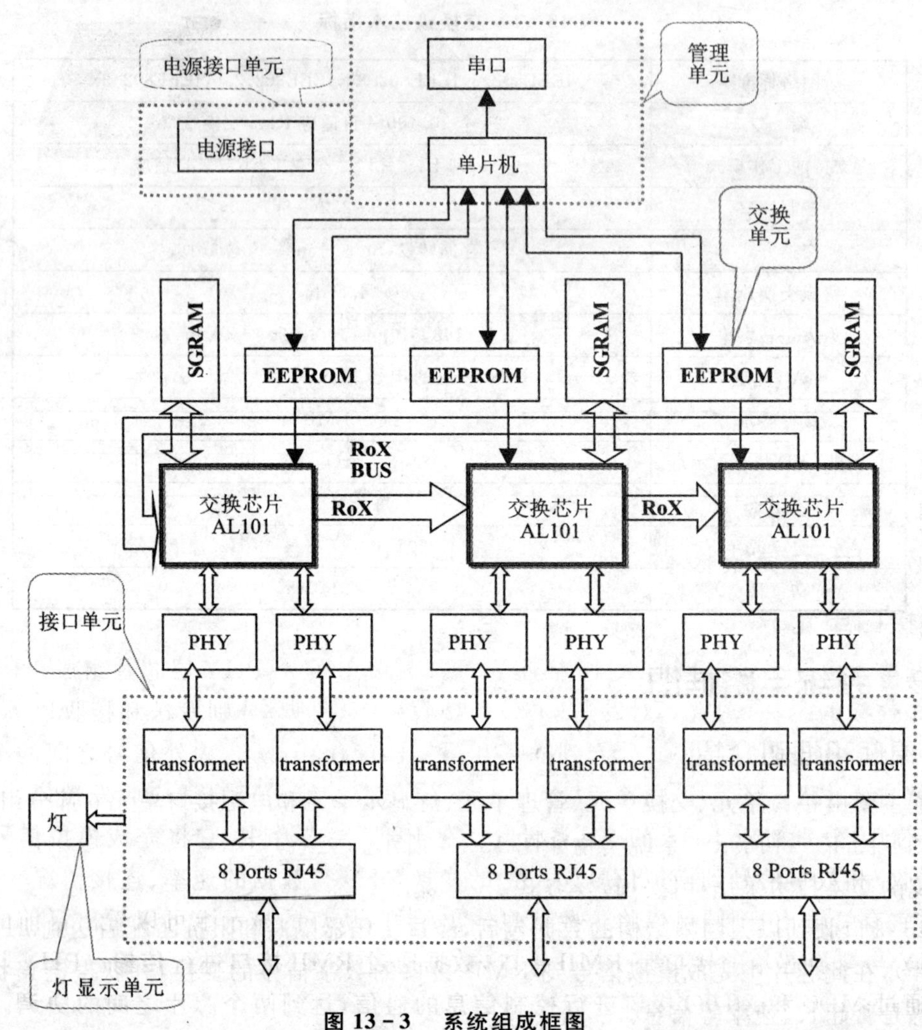

图 13-3　系统组成框图

器的设置有关）。

交换芯片在每次开电或复位时，都须读外接的 EEPROM 的内容来对寄存器进行配置，而寄存器的内容可以用单片机通过 PC 的串口进行读/写，以此控制或读取端口的工作模式。

灯的显示由 PHY 给出，通过灯的显示可以观察每个端口的工作速率、连接和数据收发等情况。

2. 电源接口

电源接口单元有一个 7 芯的电源连接插针，其 PIN 对应的电压输入关系如表 13-2 所列。

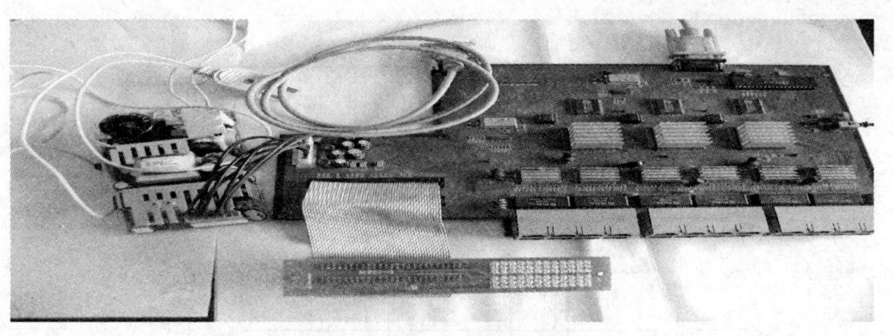

图 13-4　系统实物图

表 13-2　PIN 对应的电压输入关系

PIN	1	2	3	4	5	6	7
电压值	5 V	5 V	GND	GND	GND	3.3 V	3.3 V

13.5.3　单元模块设计

1. 接口单元

接口单元由 3 个 8 接口的 RJ45 插座、6 个变压器和 6 个 PHY 层芯片组成。RJ45 是与外界媒介连接的芯片，它有一对发送(TX)和接收(RX)引脚，分别发送和接收以太网信号。变压器和相应的电阻一起在此处起到隔离和阻抗匹配作用，防止内外信号之间的干扰。然后信号就进入 PHY 层芯片，每个 PHY 层芯片有 4 个 10/100M 自适应收发端口，共有 6 个 PHY 层芯片，分别对应 RJ45 的 24 个端口。在 PHY 层芯片中，它将完成模拟信号到数字信号(接收)和数字信号到模拟信号(发送)的变换，并获得数据的速率、连接情况、数据收发等情况；它有灯输出管脚，可以将这些信息输出给灯，从灯的显示上可以看出目前的连接情况。PHY 与交换芯片的接口是 RMII 接口，数据通过 RMII 接口进行传输。PHY 与交换芯片也可通过 MDC 和 MDIO 接口进行控制信息的通信，达到两个芯片之间的协调。接口单元的原理如图 13-5(参见本书所附光盘)和图 13-6 所示。

2. 交换单元

交换单元由 3 个交换芯片(AL101)、3 个 SGRAM、3 个 EEPROM(AT24C02)、时钟及复位电路组成。其中交换芯片为系统的核心芯片，其芯片为 Allayer 公司的 AL101 交换芯片。交换单元的原理图如图 13-7、图 13-8 和图 13-9(参见本书所附光盘)所示。

3 个交换芯片通过 RoX 总线组成一个环路，形成不同交换芯片之间的交换。

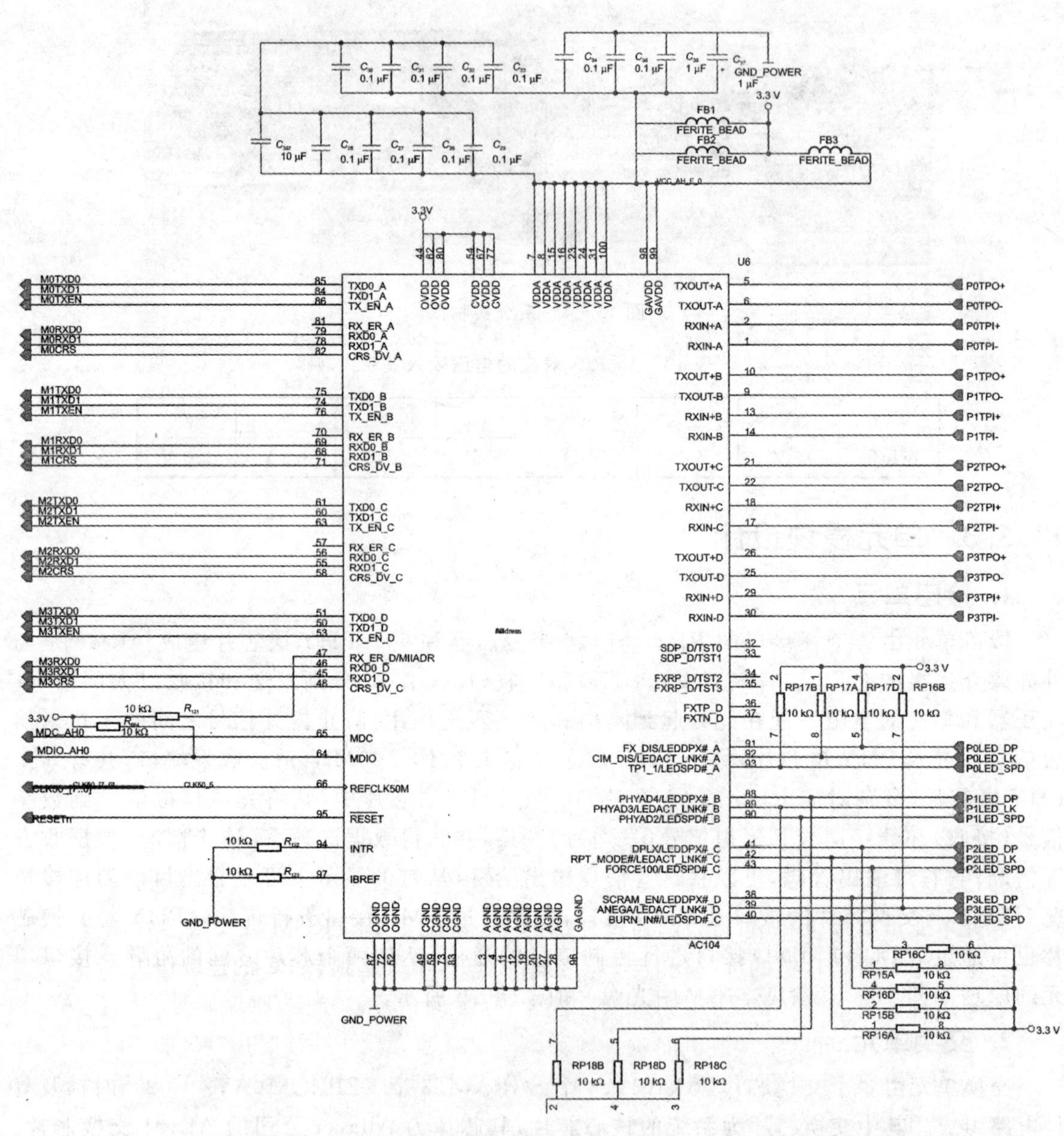

图 13-6 PHY 层芯片(AC104)的电路原理图

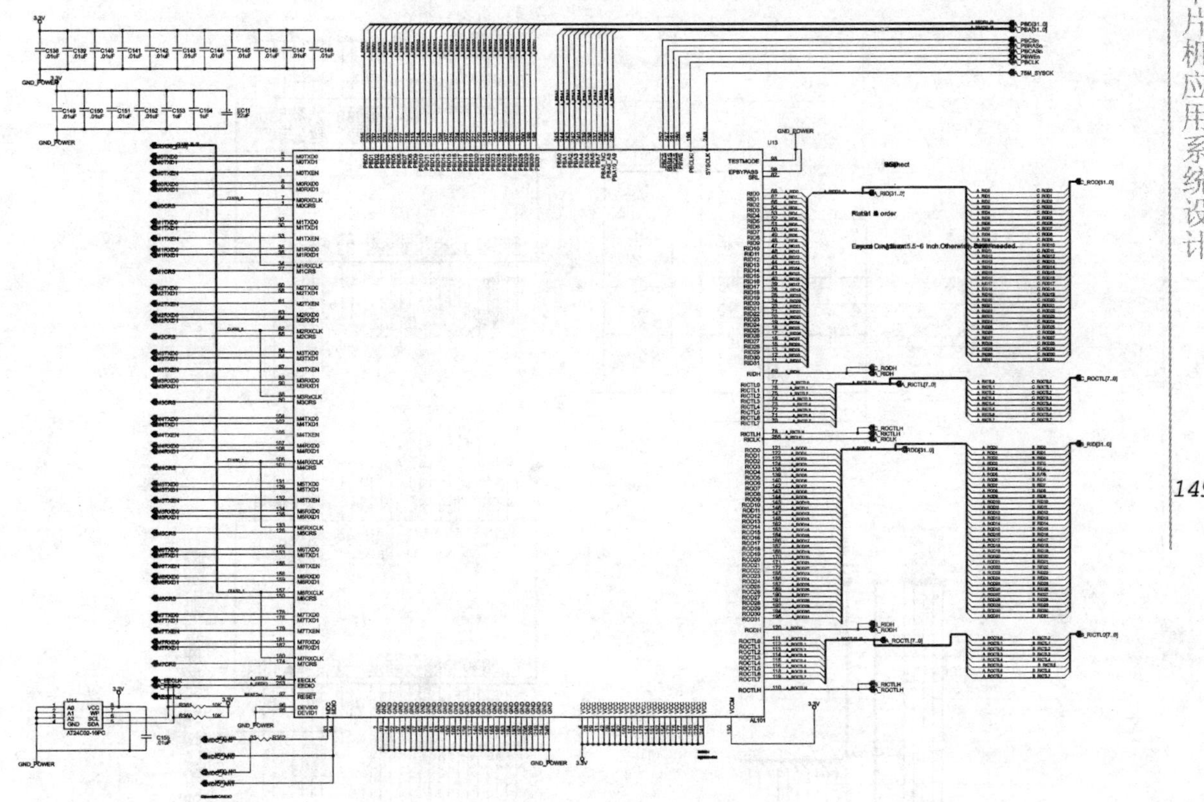

图13-7 交换芯片(AL101)与EEPROM(AT24C02)的电路原理图

3. 管理单元

管理单元由单片机和串口组成，通过外部的PC来配置EEPROM或交换芯片的寄存器。单片机主要完成对寄存器的读/写和与PC之间的通信，串口起到与PC的连接作用，单片机与串口之间还有一个电平转换芯片，完成单片机与PC之间信号的转换，原理如图13-10所示。通过这个管理单元，可以将交换机配成各种工作模式，以满足不同用户的需求，如10/100 Mbps速率设置、全/半双工设置、流量控制、静态MAC地址设置、镜像设置、广播风暴控制、VLAN设置和Trunk设置等。

4. 灯显示单元

灯显示单元主要由电源指示灯和端口指示灯组成，电路原理图及实物图如图13-11(参见本书所附光盘)及图13-12所示。可以通过观察灯的显示情况获得数据的速率、连接和数据收发情况，说明如表13-3所列。

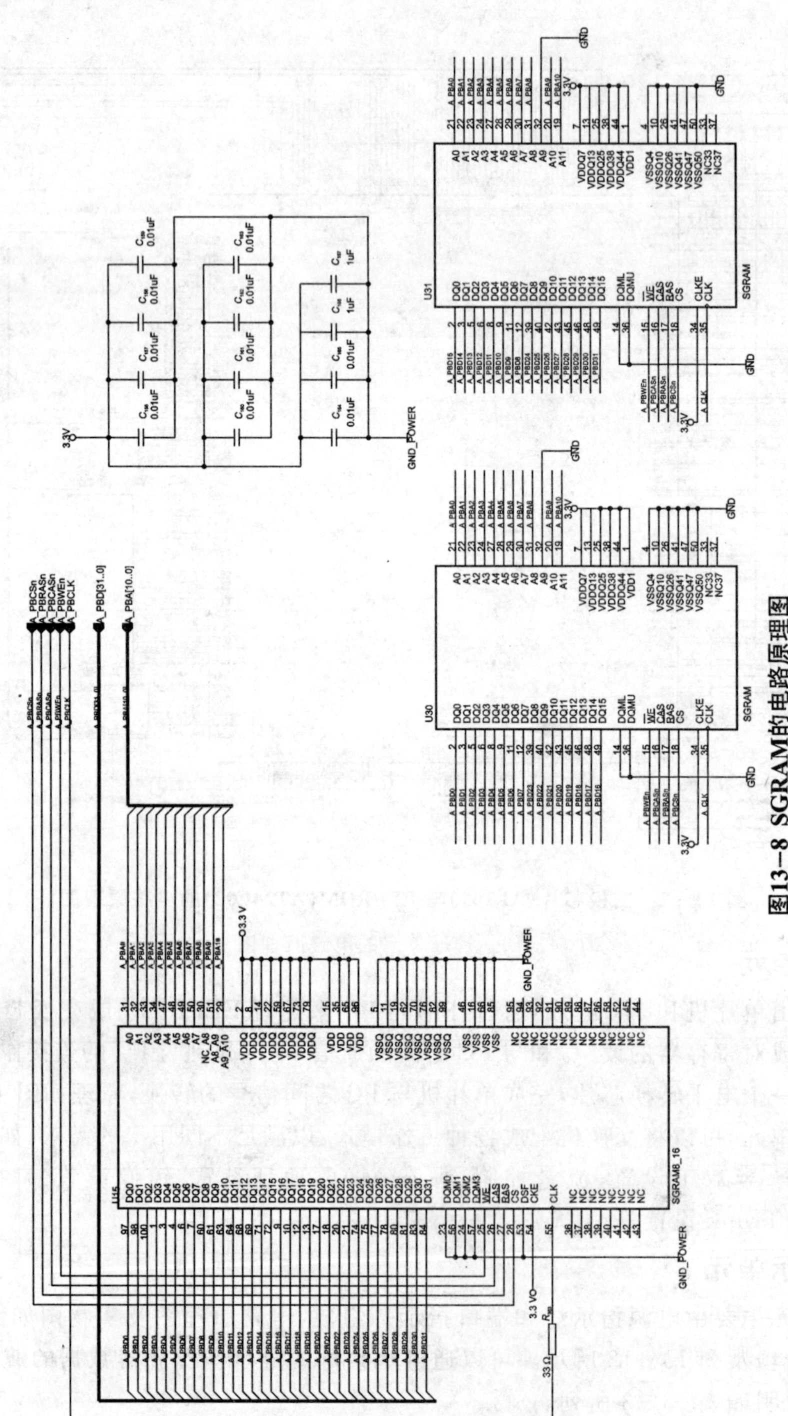

图13-8 SGRAM的电路原理图

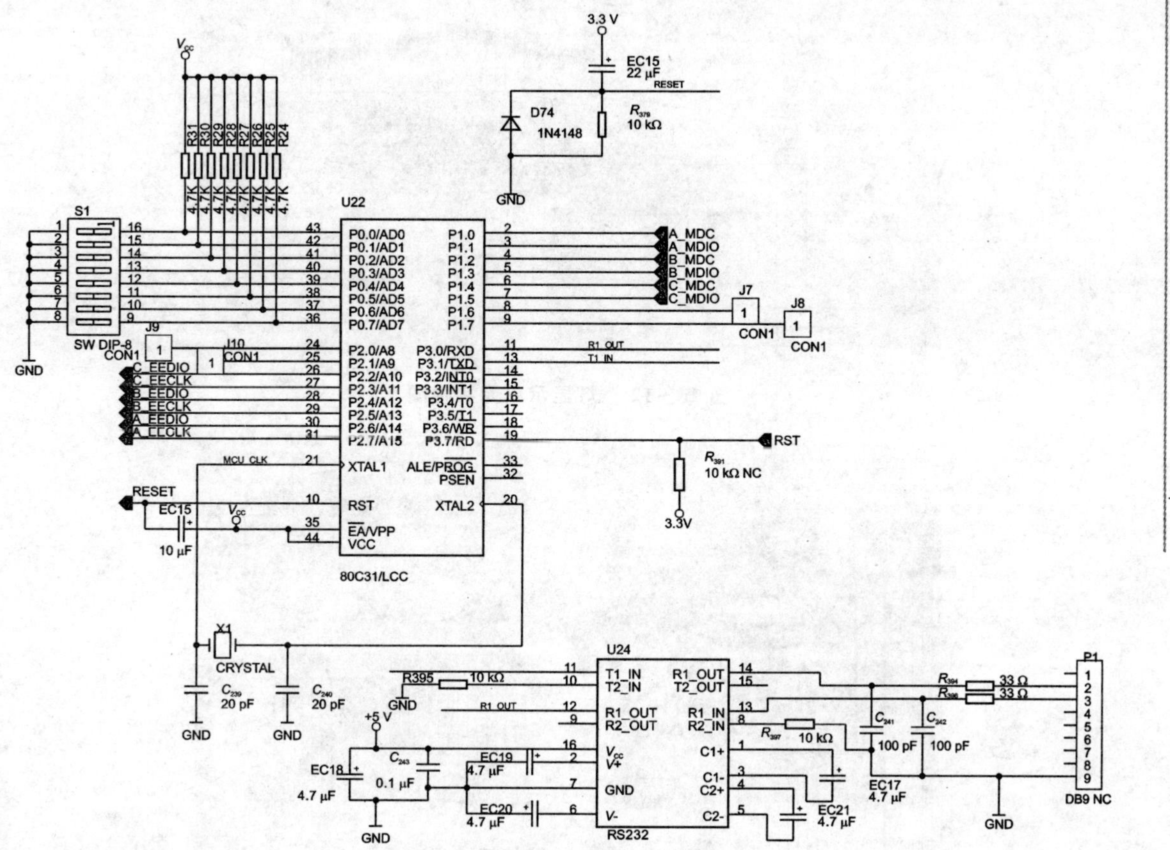

图 13-10　管理单元的电路原理图

表 13-3　交换机指示灯说明

LED	颜　色	状　态	说　明
电源	绿灯	亮	交换机已正常加电
SPEED	绿灯	亮/不亮	此端口为 100 Mbps 的速率/10 Mbps 速率
ACTIVE	绿灯	亮/闪/不亮	此端口已建立正常的连接/此端口正在收发数据/端口未建立连接

5. 电源接口单元

电源接口单元用来与外置的电源模块建立连接，以提供交换盘所需的电源，实物如图 13-13所示。

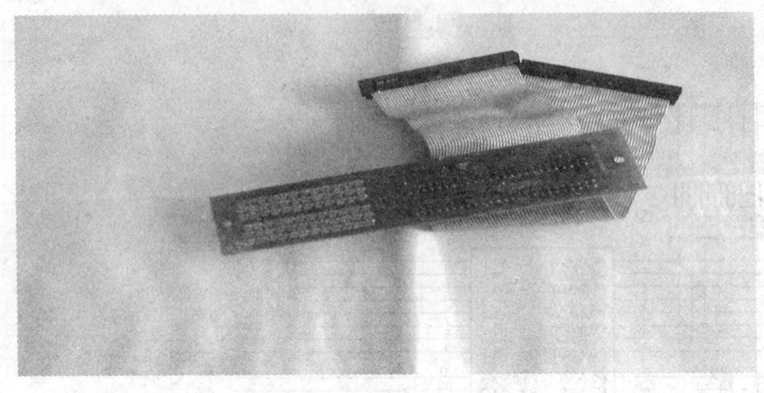

图 13-12　灯显示单元实物图

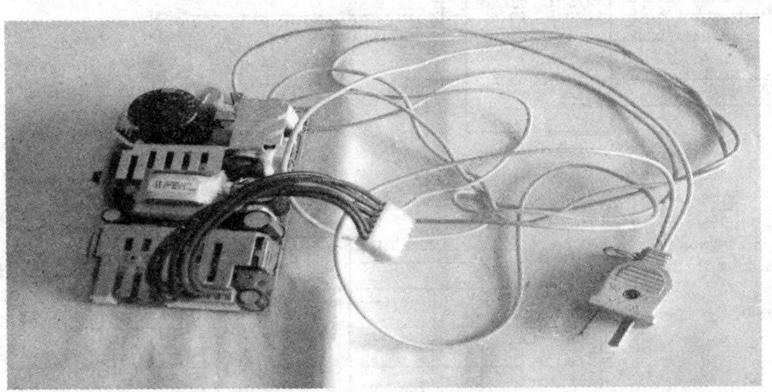

图 13-13　电源接口单元

6. 参数设置

系统默认配置如表 13-4 所列。

表 13-4　交换机的默认配置

属　性	选　项	默认配置
系统	Super MAC	Disabled
	Aging Control	Enabled
	Aging Time	256 s
	Flood Control	Disabled
	Maximum Broadcast Storm Frames	64 packets

续表 13-4

属 性	选 项	默认配置
端口	Security	Disabled
	Address Learning	Enabled
	Broadcast Storm Control	Enabled
	Port 使能控制	Enabled
	Port 监视控制	Disabled
	Full-Duplex Flow Control	Enabled
	Auto-Negotiation	Enabled
Trunk	Load Balancing Method	MAC Based
	Trunk Selection	None
VLAN	VLAN Group List	None
静态地址表	Static Address Table	None
密码	Password	123

13.6 系统软件设计

整个系统的软件包括 EEPROM 配置数据、单片机的控制软件和 PC 机的可视化管理程序。

EEPROM 配置数据通过交换芯片连接 EEPROM(24C02),保存系统设备的配置数据。在设备开机或者复位时,设备从 EEPROM 读出这些数据,用于系统初始化。

PC 机的管理程序是用户通过 PC 机的串口与系统设备连接,可以很容易地对系统进行重新配置。

13.6.1 EEPROM 配置

(1) 系统初始化

AL101 提供 3 种 EEPROM 接口功能:系统初始化,获得系统状态和实时配置系统。通过 EEPROM 接口,芯片厂商能向用户提供一个初始化的系统。用户能改变或者再配置系统并且保持其优先选择。EEPROM 24C02 包含配置和初始化信息。

AL101 通过 I^2C 总线和 EEPROM 24C02 连接。在开始期间,AL101 努力发现 EEPROM 的存在。如果没有发现 EEPROM,AL101 将被中央控制器初始化为 RoX 总线上的管理设备。如果没有收到初始化命令,则系统不操作。双向 EEPROM 能被一个外部平行的端口或者中央控制器再编写程序,此时 EEPROM 接口在高的阻抗状态下。外部设备能通过 EDIO 和

ECLK 脚对 EEPROM 编写程序，此时 EEPROM 地址应该设置成与设备标识符相对应的地址。如图 13-14 所示，EEPROM 地址必须是 0XX，AL101 的地址将是 1XX。其中，XX 可以为 00、01、10、11 中的某一个。

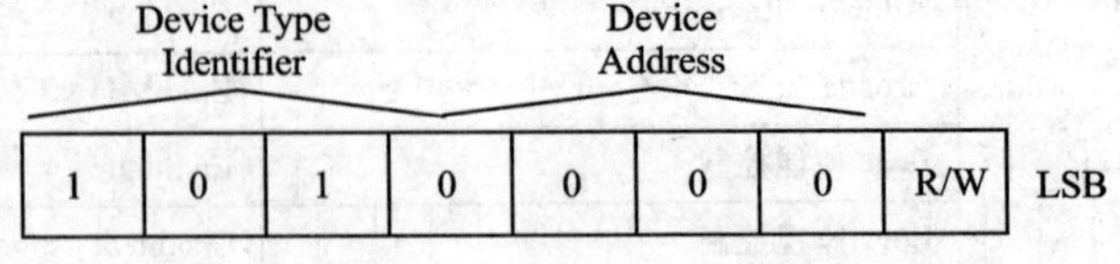

图 13-14 EEPROM 地址

(2) 开始和停止位

写/读周期包括一个开始位、一个停止位。当 EECLK 是高电位时，EEDIO 的开始位从高电位转变到低电位。当 EECLK 是高电位且当 EEDIO 从低电位变为高电位时，操作结束。时序如图 13-15 所示。

开始位后，设备必须输出 EEPROM 的地址。高 4 位地址是设备类型标识符 1010，低 4 位地址是 EEPROM 设备地址。AL101 把 EECLK 时钟输出到 EEPROM。如果 AL101 读 EEPROM，EEDIO 作为输入；如果 AL101 写 EEPROM，EEDIO 作为输出。

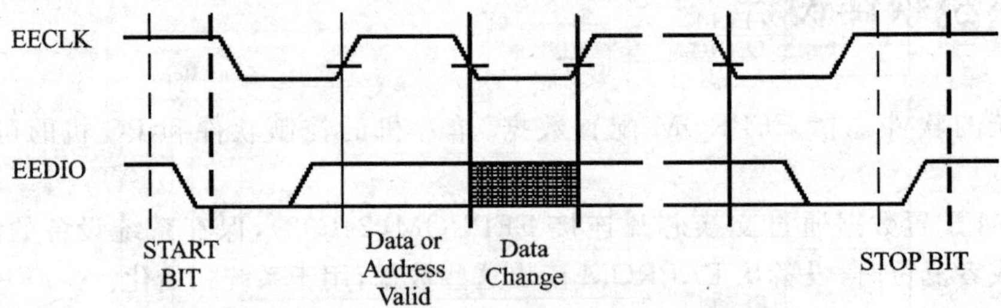

图 13-15 开始和停止位时序图

(3) 写操作

当访问 EEPROM 时，写操作时序如图 13-16 所示。

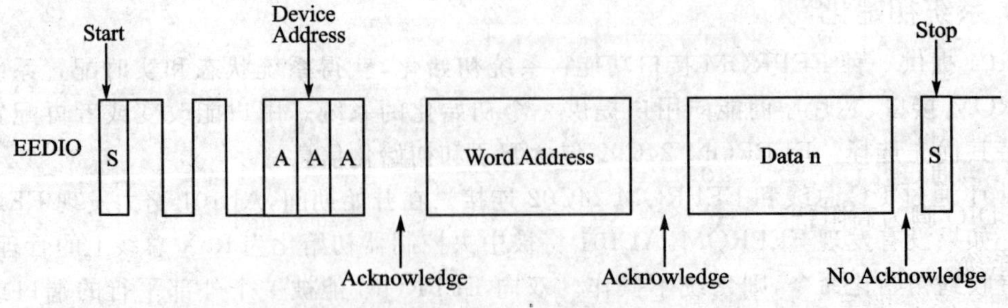

图 13-16 写操作时序图

(4) 读操作

读操作同写操作一样，不同的是读操作时 EEPROM 地址中的 R/W 位被置为"1"，读操作时序如图 13－17 所示。

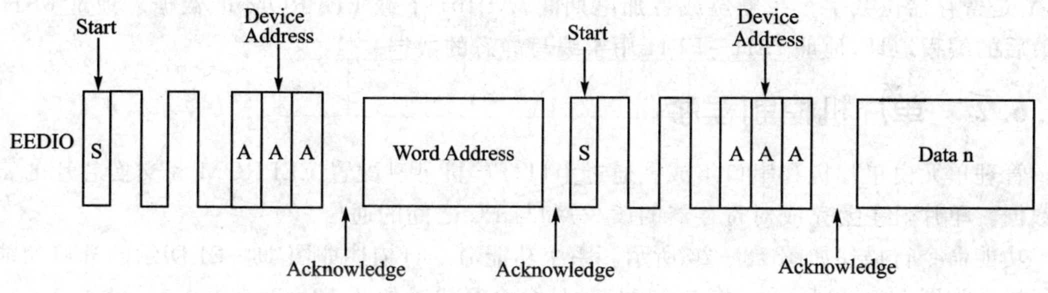

图 13－17　读操作时序图

(5) 系统再配置

有两种方式实现系统再配置，如图 13－18 所示。

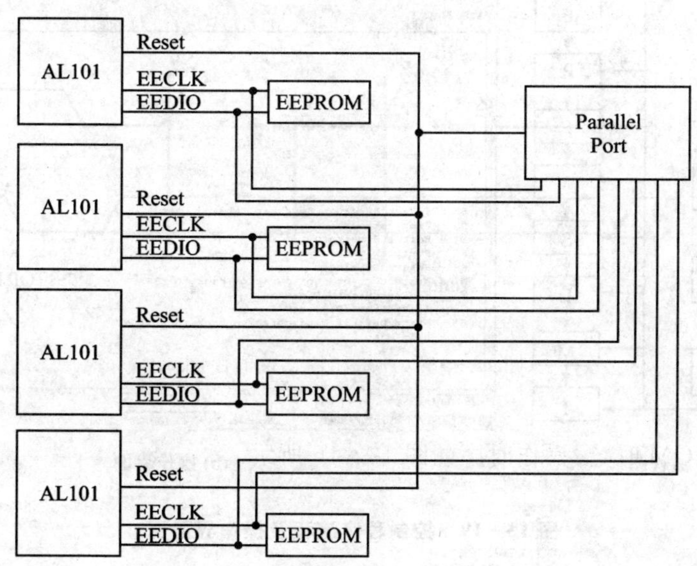

图 13－18　系统再配置图

单片机通过并行的端口为 EEPROM 编写程序。应用中 AL101 的复位脚保持为低电位，并且 EEDIO 脚为高阻抗。一旦释放 AL101 的复位脚，设备将开始下载 EEPROM 数据，并且再配置系统。

再配置系统的另一种方式是在初始化之后单片机通过 PC 的 I^2C 总线直接输入数据到 AL101 的相应寄存器。这种工作方式下 EEPROM 地址必须是 0XX，AL101 的地址将是

1XX，且和 EEPROM 一样，用户为 AL101 编程。读/写时序与 EEPROM 一样。

(6) EEPROM 寄存器地址

需要注意的是，一个具体的寄存器中的位是由“X. Y”符号来定义的，其中，X 是寄存器数字，Y 是寄存器位数字。在复位或者加电期间，AL101 下载 EEPROM 的数据。地址 6FH 表明最后的编程地址，地址 70H～FFH 用于编写静态的数据。

13.6.2　单片机控制程序

管理单元由单片机和串口组成。通过串口，PC 机可以配置 EEPROM 和交换芯片的寄存器数据。单片机主要完成对寄存器的读/写和与 PC 之间的通信。

功能命令行描述如图 13－20 所示。系统功能命令行描述如图 13－21 所示。端口功能命令行描述如图 13－22 所示。静态 MAC 地址命令行描述如图 13－23 所示。

控制程序流程及计算机界面如图 13－19 所示。

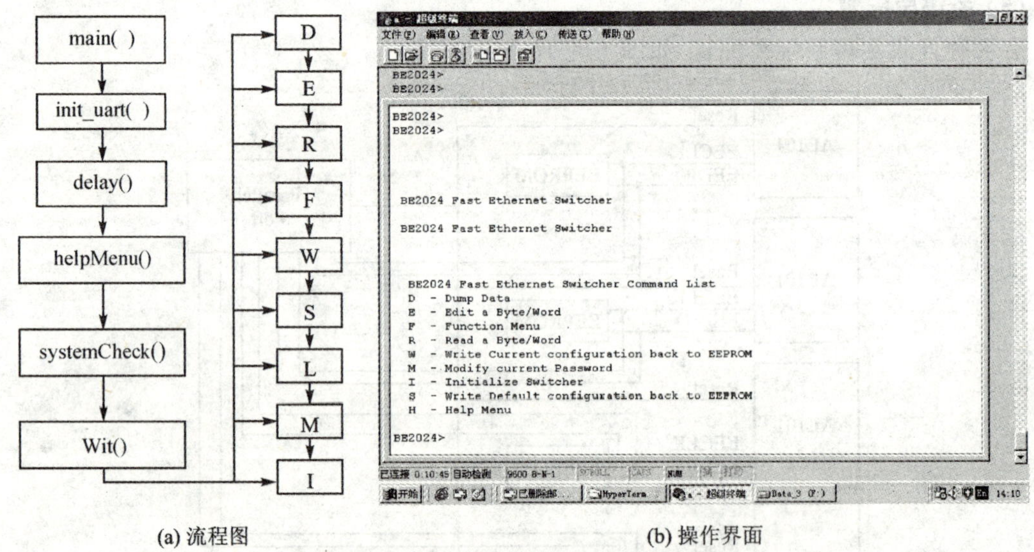

(a) 流程图　　　　(b) 操作界面

图 13－19　控制程序流程及操作界面图

- main( )　　　　主程序。
- init_uart( )　　串口初始化。
- delay()　　　　系统延时。
- helpMenu()　　帮助菜单。
- systemCheck()　检查系统设备 ID。

D　查看系统的整个配置数据(Dump Data)

E　编辑系统的配置数据(Edit a Byte/Word)

F　对交换机的各种功能进行配置、管理(Function Menu)

R　读系统的配置数据(Read a Byte/Word)

W　系统将当前配置数据保存到 EEPROM (Write Current configuration back to EEPROM)

M　改变系统的密码(Modify current Password)

I　系统软件复位(Initialize Switcher)

S　系统将默认配置下载到 EEPROM(Write Default confguration back to EEPROM)

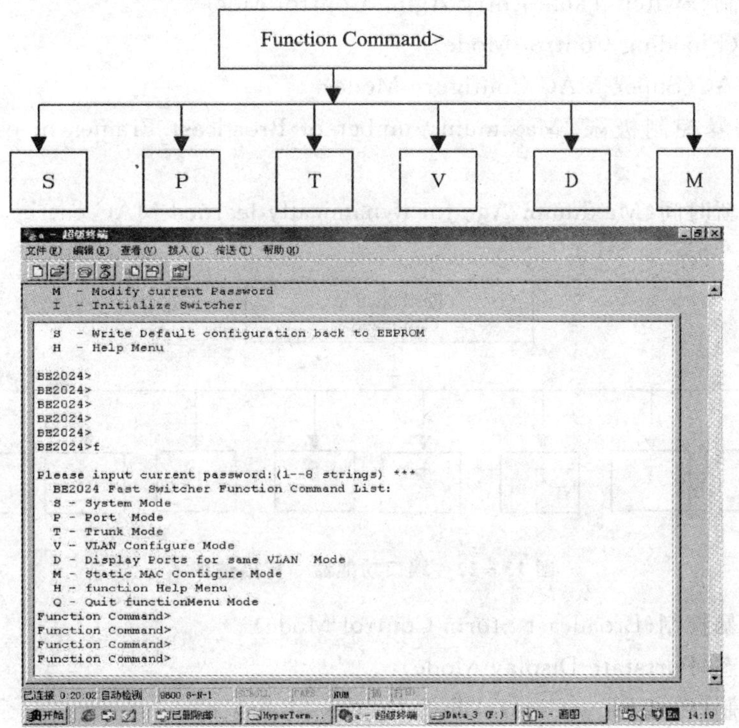

图 13-20　功能命令行描述

S　对系统进行配置、管理(System Mode)

P　对端口进行配置、管理(Port Mode)

T　对 Trunk 进行配置、管理(Trunk Mode)

V　对 VLAN 进行配置、管理(VLAN Configure Mode)

D 显示VLAN(Display Ports for same VLAN Mode)

M 对静态MAC地址进行配置、管理(Static MAC Configure Mode)

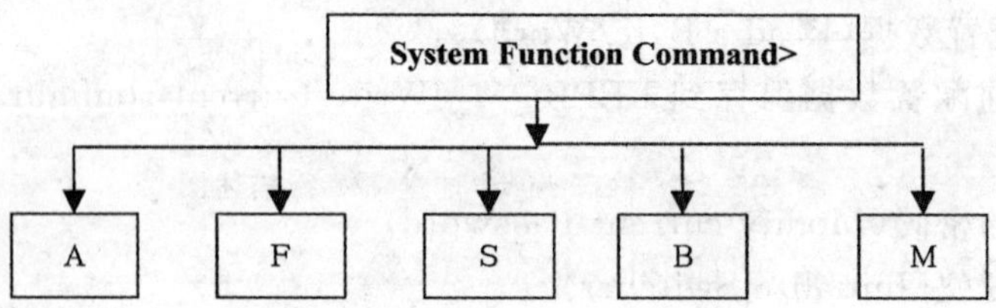

图13-21 系统功能命令行描述

A 更新控制(Switch Table Entry Aging Control Mode)

F 流控制(Flooding Control Mode)

S 超级MAC(Super MAC Configure Mode)

B 广播风暴控制极限(Maximum number of Broadcast Frames in each input frame Buffer)

M 最大更新时间(Maximum Age for dynamically learned MAC entries Mode)

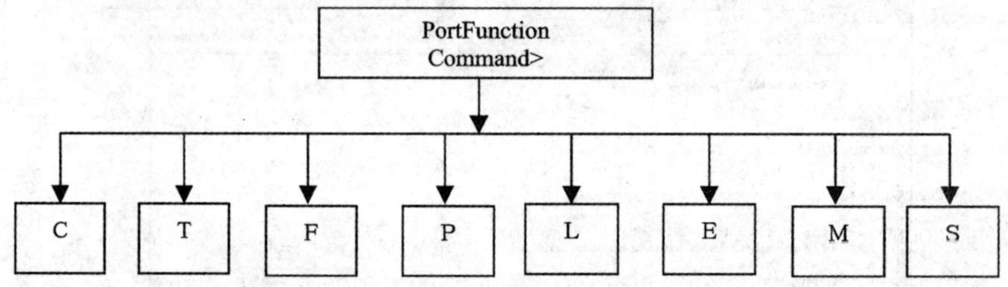

图13-22 端口功能命令行描述图

C 广播风暴控制(Broadcast Storm Control Mode)

T 端口状态(Portstate Display Mode)

F 流量控制(Port Flow Control Full Duplex Mode)

P 安全模式(Port Security Mode)

L 地址学习控制(Port Source Address Learning Control Mode)

E 使能控制(Port Enable Mode)

M 端口监视(Port Monitor Enable Mode)

S 端口速率(Speed Mode)

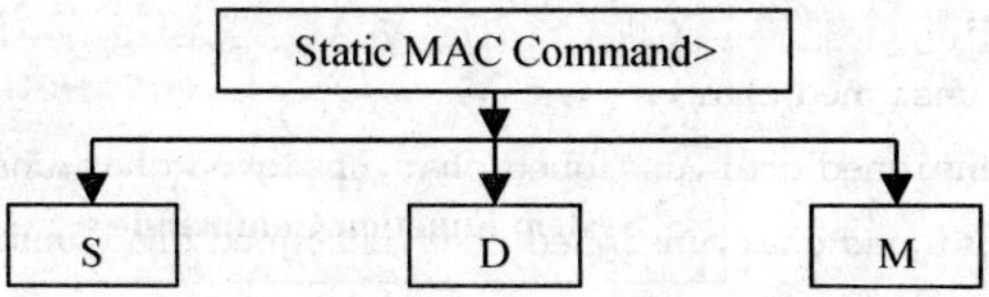

图 13－23　静态 MAC 地址命令行描述图

S　显示端口的静态 MAC 地址(Show Static MAC Mode)
D　删除端口的静态 MAC 地址(Delete Static MAC Mode)
M　设置端口的静态 MAC 地址(Static MAC Configure Mode)

13.7　参考程序

系统参考源程序包括 IO. h、IO. c、db116. h、db116. c。

13.7.1　IO. h 源程序

```
//------------------------------------------------------------------------
//Header of IO routines
//------------------------------------------------------------------------
#include <stdio.h>
#include <at89x51.h>
#include "db116.h"
#define MAXCOUNT  20
nsigned char currentRead( unsigned char,unsigned char,unsigned char *);
unsigned char dummyWrite( unsigned char,unsigned char,unsigned char);
unsigned char byteWrite( unsigned char,unsigned char,unsigned char,unsigned char);
unsigned char byteRead( unsigned char,unsigned char,unsigned char,unsigned char *);
void    startBit( unsigned char);
void    stopBit( unsigned char);
void    devAddr( unsigned char,unsigned char);
unsigned char readSDA( unsigned char);
void    writeSDA( unsigned char,unsigned char);
unsigned char detectDeviceId( unsigned char);
unsigned char waitACK( unsigned char);
unsigned char waitNACK( unsigned char);
unsigned char swRead( unsigned char,unsigned char,unsigned char,unsigned int *);
```

```
unsigned char swWrite( unsigned char,unsigned char,unsigned char,unsigned int);
void    init_uart( void);
unsigned char sclSilent( unsigned char);
unsigned char phyWrite( unsigned char,unsigned char,unsigned char,unsigned char,unsigned int);
unsigned char phyRead( unsigned char,unsigned char,unsigned char,unsigned char,unsigned int * );
unsigned char reAutoNego( unsigned char,unsigned char,unsigned char);
void    delay( unsigned int);
//For system ID 0
sbit SCL0 = 0xA7;                          //P2_7
sbit SDA0 = 0xA6;                          //P2_6
//For system ID 1
sbit SCL1 = 0xA5;                          //P2_5
sbit SDA1 = 0xA4;                          //P2_4
/*
//For system ID 2
sbit SCL2 = 0xA7;                          //P2_7
sbit SDA2 = 0xA6;                          //P2_6
//For system ID 3
sbit SCL3 = 0xA5;                          //P2_5
sbit SDA3 = 0xA4;                          //P2_4
*/
```

13.7.2　IO.c 源程序

```
//-----------------------------------------------------------------------------
//IO routines
//-----------------------------------------------------------------------------
#include <stdio.h>
#include <at89x51.h>
#include "io.h"
//-----------------------------------------------------------------------------
//Current address read
//Input: system ID
//       device ID
//       pointer of 8bit SDA data
//Output: 0 for failure; otherwise for success
//-----------------------------------------------------------------------------
unsigned char currentRead(unsigned char id,unsigned char deviceId,unsigned char * value)
{
    int    i;
```

```
    unsigned char  temp,count;
    count = 0;
    do {
        //Start command (1bit)
        startBit(id);
        //Device Address (7bits)
        devAddr(id,deviceId);
        //Read command (1bit)
        writeSDA(id,1);
        //Get ACK (1bit)
        if( ! waitACK(id)) {
            #if DEBUG
            printf("currentRead():Not receive ACK\n");
            #endif
            count ++ ;
        } else
            break;
        } while( count<MAXCOUNT);

    if( count> = MAXCOUNT)
        return( 0);
    //Get DATA (8bits)
    for( i = 0, * value = 0; i<8; i++ ) {
        temp =  * value;
        * value = temp << 1;
        temp = readSDA(id);
        * value += temp;
    }
    //Get NACK (1bit)
    temp = waitNACK(id);
    //Stop command (1bit)
    stopBit(id);
    return(temp);
}

//-----------------------------------------------------------------------------
//Starting bit
//Input: system ID
//Output: none
//-----------------------------------------------------------------------------
void startBit(unsigned char id)
{
```

```
    switch(id) {
    case 0:
    default:
        if( ! SDA0)
            SCL0 = 0;           //pull low for SDA change
        SDA0 = 1;               //pull high SDA
        SCL0 = 1;               //pull high SCL
        SDA0 = 0;
        SCL0 = 0;
        break;
    case 1:
        if( ! SDA1)
            SCL1 = 0;           //pull low for SDA change
        SDA1 = 1;               //pull high SDA
        SCL1 = 1;               //pull high SCL
        SDA1 = 0;
        SCL1 = 0;
        break;
    }
}

//-------------------------------------------------------------------
//Device Address
//Input: system ID
//      device ID. Valid range from 0x00 to 0x07
//Output: none
//-------------------------------------------------------------------
void devAddr(unsigned char id,unsigned char deviceId)
{
    unsigned char val;
    int i;
    val = deviceId & 0x07;
    //val = deviceId & 0x03;
    writeSDA( id,1);
    writeSDA( id,0);
    writeSDA( id,1);
    writeSDA( id,0);
    for( i = 2; i>= 0; i-- ) {
        val = deviceId >> i;
        val &= 0x01;
        writeSDA( id,val);
    }
```

```
}

//------------------------------------------------------------------------------
//read SDA bus
//Input: system ID
//Output: 1 for SDA is high,0 for SDA is low
//------------------------------------------------------------------------------
unsigned char readSDA(   unsigned char   id)
{
    unsigned char     val;

    switch( id) {
    case 0:
        SCL0 = 1;
        val = SDA0;
        SCL0 = 0;
        break;
    case 1:
        SCL1 = 1;
        val = SDA1;
        SCL1 = 0;
        break;
    default:
        break;
    }
    return( val);
}

//------------------------------------------------------------------------------
//Write a bit to SDA bus
//Input: system ID
//    value (0x00～0x01)
//Output: none
//------------------------------------------------------------------------------
void writeSDA(unsigned char id,unsigned char value)
{
    unsigned char val;

    switch( id) {
    case 0:
        val = value & 0x01;
        SCL0 = 0;
```

```
            SDA0 = val;
            SCL0 = 1;
            SCL0 = 0;
            break;
        case 1:
            val = value & 0x01;
            SCL1 = 0;
            SDA1 = val;
            SCL1 = 1;
            SCL1 = 0;
            break;
        default:
            break;
        }
}
```



```
//--------------------------------------------------------------------------
//Stop bit command
//Input: system ID
//Output: none
//--------------------------------------------------------------------------
void stopBit(unsigned char id)
{
    switch( id) {
    case 0:
    default:
        SDA0 = 0;
        SCL0 = 1;       //pull high SCL
        SDA0 = 1;       //pull high SDA
        break;
    case 1:
        SDA1 = 0;
        SCL1 = 1;       //pull high SCL
        SDA1 = 1;       //pull high SDA
        break;
    }
}

//--------------------------------------------------------------------------
//Dummy write with ACK check
//Input: system ID
//       device ID
```

```
//      addr
//Output: 1 for success.  0 for fail
//-----------------------------------------------------------------------
unsigned char dummyWrite(unsigned char id,unsigned char deviceId,unsigned char addr)
{
    int    i,count;
    unsigned char  val;
    count = 0;
    do {
        //Start command (1bit)
        startBit( id);
        //Device Address (7bits)
        devAddr( id,deviceId);
        //Write command (1bit)
        writeSDA( id,0);
        //Get ACK (1bit)
        if( waitACK( id)) {
            //Write address (8bits)
            for( i = 7; i >= 0; i -- ) {
                val = addr >> i;
                val &= 0x01;
                writeSDA( id,val);
            }
            //Get ACK (1bit)
            if( waitACK( id))
                return( 1);
        }
        count ++ ;
    } while( count<MAXCOUNT);
    return( 0);
}
//-----------------------------------------------------------------------
//Byte write
//Input: system ID
//      device ID
//      address
//      8bit SDA data
//Output: 0 for failure; otherwise for successful
//-----------------------------------------------------------------------
unsigned char byteWrite(unsigned char id,unsigned char deviceId,unsigned char addr,unsigned char value)
{
    int    i;
```

```
    unsigned char   temp,count;
    count = 0;
    //Dummy Write + ACK check (19bits)
    while( ! dummyWrite( id,deviceId,addr) && count<MAXCOUNT)
        count++;
    if( count>= MAXCOUNT) {
        #if DEBUG
        printf("byteWrite():dummyWrite Fail! \n");
        #endif
        return( 0);
    }
    //Write data (8bits)
    for( i=7; i>=0; i--) {
        temp = value >> i;
        temp &= 0x01;
        writeSDA( id,temp);
    }
    //Get ACK (1bit)
    temp = waitACK( id);
    stopBit( id);
    return( temp);
}
//------------------------------------------------------------------------------------
//Byte read
//Input: system ID
//       device ID
//       address
//       pointer of 8bit SDA data
//Output: 1 for successful; 0 for failure
//------------------------------------------------------------------------------------
unsigned char byteRead(unsigned char id,unsigned char deviceId,unsigned char addr,unsigned char * value)
{
    unsigned char   count;
    count = 0;
    //Dummy Write + ACK check (19bits)
    while( ! dummyWrite( id,deviceId,addr) && count<MAXCOUNT) {
        stopBit( id);
        count++;
    }
    if( count<MAXCOUNT)
        //Current Read (20bits)
        return( currentRead( id,deviceId,value));
```

```
    return( 0);
}
//----------------------------------------------------------------------
//Detect Device ID
//Input: System ID
//Output: Device ID (0x00～0x03),0xFF is fail
//----------------------------------------------------------------------
unsigned char detectDeviceId( unsigned char id)
{
    unsigned char     i,deviceId;
    //Detect device ID
    deviceId = 0;
    do {
        //Start command (1bit)
        startBit( id);
        //Device Address (7bits)
        devAddr( id,deviceId);
        //Read command (1bit)
        writeSDA( id,1);
        //Get ACK (1bit)
        if( waitACK( id)) {
            //read data (8bit)
                for( i = 0; i<8; i++ )
                {readSDA( id);  }
            //Get NACK (1bit)
            waitNACK( id);
            //stopBit( id);
            stopBit( id);
            printf("waitack( %bX) is %bX, %bX\n",id,waitACK( id),deviceId);
            return( deviceId);
        }
        //Stop command (1bit)
        stopBit( id);
        deviceId++;
    } while (deviceId<4);
    return( 0xFF);
}
//----------------------------------------------------------------------
//Wait for ACK
//Input: system ID
//Output: 1 for success; 0 for fail
//----------------------------------------------------------------------
```

```
unsigned char waitACK(unsigned char id)
{
    switch( id) {
    case 0:
    default:
        SCL0 = 0;     //pull low SCL for data change
        SDA0 = 1;     //pull high SDA
        break;
    case 1:
        SCL1 = 0;     //pull low SCL for data change
        SDA1 = 1;     //pull high SDA
        break;
    }
    return( ! readSDA( id));
}

//------------------------------------------------------------------------
//Wait for NACK
//Input: system ID
//Output: 1 for successful; 0 for failure
//------------------------------------------------------------------------
unsigned char waitNACK(unsigned char id)
{
    return( ! waitACK( id));
}
//------------------------------------------------------------------------
//Switch read
//Input: system ID
//      device ID
//      address
//      pointer of 16bit data
//Output: 1 for successful; 0 for failure
//------------------------------------------------------------------------
unsigned char swRead( unsigned char id,unsigned char deviceId,unsigned char addr,unsigned int * value)
{
    unsigned char  val;
    addr &= 0x7F;
    addr <<= 1;
    if( ! byteRead( id,deviceId,addr,&val))
        return( 0);
    * value = val;
    * value <<= 8;
```

```
    if( ! byteRead( id,deviceId,addr + 1,&val))
        return( 0);
    * value += val;
    return( 1);
}
//--------------------------------------------------------------------------
//Switch write
//Input: system ID
//device ID
//address
//16bit data
//Output: 0 for failure; otherwise for successful
//--------------------------------------------------------------------------
unsigned char swWrite( unsigned char id,unsigned char deviceId,unsigned char addr,unsigned int value)
{
    unsigned char  val;
    addr &= 0x7F;
    addr <<= 1;
    //Write low byte of word
    val = (unsigned char)(value & 0xFF);
    if( ! byteWrite( id,deviceId,addr + 1,val))
        return( 0);
    //Write high byte of word
    value >>= 8;
    val = (unsigned char)(value & 0xFF);
    if( ! byteWrite( id,deviceId,addr,val))
        return( 0);
    return( 1);
}
//--------------------------------------------------------------------------
//Initialize UART
//Input: none
//Output: none
//--------------------------------------------------------------------------
void  init_uart( void)
{
    SCON = 0x40;
    PCON |= 0x80;            //mode 1,8 - bit UART,enable RCVR
    TMOD = 0x20;             //timer 1,mode 2,8 - bit reload
//  TH1 = 0xF9;              //reload value for 2400 baud @ 6.176MHz
    TH1 = 0xF5;              //reload value for 4800 baud @ 20MHz
    TR1 = 1;                 //timer 1 run
```

```
    REN = 1;
    SBUF = 0x00;
    TI = 1;
    RI = 0;
}
//------------------------------------------------------------------------
//Check SCL bus free
//Input: system ID
//Output: 1 for free,0 for SCL bus busy
//------------------------------------------------------------------------
unsigned char sclSilent( unsigned char id)
{
    unsigned char  i,temp;
    for( i = 0; i<100; i ++ )
        temp = i;
    switch( id) {
    case 0:
    default:
        SCL0 = 1;
        for( i = 0; i<100; i ++ )
            if(SCL0 == 0)
                return( 0);
        break;
    case 1:
        SCL1 = 1;
        for( i = 0; i<100; i ++ )
            if(SCL1 == 0)
                return( 0);
        break;
    }
    return( 1);
}
//------------------------------------------------------------------------
//PHY read
//Input: system ID
//device ID
//PHY address
//PHY register
//pointer of value
//Output: 1 for success; 0 for fail
//------------------------------------------------------------------------
unsigned char phyRead( unsigned char id, unsigned char deviceId, unsigned char phyAddr, unsigned
```

```
char phyReg,unsigned int * value)
  {
      unsigned int     cmd,addr;
      unsigned char    count;
      swRead( id,deviceId,0x05,&cmd);
      if(cmd&0x8000)
          phyAddr |= 0x10;
      addr = phyAddr<<5;
      addr |= phyReg;
      //Check for ready
      count = 0;
      do {
          swRead( id,deviceId,0x42,&cmd);
          count++;
      } while( ! (cmd&0x8000) && count<MAXCOUNT);
      if( ! (count<MAXCOUNT))
          return( 0);
      //Issue the read command
      cmd = addr|0x0000;
      swWrite( id,deviceId,0x42,cmd);
      //Check for ready
      count = 0;
      do {
          swRead( id,deviceId,0x42,&cmd);
          count++;
      } while( ! (cmd&0x8000) && count<MAXCOUNT);
      if( ! (count<MAXCOUNT))
          return( 0);
      //Read data
      swRead( id,deviceId,0x43,value);
      return( 1);
  }
  //------------------------------------------------------------------------
  //PHY write
  //Input: system ID
  //device ID
  //PHY address
  //PHY register
  //value
  //Output: 1 for success; 0 for fail
  //------------------------------------------------------------------------
  unsigned char phyWrite( unsigned char id,unsigned char deviceId,unsigned char phyAddr,unsigned
```

```
char phyReg,unsigned int value)
    {
        unsigned int    cmd,addr;
        unsigned char    count;
        swRead( id,deviceId,0x05,&cmd);
        if(cmd&0x8000)
            phyAddr |= 0x10;
        addr = phyAddr<<5;
        addr |= phyReg;
        //Check for ready
        count = 0;
        do {
            swRead( id,deviceId,0x42,&cmd);
            count++;
        } while( ! (cmd&0x8000) && count<MAXCOUNT);
        if( ! (count<MAXCOUNT))
            return( 0);
        //Write data
        swWrite( id,deviceId,0x43,value);
        //Issue the write command
        cmd = addr|0x4000;
        swWrite( id,deviceId,0x42,cmd);
        //Check for ready
        count = 0;
        do {
            swRead( id,deviceId,0x42,&cmd);
            count++;
        } while( ! (cmd&0x8000) && count<MAXCOUNT);
        if( ! (count<MAXCOUNT))
            return( 0);
        return( 1);
    }
    //------------------------------------------------------------------------
    //ReAuto-Negotiation
    //Input: system ID
    //device ID
    //phyAddr
    //Output: 1 for success; 0 for fail
    //------------------------------------------------------------------------
    unsigned char    reAutoNego( unsigned char id,unsigned char deviceId,unsigned char phyAddr)
    {
        unsigned int value;
```

```
    if( ! phyRead( id,deviceId,phyAddr,0x00,&value)) {
        #if DEBUG
        puts("\nreAutoNego():phyRead fail!!!");
        #endif
        return(0);
    }
    value |= 0x0200;    //enable PHY0.9
    if( ! phyWrite( id,deviceId,phyAddr,0x00,value)) {
        #if DEBUG
        puts("\nreAutoNego():phyWrite fail!!!");
        #endif
        return(0);
    }
    delay( 0x1000);
    return(1);
}
//--------------------------------------------------------------------------------
//Delay
//Input: time
//Output: none
//--------------------------------------------------------------------------------
void delay( unsigned int time)
{
    unsigned    i,temp;
    for( i = 0; i<time; i++ )
        temp = i;
}
```


13.7.3　DB116.h 源程序

```
//--------------------------------------------------------------------------------
//Header of DB116.c
//--------------------------------------------------------------------------------
#define MAXDEV      2
#define MAXTEST     100
#define MAXBUF      10
#define    DEBUG     0
#define MESG1       "\nSystem ID? [0~ %bd]"
#define MESG2       "\nChoose 'E' for EEPROM,'S' for Switch?"
void          dumpDevice( unsigned char,unsigned char,unsigned int);
void          editDevice( unsigned char,unsigned char,unsigned char);
void          editSwitch( unsigned char,unsigned char,unsigned char);
```

```
void            helpMenu( void);
void            dumpMenu( unsigned char * );
void            editMenu( unsigned char * ,unsigned char);
unsigned char   systemCheck( unsigned char);
unsigned char   detectDeviceId( unsigned char);
unsigned char   xtoi( char * ,unsigned int * );
void            dumpMenu( unsigned char * );
void            stepMenu( void);
void            testMenu( unsigned char * );
void            functionMenu( unsigned char * );
void            trunkMenu( unsigned char * );
void            speedMenu( unsigned char * );
void            writeEeprom( unsigned char * );
unsigned char sw2bytedev( unsigned char,unsigned char,unsigned char,unsigned char,unsigned char,
unsigned char,unsigned char);
unsigned char getId( unsigned char * );
```


13.7.4　DB116.c 源程序

```
#include <stdio.h>
#include <at89x51.h>
#include "db116.h"
#include "io.h"
#define VERSION "V0.5b"
void main( void)
{
    char    c;
    unsigned char    deviceId[MAXDEV],id;
    P2 = 0xFF;
    init_uart();
    puts("\n\nWuhan Institute of Technology.");
    if( (c = getchar())!= '\n')
        puts("");
    helpMenu();
    //Check system bus
    for( id = 0; id<MAXDEV; id++)
        deviceId[id] = systemCheck( id);
    //Main kernel
    while(1) {
        printf("WIT > ");
        if( (c = getchar())!= '\n')
            puts("");
```

```
        switch(c) {
            case 'd':
            case 'D':
                dumpMenu( &deviceId);
                break;
            case 'e':
            case 'E':
                editMenu( &deviceId,1);
                break;
            case 'r':
            case 'R':
                editMenu( &deviceId,0);
                break;
            case 'f':
            case 'F':
                functionMenu( &deviceId);
                break;
            case 'w':
            case 'W':
                writeEeprom( &deviceId);
                break;
            case 'h':
            case 'H':
                helpMenu();
                break;
            default:
                break;
        }
    }
}
//-----------------------------------------------------------------------------
//Help Menu
//Input: none
//Output: none
//-----------------------------------------------------------------------------
void    helpMenu( void)
{
    printf("\nW77E58  Microcontroller Command List ( %s)\n",VERSION);
    #if DEBUG
    puts("   C   - EE Bus Step by Step Control");
    #endif
    puts("   D   - Dump Data");
```

```
    puts("  E   - Edit a Byte/Word");
    puts("  F   - Function Menu");
    puts("  R   - Read a Byte/Word");
    #if DEBUG
    puts("  T   - Read/Write Test");
    #endif
    puts("  W   - Write back to EEPROM");
    puts("  H   - Help Menu");
    puts("");
}
//-----------------------------------------------------------------------------
//Dump device data
//Input: system ID
//       device ID
//       length of device size
//Output: none
//-----------------------------------------------------------------------------
void dumpDevice( unsigned char id,unsigned char deviceId,unsigned int length)
{
    unsigned char    val;
    unsigned int  i,value;
    printf("System ID %bX: Dumping Data from Device ID %bX\n",id,deviceId);
    for( i = 0; i<length; i++ ) {
        if( ! (i%0x10))
            printf("\n[%02bXH]",(unsigned char)(i&0xFF));
        sclSilent( id);
        if( (i%0x10) == 0x08) {
            if( deviceId<0x04)
                printf(" :");
            else
                printf("\n[%02bXH]",(unsigned char)(i&0xFF));
        }
        if( deviceId<0x04) {
            if( byteRead( id,deviceId,(unsigned char)i,&val))
                printf(" %02bX",val);
            else
                printf(" XX");
        } else {
            if( swRead( id,deviceId,(unsigned char)i,&value))
                printf(" %04X",value);
            else
                printf(" XXXX");
```

```
        }
    }
    printf("\n");
}
//------------------------------------------------------------------------
//Dump Menu
//Input: pointer of device ID
//Output: none
//------------------------------------------------------------------------
void dumpMenu( unsigned char * deviceId)
{
    char   id,dev;
    //Get system ID
    if( ! getId( &id))
        return;
    //Choose device
    printf( MESG2);
    dev = getchar();
    puts("");
    if( dev == 'E' || dev == 'e')
        dumpDevice( id,deviceId[id],0x100);
    else if( dev == 'S' || dev == 's')
        dumpDevice( id,deviceId[id] + 0x04,0x48);
    puts("");
}
//------------------------------------------------------------------------
//System check
//Input: system ID
//Output: Device ID (0x00～0x03),0xFF for fail
//------------------------------------------------------------------------
unsigned char systemCheck( unsigned char id)
{
    int     counter;
    unsigned char     deviceId;
    //Check SCL Bus
    counter = 0;
    while( ! sclSilent( id) && counter<MAXTEST)
        counter ++ ;
    if( counter> = MAXTEST ) {
        printf("SCL Bus is not free.  Cannot communicate with system ID %bX.\n",id);
        printf("Warming!   Do not control system ID %bX.\n",id);
        return( 0xFF);
```

```
    }
    //Detect device ID
    if((deviceId = detectDeviceId( id)) == 0xFF) {
        printf("Cannot find device ID for system ID %bX.\n",id);
        printf("Warming!   Do not control system ID %bX.\n",id);
        return( 0xFF);
    }
    return( deviceId);
}
//------------------------------------------------------------------------
//Edit menu
//Input: pointer of device ID
//function: 1 for edit; 0 for read only
//Output: none
//------------------------------------------------------------------------
void editMenu( unsigned char *deviceId,unsigned char func)
{
    char    id;
    char    dev;
    //Get system ID
    if( ! getId( &id))
        return;
    //Choose device
    printf( MESG2);
    dev = getchar();
    puts("");
    if( dev == 'E' || dev == 'e')
        editDevice( id,deviceId[id],func);
    else if( dev == 'S' || dev == 's')
        editSwitch( id,deviceId[id] + 0x04,func);
    puts("");
}
//------------------------------------------------------------------------
//Edit device
//Input: system ID
//pointer of device ID
//function: 1 for edit; 0 for read only
//Output: none
//------------------------------------------------------------------------
void editDevice( unsigned char id,unsigned char deviceId,unsigned char func)
{
    unsigned char  addr,val,buf[MAXBUF];
```

```
    unsigned int    value;
    //Get address
    printf("\Address?");
    gets( buf,MAXBUF);
    if( ! (xtoi( buf,&value)))
        return;
    puts("");
    addr = (unsigned char)value;

    //Print out value from device
    if( byteRead( id,deviceId,addr,&val))
        printf("[ %02bX] = %02bX ",addr,val);
    else
        printf("[ %02bX] = XX ",addr);
    if( func) {
        //Get value
        gets( buf,MAXBUF);
        if( ! (xtoi( buf,&value)))
            return;
        byteWrite( id,deviceId,addr,(unsigned char)value);
        //Print out value from device
        if( byteRead( id,deviceId,addr,&val))
            printf("Read from system ID %bx,device ID %bx,address[ %02bX] =  %02bX\n",id,de-
viceId,addr,val);
    }
}
//-----------------------------------------------------------------------------
//Edit switch
//Input: system ID
//pointer of device ID
//function:  1 for edit; 0 for read only
//Output: none
//-----------------------------------------------------------------------------
void editSwitch( unsigned char id,unsigned char deviceId,unsigned char func)
{
    unsigned char   addr,buf[MAXBUF];
    unsigned int    value;
    //Get address
    printf("\Address?");
    gets( buf,MAXBUF);
    if( ! (xtoi( buf,&value)))
        return;
```

```
        addr = (unsigned char)value;
        puts("");
        //Print out value from device
        if( swRead( id,deviceId,addr,&value))
            printf("[ %02bX] = %04X ",addr,value);
        else
            printf("[ %02bX] = XXXX ",addr);
        if( func) {
            //Get value
            gets( buf,MAXBUF);
            if( ! (xtoi( buf,&value)))
                return;
            swWrite( id,deviceId,addr,value);
            //Print out value from device
            if( swRead( id,deviceId,addr,&value))
                printf("Read from system ID %bx,device ID %bx,address[ %02bX] =  %04X\n",id,devi-
ceId,addr,value);
        }
    }
    //--------------------------------------------------------------------------------
    //Hex ASCII to an integer value
    //Input: pointer of string
    //        address of value
    //Output: string length; 0 for fail
    //--------------------------------------------------------------------------------
    unsigned char  xtoi( char * st,unsigned int * value)
    {
        unsigned char  i,len;
        len = 0;
        while( st[len]!=' ' && st[len]!='\n' && st[len]!='\0')
            len++;
        for( i=0, *value=0; i<len; i++) {
            *value *= 0x10;
            if( st[i]>='0' && st[i]<='9')
                *value += st[i]-'0';
            else if( st[i]>='a' && st[i]<='f')
                *value += st[i]+10-'a';
            else if( st[i]>='A' && st[i]<='F')
                *value += st[i]+10-'A';
            else if( st[i]==' ' || st[i]=='\n')
                break;
            else
```

```
        return( 0);
    }
    return( len);
}
//--------------------------------------------------------------------------------
//Function menu
//Input: pointer of device ID
//Output: none
//--------------------------------------------------------------------------------
void  functionMenu( unsigned char  * deviceId)
{
    unsigned char  ch;
    //Menu
    puts("Function List:");
    puts("  S - Speed and Mode");
    puts("  T - Trunk Mode");
    ch = getchar();
    switch( ch) {
    case 's':
    case 'S':
        speedMenu( deviceId);
        break;
    case 't':
    case 'T':
        trunkMenu( deviceId);
        break;
    default:
        break;
    }
}
//--------------------------------------------------------------------------------
//Trunk menu
//Input: pointer of device ID
//Output: none
//--------------------------------------------------------------------------------
void  trunkMenu( unsigned char * deviceId)
{
    unsigned char  ch,i,j,offset,id,addr,cmd;
    unsigned int    value;
    //Select Port or Mac Base
    printf("\nMac - Base Trunking,or No Trunking? [M/N]");
    cmd = getchar();
```

```
puts("");
for( id = 0; id<MAXDEV; id ++ ) {
    if( ! swRead( id,deviceId[id] + 0x04,0x00,&value))
        return;
    switch( cmd) {
    case 'p':
        cmd = 'P';
    case 'P':
        value &= 0xFFF7;      //Disable 00.3
        printf("ID %bX: Function not ready! \n",id);
        break;
    case 'm':
        cmd = 'M';
    case 'M':
        value |= 0x0008;      //Enable 00.3
        printf("ID %bX: Enable Mac - base Trunking.\n",id);
        break;
    case 'n':
        cmd = 'N';
    case 'N':
        printf("ID %bX: Disable Trunking Mode.\n",id);
        break;
    default:
        return;
    }
    if( ! swWrite( id,deviceId[id] + 0x04,0x00,value))
        return;
}
//Mac - Base trunking
if( cmd == 'M' || cmd == 'N') {
    for( id = 0; id<MAXDEV; id ++ ) {
        for( i = 0; i<2; i ++ ) {
            if( id<2)     //Reg 1D for Device 2/3; Reg 1E for Device 0/1
                offset = 1;
            else
                offset = 0;
            if( cmd!= 'N') {
                printf("\nEnable Trunk Port %bX? [Y/N]",i + id * 2);
                ch = getchar();
            } else {
                printf("\nTrunk Port %bX",i + id * 2);
                ch = 'N';
```

```
}
switch( ch) {
case 'y':
case 'Y':
    for( j = 0; j<4; j ++ ) {
            addr = 2 * (4 * i + j);
        //Trunk member port
        if( ! swRead( id,deviceId[id] + 0x04,0x0D + addr,&value))
            return;
        value |= 0x0200;     //Enable PortConfigurationI.9
        if( ! swWrite( id,deviceId[id] + 0x04,0x0D + addr,value))
            return;
        //VLAN mapping
        value = 0x000F;
        value <<= 8 * (id % 2) + 4 * i;
        value ^= 0xFFFF;
        if( MAXDEV % 2)
            value &= 0x00FF;
        if( ! swWrite( id,deviceId[id] + 0x04,0x1D + addr + offset,value))
            return;
    }
    printf(" ... Enable");
    break;
case 'n':
case 'N':
    for( j = 0; j<4; j ++ ) {
        addr = 2 * (4 * i + j);
        //Trunk member port
        if( ! swRead( id,deviceId[id] + 0x04,0x0D + addr,&value))
            return;
        value &= 0xFDFF;     //Disable PortConfigurationI.9
        if( ! swWrite( id,deviceId[id] + 0x04,0x0D + addr,value))
            return;
        //VLAN mapping
        value = 0x0001;
        value <<= 8 * (id % 2) + 4 * i + j;
        value ^= 0xFFFF;
        if( cmd == 'N')
            value = 0xFFFF;
        if( MAXDEV % 2)
            value &= 0x00FF;
        if( ! swWrite( id,deviceId[id] + 0x04,0x1D + addr + offset,value))
```

```
                    return;
                }
                printf(" ... Disable");
                break;
            default:
                break;
            }
        }
    }
  }
  puts("");
}
//------------------------------------------------------------------
//Speed and mode menu
//Input: pointer of device ID
//Output: none
//------------------------------------------------------------------
void  speedMenu( unsigned char * deviceId)
{
    unsigned char  ch,i,display,id;
    unsigned int    value;
    puts("\nChoose number for the following modes:");
    puts("  0 - - Master Mode Auto - negotiation");
    puts("  1 - - Force   10 Half Duplex Mode");
    puts("  2 - - Force   10 Full Duplex Mode");
    puts("  3 - - Force 100 Half Duplex Mode");
    puts("  4 - - Force 100 Full Duplex Mode");
    puts("  A - - All port to Master Mode Auto - negotiation");
    puts("  Other key for skip");
    puts("");
    for( id = 0,display = 1; id<MAXDEV; id ++ ) {
        for( i = 0; i<8; i ++ ) {
            if( ! swRead( id,deviceId[id] + 0x04,0x0E + 2 * i,&value))
                return;
            value &=  0xFC30;     //Mask 11111100 00110000
            printf("Port %02bd?",id * 8 + i);
            if( display)
                ch = getchar();
            else {
                printf("0");
                ch = '0';
            }
```

```
            switch( ch) {
            case 'a':
            case 'A':
                display = 0;
            case '0':
                value |= 0x004F;      //Enable XXXXXX00 01XX1111
                puts(" ... Auto - negotiation");
                break;
            case '1':
                value |= 0x0041;      //Enable XXXXXX00 01XX0001
                puts(" ... Force  10 Half Duplex Mode");
                break;
            case '2':
                value |= 0x0042;      //Enable XXXXXX00 01XX0010
                puts(" ... Force  10 Full Duplex Mode");
                break;
            case '3':
                value |= 0x0044;      //Enable XXXXXX00 01XX0100
                puts(" ... Force 100 Half Duplex Mode");
                break;
            case '4':
                value |= 0x0048;      //Enable XXXXXX00 01XX1000
                puts(" ... Force 100 Full Duplex Mode");
                break;
            case 0x0D:
            case 0x0A:
                break;
            default:
                puts(" ... Skip");
                break;
            }
            if( ! swWrite( id,deviceId[id] + 0x04,0x0E + 2 * i,value))
                return;
            reAutoNego( id,deviceId[id] + 0x04,i);
        }
    }
    delay( 0xf000);
    for( id = 0; id<MAXDEV; id ++ )
        for( i = 0; i<8; i ++ )
            reAutoNego( id,deviceId[id] + 0x04,i);
}
//----------------------------------------------------------------------
```

```
//Write back to EEPROM
//Input: pointer of device ID
//Output: none
//-----------------------------------------------------------------------
void  writeEeprom( unsigned char   * deviceId)
{
    unsigned char     id,ch;
    //Get system ID
    if( ! getId( &id))
        return;
    //Display current configuration
    dumpDevice( id,deviceId[id] + 0x04,0x48);
    printf( "Write current configuration back to EEPROM? [Y/N]");
    ch = getchar();
    puts("");
    if( ch!= 'y' && ch!= 'Y')
        return;
    printf("Updating EEPROM ... ");
    if( ! sw2bytedev( id,deviceId[id] + 0x04,0x00,id,deviceId[id],0x00,0x2D))  //Reg 0x00 ~ 0x2C
        return;
    if( ! sw2bytedev( id,deviceId[id] + 0x04,0x2D,id,deviceId[id],0x5E,0x08))  //Reg 0x2D ~ 0x34
        return;
    if( ! sw2bytedev( id,deviceId[id] + 0x04,0x47,id,deviceId[id],0x5C,0x01))     //Reg 0x47
        return;
    puts("done");
}
//-----------------------------------------------------------------------
//Copy information of switch (Word) to byte device
//Input: switch system ID
//       switch device ID
//       switch start address
//       byte_device system ID
//       byte_device device ID
//       byte_device start address
//       length
//Output: 1 for success; 0 for fail
//-----------------------------------------------------------------------
unsigned char  sw2bytedev(unsigned char swId,unsigned char swDeviceId,unsigned char swAddr,unsigned char bytedevId,unsigned char bytedevDeviceId,unsigned char bytedevAddr,unsigned char length)
{
    unsigned int     i,j,value;
    unsigned char     val;
```

```
    for( i = swAddr,j = bytedevAddr; i<swAddr + length; i++ ,j += 2) {
        //Read from switch
        if( ! swRead( swId,swDeviceId,(unsigned char)i,&value)) {
            #if DEBUG
            puts("sw2bytedev(): Abort!!!");
            #endif
            return( 0);
        }
        //Write back to byte device
        val = (unsigned char)((value&0xFF00)>>8);
        byteWrite( bytedevId,bytedevDeviceId,(unsigned char)j,val);
        val = (unsigned char)(value&0x00FF);
        byteWrite( bytedevId,bytedevDeviceId,(unsigned char)j + 1,val);
    }
    return( 1);
}
//-----------------------------------------------------------------------
//Get system ID
//Input: pointer of system ID
//Output: 1 for success; 0 for fail
//-----------------------------------------------------------------------
unsigned char    getId( unsigned char * id)
{
    //Get system ID
    printf( MESG1,MAXDEV - 1);
    * id = getchar();
    puts("");
    if( ! ( * id> = '0' && * id<MAXDEV + '0'))
        return( 0);
    * id -= '0';
    return( 1);
}
```

13.8 PC 机的管理程序设计

PC 机的管理程序采用 VB 语言编程,是运行在 Windows 9x 或 Win NT 上的基于 Windows 的、有用户友好界面的软件。用户很容易对系统进行重新配置,例如 VLAN、Trunk、广播风暴控制、安全模式下的转发过滤和流量控制等。管理程序流程如图 13-24 所示。系统配置软件如图 13-25 所示。

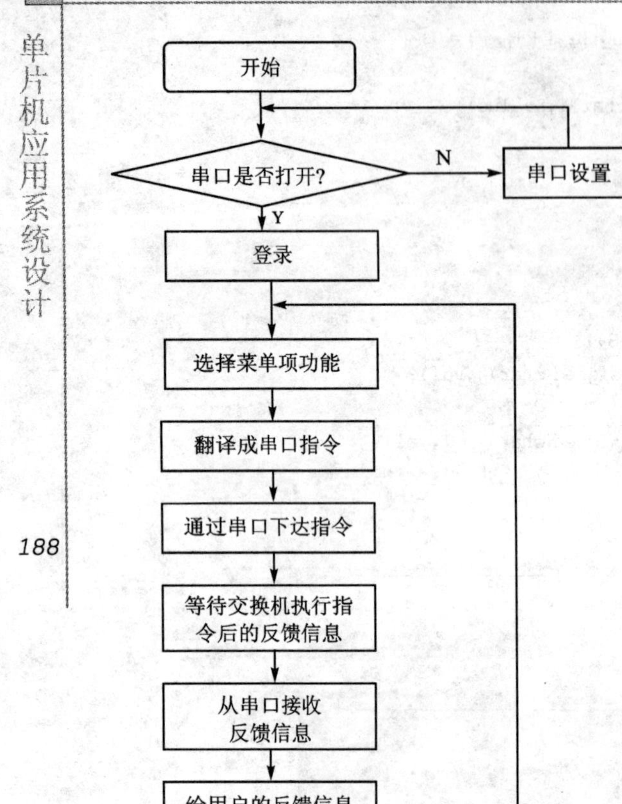

图 13-24　管理程序流程图

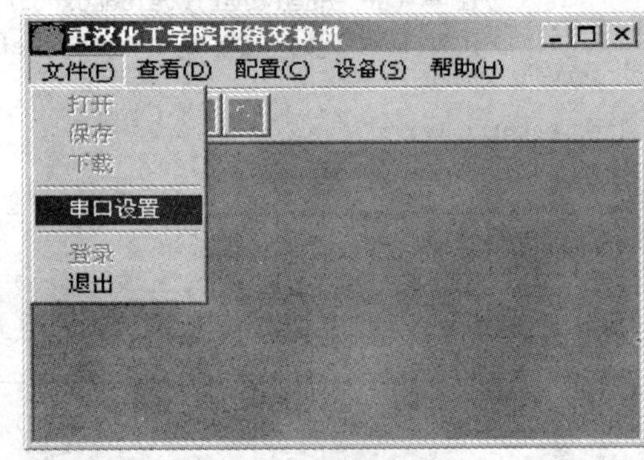

图 13-25　系统配置软件

13.9　调试及结果

1. 调试所需仪表

- 带 10/100M 网卡的 PC 机两台。
- 直连网线两根。
- 220 V 输入、5 V/3.3 V 输出的电源模块一块。
- 三芯电源线一根。

➢ 串口线一根。
➢ 示波器一台。
➢ SmartBits2000 测试仪。

2. 调测步骤

① 排除电路板上的短路、断路故障(主要检查电源与地是否短路)。

② 将烧有 EEPROM 程序的 24C02 插在对应的位置和烧有控制程序的单片机插在对应的位置,然后连接好电源,观察电源指示灯是否正常,并用数字万用表或示波器测量 3.3 V 和 5 V 的电压值是否正常,电压值可以偏离+/-0.2 V。然后按照图 13-26 用直连接好交换机与 PC。

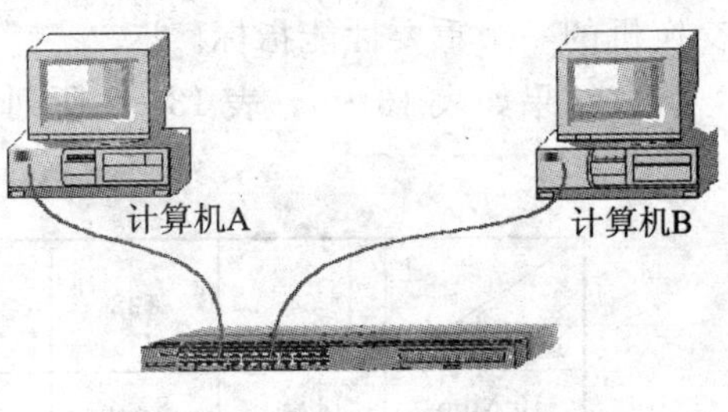

图 13-26 测试系统配置图

③ 连接好系统后,可以观察端口指示灯的状态来判断线路的连接情况。如果连接正常,两台 PC 应能 ping 通,现象如图 13-27 所示。

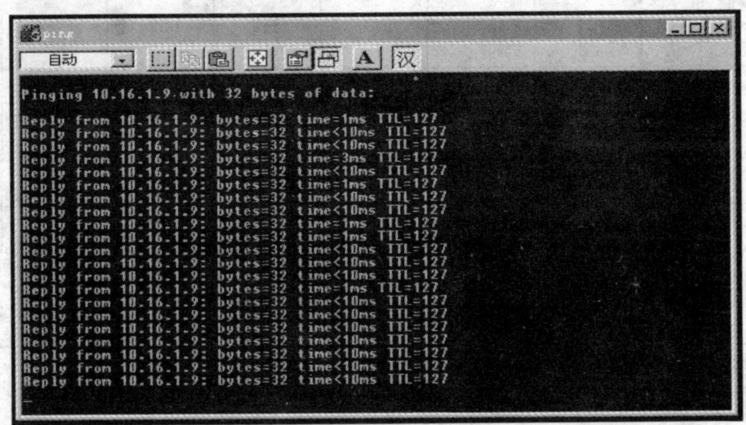

图 13-27 两端口连通测试

3. 性能测试

采用 SmartBits 测试系统配置如图 13-28。

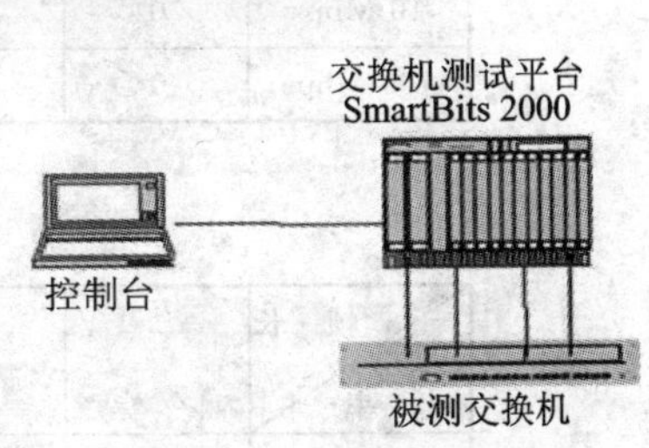

图 13-28 测试系统配置图

这里对交换机进行了常温下性能测试,测试仪表为 SmartBits2000,测试了通透率、延时、丢包率和背靠背 4 项。

通透率:在不同帧大小情况下单端口包转发率。

吞吐量:交换机在不丢失任何一个帧的情况下的最大转发速率。

延时:交换机在输入帧的最后一位到达输入端口和输

出帧的第1位出现在输出端口的时间间隔。

丢包率：在线速(10 Mbps和100 Mbps)情况下，通过交换机端口传输后数据包的丢失情况。

背靠背帧：固定长度的帧按照最小的时间间隔进行发送，也就是测试交换机处理数据帧的最小时间间隔。在网络上有时候会出现大量数据帧突发的情况，因此背靠背帧处理能力也是交换机的一个重要性能指标。

测试结果如表13-5～表13-8所列。

表13-5 通透率测试结果 单位：pps

帧长 / 速率	64	128	256	512	1024	1280	1518
10 Mbps	14881	8446	4529	2350	1197	962	813
100 Mbps	148810	84459	45290	23496	11973	9615	8127

表13-6 延时测试结果 单位：μs

帧长 / 速率	64	128	256	512	1024	1280	1518
10 Mbps(99%)	13.7	14.5	15.7	18.3	23.5	29.5	33.9
10 Mbps(100%)	237.6	234.0	235.9	237.0	22.1	247.7	241.5
100 Mbps(99%)	2.6	2.9	3.6	5.3	7.4	18.7	15.2
100 Mbps(100%)	220.6	222.0	220.3	221.7	228.0	237.0	236.1

表13-7 丢包率测试结果 单位：%

帧长 / 速率	64	128	256	512	1024	1280	1518
10 Mbps	0	0	0	0	0	0	0
100 Mbps	0	0	0	0	0	0	0

表13-8 背靠背测试结果 单位：60 s

帧长 / 速率	64	128	256	512	1024	1280	1518
10 Mbps	892860	506760	271740	141000	71820	57720	48780
100 Mbps	8928600	5067540	2717400	1409760	718380	576900	487620

13.10 总　结

本设计的关键是基于单片机控制的网络交换机的设计，包括硬件电路和单片机控制软件设计。利用计算机的管理程序或 Windows 系统的超级终端，通过单片机控制软件，用户可实现对以太网交换机的配置管理。

有了这些知识，就能够设计出通过计算机控制的可视化界面管理系统，其中，计算机可通过串口控制单片机的应用系统，实现系统的可视化管理、配置。

第 14 章

VDSL 网络设备的局端和用户端的设计

14.1 目的和意义

以太网技术本身的优势加上宽带 IP 接入网发展的需求促进了以太网技术在 IP 接入网中的应用，所以，采用 VDSL 技术和以太网技术相结合的方案可以解决 IP 接入方案的问题，用户也不必重新布放高成本的 5 类双绞线，仅仅通过 VDSL 终端适配器就可以接到 Internet，通过普通电话线就可以传输高速以太网信号，而且也不用担心转向 IP 所带来的问题。可见，VDSL 技术和以太网技术相结合的方案，可以解决接入用户的数据安全和服务质量的问题。

基于单片机控制的 VDSL 网络交换机的设计，包括硬件和软件设计，利用串口通过控制软件实现对 VDSL 交换机的管理。此 VDSL 交换机具有较高的性价比，能很好地满足企业网和电信运营商对宽带接入的需求，实现了高速网络的交换。

14.2 关键器件及设备

- 单片机控制管理模块。
- AL101 交换模块。
- VDSL 调制解调单元。
- 电源接口模块。
- 灯显示模块。
- 电话接口模块。
- Netcom 公司 SmartBits2000(可选)。

14.3 VDSL 相关知识

目前美国的 ANSI 已对 ADSL 制订了标准，其中详细规定了实现 ASDL 的协议与技术方法。VDSL 所要达到的目的与 ADSL 类似，只是在更短的距离上传输更大速率的信息，因而 VDSL 技术与 ADSL 技术既有相同，也有不同之处。

VDSL 上传和下传数据信道都可在现有的 POTS 或 ISDN 服务上被频分，使 VDSL 成为高速低价网络的佳选。VDSL 主要用于实时视频传输和高速数据访问。

VDSL 复用上传和下传信道，以获取更高的传输速率，它也使用了内置纠错功能以弥补噪声等干扰。VDSL 适于短距传输。

转发错误控制是 VDSL 的另一特性，它用一种 Reed Solomon 编码和 interleaving 实现对线噪的纠错处理。

1）VDSL 的频段划分

下行频段为 0.9 MHz～3 MHz；上行频段为 4.5 MHz～7.9 MHz；图 14－1 是具体的频段划分。

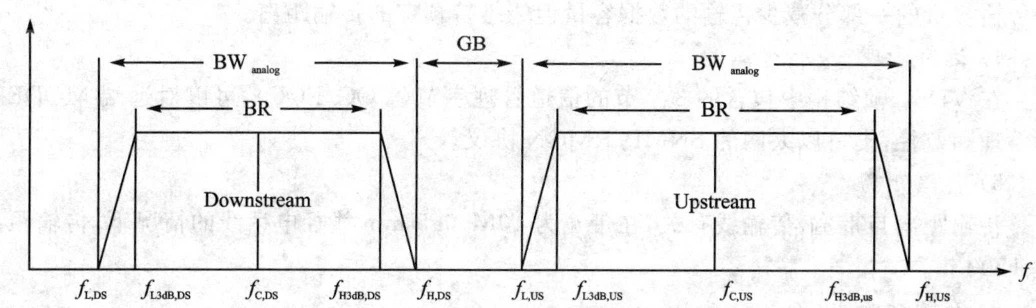

Downstream				Upstream			
$f_{L,DS}$	$f_{L3dB,DS}$	$f_{H3dB,DS}$	$f_{H,DS}$	$f_{L,US}$	$f_{L3dB,US}$	$f_{H3dB,US}$	$f_{H,US}$
0.69	0.9	3	3.21	4.16	4.5	7.9	8.24
	Max. Baud Rate DS BR[Mbaud] 2.1		Guard Band Ration (GB)in[%] 25.8		Max. Baud Rate US BR[Mbaud] 3.4		

Analog Bandwiclth DS BW analog[MHz]	Analog Bandwidth US BW analog[MHz]
2.52	4.08

图 14－1　VDSL 的频段划分

2）调制技术

VDSL 局端采用 QAM 调制技术。

下行线路编码采用 QAM64，每符号包含 6Bit，线路波特率为 12.96 Mbps，有效带宽为 11.67M。

上行线路编码采用 QAM16，每符号包含 8Bit，线路波特率为 12.96 Mbps，有效带宽为 11.67M。

3) VDSL 的帧结构

VDSL 帧结构如图 14－2 所示，其中，VOC/EOC 为 3 字节的信道管理字节。

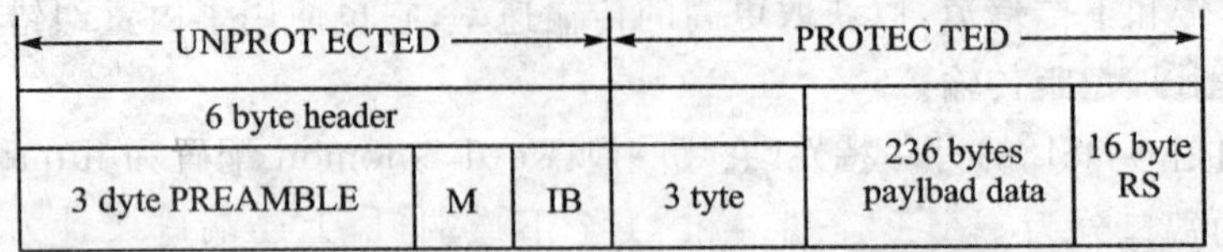

图 14－2 VDSL 帧结构

在 VDSL 的帧结构中，使用了 Reed Soloman 编码技术进行前向误差控制。FEC 码字作为传输容量的一部分减少传输的数据容量但能维持预定的传输距离。

4) 远程管理

在 VDSL 帧结构中包含的 3 字节的信道管理字节(VOC/EOC)，可以对远端 MODEN 进行管理和监控，支持以太网的 SNMP/RMON 协议。

5) 传输距离

传输距离与带宽、传输线有关，在带宽为 10M、0.5 mm 线径电话线的情况下，传输距离可达 1 500 m。

6) 交换功能

集成两层交换机功能，并能提供先进的地址学习机制、流量控制功能、端口绑定功能、支持 VLAN、支持端口自适应、支持生成树算法以及方便灵活的网络管理。

14.4 VDSL 设计方案与 VDSL 网络芯片简介

8 端口 VDSL 交换机的设计方案可以在现有铜质电话线上实现 10M 全双工以太网(Ethernet)通信，距离可达 1.6 km；可以在不相互干扰的情况下，同时支持高速数据通信与 POTS、ISDN 或 PBX 电话话音信号传输。基于 VDSL 的 Ethernet 系统的设计分为用户端设备(CPE)和局端设备(Ethernet 交换机 DSLAM)。目前推出的 10Bases 套片由 3 片构成：PEF22810 (VDSL 线驱动芯片)、PEB22811(VDSL 模拟芯片)、PEF22822(数字芯片)。

1. 用户端设备的设计

在 PEF22822 一端要加入以太网物理层(Ethernet PHY)芯片和变压器(Transformer)。在设计中选择了 NS 公司的 10/100M 的 46AVHG 以太网物理层芯片、NETCOM 公司的单端口 10Bases－T 隔离变压器。将变压器输出线直接引到 RJ45 插座上，这样通过 3 类或 5 类双绞线即可将 CPE 连到 PC 机的以太网卡或其他具有以太网接口功能的设备上。在 PEF22810 一端设计有滤波器(Filters)，以便尽可能消去电话线上的干扰。为同时支持 VDSL 数据通信和电话话音通信，在CPE的输出端设计有分离器(splitter)，这样用户可以在使用VDSL数据传输的同时正常打电话。设计分离器时，应注意，当CPE掉电时，电话仍能打通，这个功能可以采用继电器来实现。

2. 局端设备的设计

在局端设备(Ethernet交换机或DSLAM)中，将10Bases套片配置为标准Ethernet PHY模式。该交换机的端口分为一个上连端口和11个下连端口，上连端口设计为标准Ethernet方式，速率设置为100 Mbps，接口采用RJ45，通过5类双绞线与服务器相连；下连端口设计为基于VDSL的方式，用来接电话线，为了避免个别用户占用过多的带宽，下连端口通信速率设置为10 Mbps。在设计过程中，对多款Ethernet MAC交换控制芯片作了详细的分析和对比，最后选择了Allayer公司的AL101交换芯片。该芯片支持多端口10/100M Ethernet交换功能，它与PEF22822之间通过IEEE802.3 Ethernet MII接口相连。由于10Bases套片只支持一个端口的通信通道，因此在一块交换机电路板上需设计11组l0Bases套片。上连端口的物理层芯片选用用户端设备中采用的DP83846AVHG，变压器采用Netcom公司的单端口10/100Bases-T隔离变压器，以支持100 Mbps的通信速率。10Bases套片与电话线之间的电路设计思路与CPE相应部分的设计思路是一致的，可以直接借用。

3. 数据芯片PEF22822

图14-3是一个10Bases调制解调器的功能框图，简称为10Bases物理层。

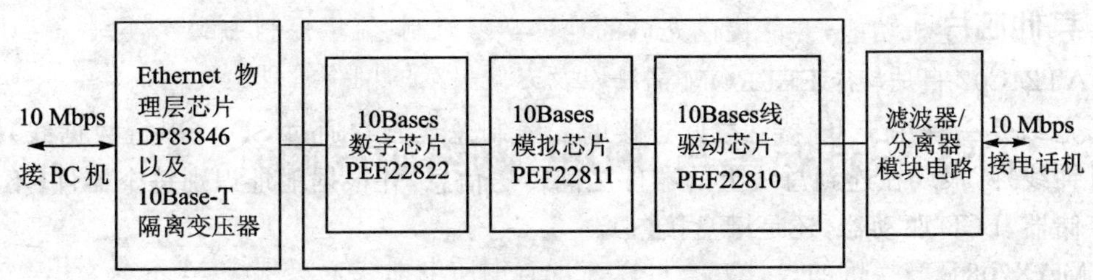

图14-3　10Bases调制解调器的功能框图

PEF22822为本盘的核心芯片之一，包含有PMD子层、PMS-TC子层、TPS-TC子层的功能。其功能主要有：QAM调制与解调功能、时钟恢复功能、自动增益控制、RS差错控制、VDSL成帧以及与以太网MAC层的适配功能。

4. 模拟芯片PEB22811

PEB22811是基于QAM的VDSL模拟前端，VDSL系统的调制和解调主要由它来完成。芯片内部不同的工作模式以及可调的滤波器可以支持对频带参数、QAM的星座图与分割因子的灵活配置，从而可以根据各种宽带接入的要求来选择不同的上下行数据速率。

5. 线路放大芯片 PEF22810

放大芯片 PEF22810 起线路驱动作用，是在双绞线上实现高速数据传送所需的放大电路。以上这 3 个芯片相互配合，构成 10Bases 芯片组。10Bases PHY 的另一部分是混合线圈无源模块。模块中分离滤波器的作用是抑制电话等低频业务中的高频谐波，混合线圈实现 2 线和 4 线的转换。混合线圈和传输线之间一般还有用于抑制上下行频带相互间谐波干扰的高通和低通滤波器。从用户端来看，因为上行数据使用高频频带而下行数据使用低频频带，所以发送上行数据要加高通滤波器，接收下行数据则加低通滤波器。而局端则正负相反，发送接口加低通滤波器，接收接口加高通滤波器。

10Bases PHY 是通信设备的核心，它既可以用于局端，为以太网交换芯片增加 VDSL 接口，从而扩展以太网范围；也可以用于用户端，设计以以太网接口作为终端接口的 VDSL 调制解调器，使用非常灵活。

6. 交换芯片 AL101

2 个交换芯片通过 RoX 总线组成一个环路，以形成不同交换芯片之间的数据交换。交换芯片在每次上电或者复位时都须读取 EEPROM 的数据来配置内部寄存器方可正常工作，所以可以通过改动 EEPROM 的内容来改变交换机的工作模式。当以太网帧通过 RMII 口进入交换芯片后，交换芯片将获得帧的目的地址和源地址，并对以太网帧进行差错校验，如果没有错误，就将帧保存到外接的 SGRAM 中；如果发现错误，就将帧丢掉。

7. 其他芯片

1）AT24C02——串行 EEPROM 的读/写

I^2C 总线是一种用于 IC 器件之间连接的二线制总线。它通过 SDA（串行数据线）及 SCL（串行时钟线）两根线在连到总线上的器件之间传送信息，并根据地址识别每个器件（不管是单片机、存储器、LCD 驱动器，还是键盘接口）。

2）MAX708

MAX708 是一种微处理器电源监控芯片，可同时输出高电平有效和低电平有效的复位信号。复位信号可由 VCC 电压、手动复位输入或由独立的比较器触发。独立的比较器可用于监视第 2 个电源信号。

3）W77E58 和 W78E58B

W77E58 是由 Winbond 公司生产的与 51 系列兼容的单片机，它支持 40 MHz 晶振频率且缩短了指令周期，具有与 51 系列兼容的指令集和与 80C52 兼容的引脚排列，以及 32 KB 的 Flash EPROM，1 KB 的片上 SRAM。另外，它所提供的 CMOS 电平也与 GM47 模块所提供的 CMOS 电平完全兼容，无须再进行电平转换。

W78E58B 是具有 ISP 功能的 Flash EPROM 的低功耗 8 位微控制器，ISP 可以利用 Flash EPROM 进行在线软件升级。它的指令集同标准 8052 指令集完全兼容。W78E58B 包含 32

KB 的主 ROM、4 KB 的辅助 ROM(位于 4 KB 辅助 ROM 中的装载(loader)程序,可以使用户更新位于 32 KB 主 ROM 中的程序内容)。512 字节片内 RAM;4 个 8 位双向、可位寻址的 I/O 口;一个附加的 4 位 I/O 口 P4;3 个 16 位定时/计数器及一个串行口。这些外围设备都由有 8 个中断源和 2 级中断能力的中断系统支持。为了方便用户进行编程和验证,W78E58B 内含的 ROM 允许电编程和电读/写。一旦代码确定,用户就可以对代码进行保护。

4) MAX232

MAX232 在本次设计中起到电平转换的作用,如表 14-1 所列。

表 14-1　电平转换

	TTL	MAX232
高电平	3.3～5 V	−9～−15 V
低电平	0～1 V	+9～+15 V

5) MAX1680 和 LM338

MAX1680 和 LM338 在本次设计中也起到电平转换的作用。MAX1680 实现了+5 V 向−5 V 的转换。LM338 实现了 5 V 向 2 V 的转换。

14.5 VDSL 局端的硬件设计

14.5.1 VDSL 主要性能指标

1. 硬件设计的性能要求

按当前产品的水平,VDSL 在双绞线上的单向速率可高达 26 Mbps,而且还可配置为对称模式,使上下行速率均为 13 Mbps(0.5 mm 线径,传输距离 1.3 km)。由于 VDSL 提供了更大的带宽,所以可以满足更多的业务需求(包括传送高保真音乐和高清晰度电视、多通道纯 MPEG2 信息流),是真正的全业务接入手段。另外,VDSL 的速率与以太网速率非常接近,完全可以作为以太网的延伸,构成网络节点之间距离在 1 km 以上的"大以太网"。

本交换机是用高速 PCB 板制造的,在 EMC、ESD 上都有很高的要求。本交换机采用了 75 Mbps、50 Mbps 的高速时钟,需要精度最好小于 50 ppm 的晶振,同时时钟需要通过时钟分配电路送给不同的芯片,且分配的时钟之间的相位差最好小于 2 ns。本交换机有 8 个 VDSL 端口,每个端口的带宽为 10 Mbps,并提供 2 个 100 Mbps 的以太网上连端口。

2. 电路指标要求

本交换机的技术指标如表 14-2 所列。

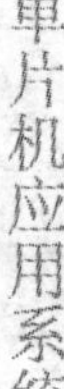

表 14-2 8 端口 VDSL 交换机技术指标

网络标准	IEEE802.3、IEEE802.3u、IEEE802.3x
端口	8 个 VDSL 端口、2 个上连 100Base-TX 端口、8 路 PHONE 上连口
支持的工作模式	10/100 Mbps Base-TX：全双工/半双工自适应
控制端口	RS232(9 针)
交换方式	存储转发(Store-and-Forward)
背板交换速率	4.8 Gbps
最大包转发率	148,810pps(100Mbase-TX)
MAC 地址	1 KB
缓存容量	4 MB
交换机 LED 状态指示灯	1 个(电源)
端口 LED 状态指示灯	每个端口 2 个

14.5.2 硬件设计的原理框图

本交换机在原理上主要由调制解调单元、管理单元、显示灯单元、交换单元和各种接口单元等组成，其组成框图如图 14-4 所示。

调制解调单元完成上下行信道的分离，QAM 调制与解调，VDSL 的成帧与解帧及传输中的差错控制等功能。交换单元通过分析以太网帧的目的地址和源地址，将目的地址与 MAC 地址表中的地址相比较，以获得以太网帧需转发的端口；然后将帧从相应端口转发出去，完成以太网帧点到点的交换。管理单元实现外部 PC 对本机的控制、管理、状态读取。指示灯单元主要由电源指示灯和端口指示灯组成。可以通过观察指示灯的显示情况获得端口的连接和数据收发情况。

1. 调制解调单元

VDSL 交换机共有 8 个端口，每个端口包含有一个 VDSL 调制解调单元，每个 VDSL 调制解调单元由 VDSL 数据配置芯片 PEF22822、收发芯片 PEB22811 及前端滤波器组成，原理如图 14-5(参见本书所附光盘)所示。

PEF22822 为本交换机的核心芯片之一，包含 PMD 子层、PMS-TC 子层、TPS-TC 子层的功能。其功能主要有 QAM 调制与解调功能、时钟恢复功能、自动增益控制、RS 差错控制、VDSL 成帧以及与以太网 MAC 层的适配功能，其电路框图如图 14-6 所示。

在发送方向，以太网数据帧首先进行 RS 编码，加入 VDSL 帧头形成 VDSL 帧，并进行 QAM 调制。调制后的信号送往前端滤波器。在接收方向，来自前端滤波器的输入信号首先进行 QAM 解调，还原成数字信号，依据 VDSL 帧头进行 VDSL 定帧，经过 RS 校验无误的 VDSL 帧将被还原为以太网帧，送往上层的交换芯片，如图 14-7 所示。

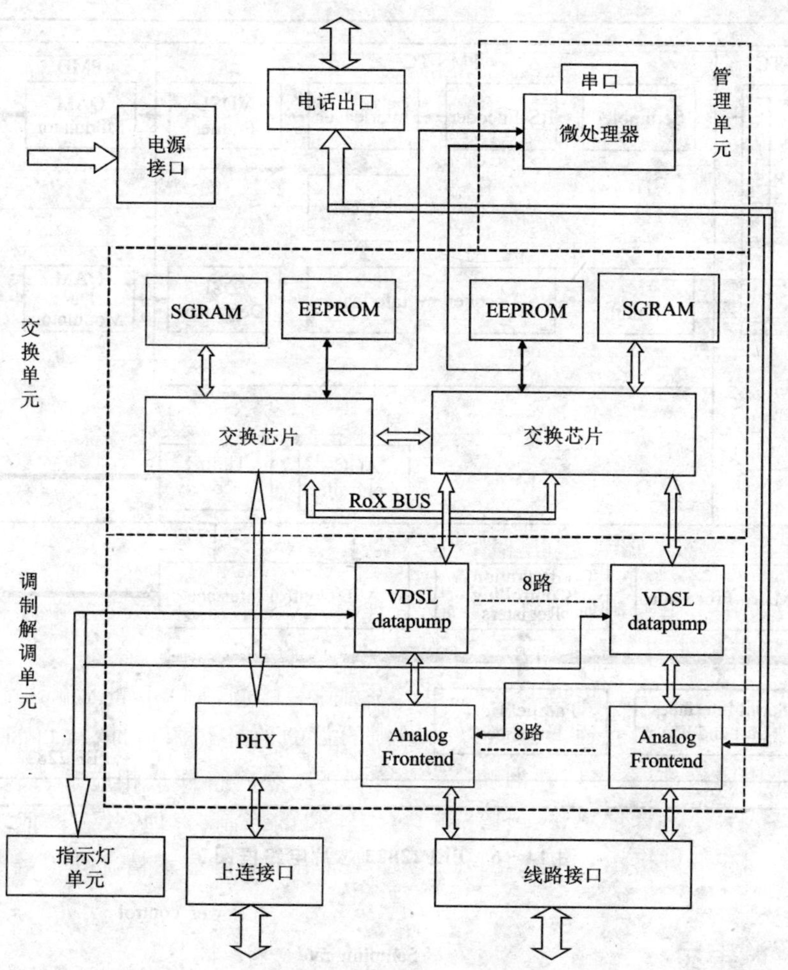

图 14-4　局端硬件设计的原理图

前端滤波器包含两个带通滤波器，用于对输入信号和输出信号的分离；另有一个语音分离器，分离出的话音送往电话上连口。

2. 管理单元

管理单元由微处理器和串口组成，通过外部的 PC 来配置 EEPROM 或交换芯片内部的寄存器。微控器主要完成对寄存器的读/写和与 PC 之间的通信，串口起到一个与 PC 的连接作用；微处理器与串口之间还有一个电平转换芯片，完成微处理器与 PC 之间信号的转换。通过这个管理单元，可以将交换机配成各种工作模式，以满足不同用户的需求，如 10/100 Mbps 速率设置、全/半双工设置、流量控制、静态 MAC 地址设置，广播风暴控制和 VLAN 设置等，原理如图 14-8 所示。

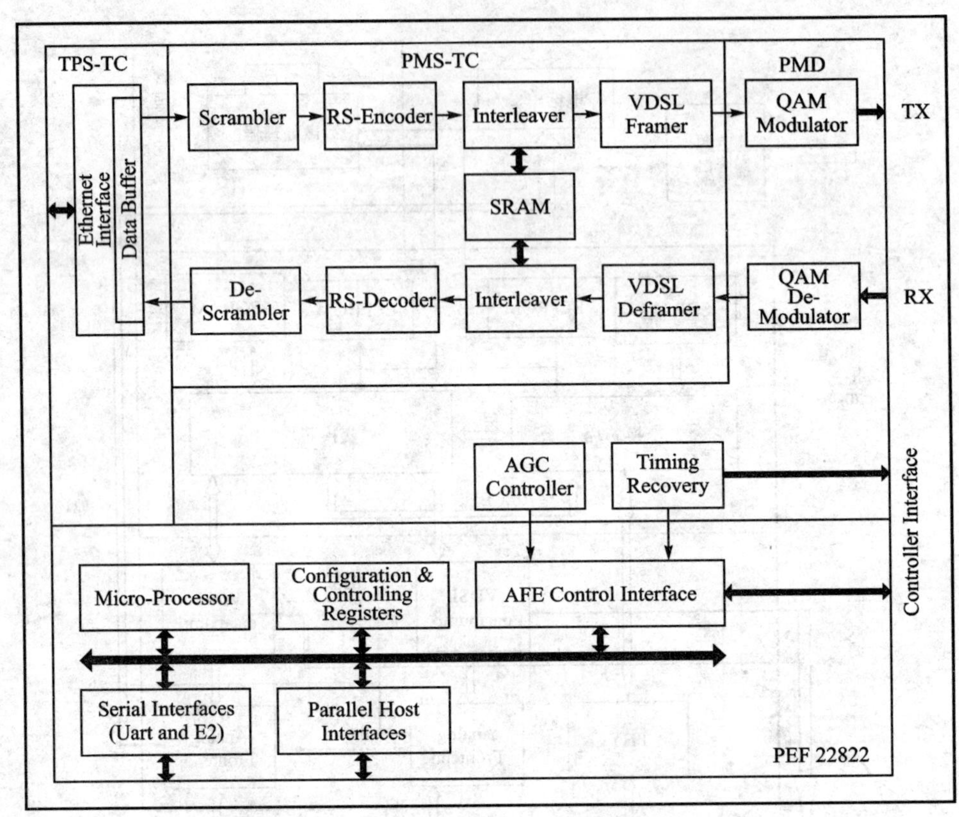

图 14－6　PEF22822 芯片电路框图

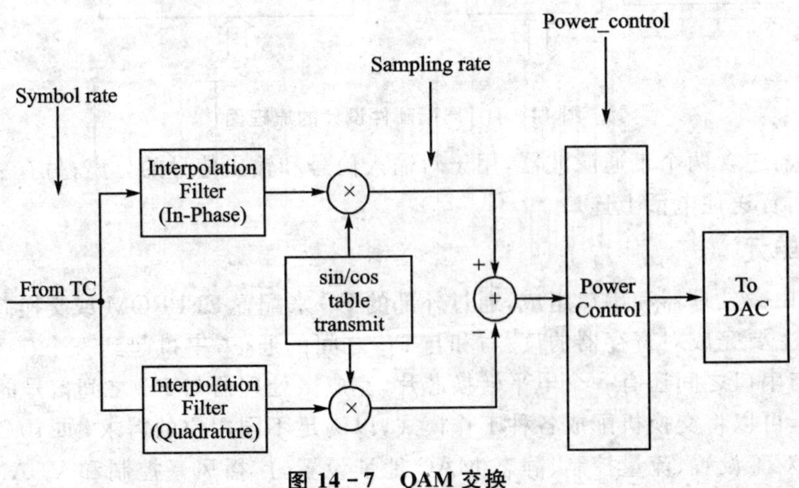

图 14－7　QAM 交换

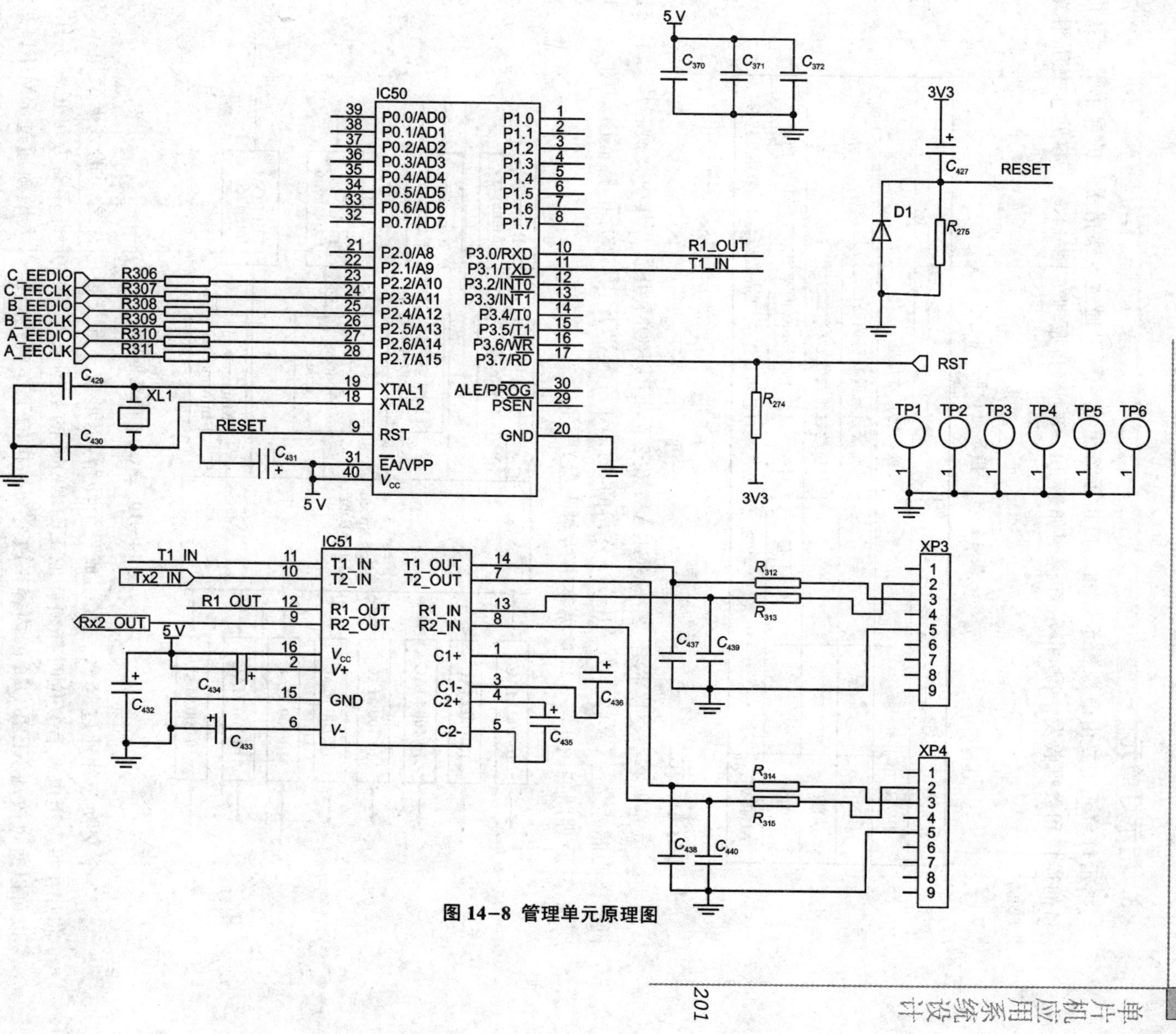

图 14-8 管理单元原理图

3. 指示灯单元

指示灯单元主要由电源指示灯和端口指示灯组成。可以通过观察指示灯的显示情况获得端口的连接和数据收发情况，指示灯说明如表 14-3 所列，原理如图 14-9（参见本书所附光盘）所示。

表 14-3　指示灯说明

指示灯	颜　色	状　态	说　明
PWR	绿	亮	交换机已正常加电
LINK	绿	亮	对应端口与调制解调器已建立连接
ACT	绿	亮	对应端口正在收、发数据
SPEED	绿	亮/不亮	对应端口为 100 Mbps 的速率或 10 Mbps 速率
ACTIVE	橙	亮/闪/不亮	对应端口已建立连接/正在收发数据/未建立连接

4. 交换单元

交换单元由 2 个交换芯片、2 个 SGRAM 和 2 个 EEPROM 组成。其中交换芯片为本交换机的核心芯片之一，其芯片为 Allayer 公司的 AL101 交换芯片，其芯片电路框图如图 14-10 所示，其原理图如图 14-11（参见本书所附光盘）所示。

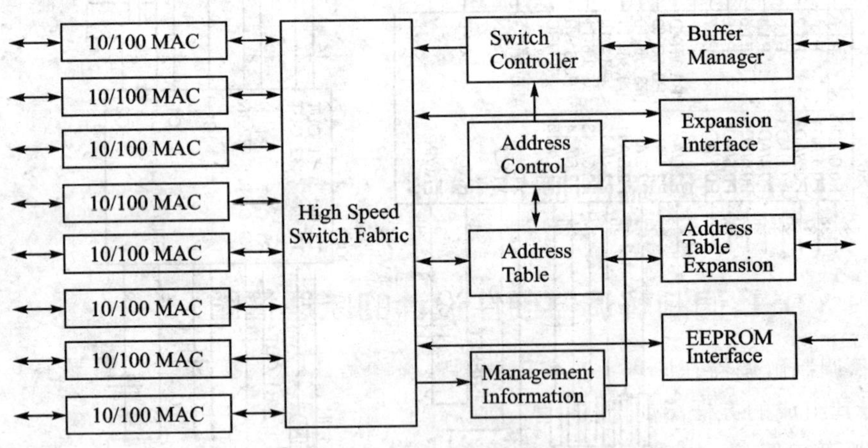

图 14-10　AL101 电路框图

2 个交换芯片通过 RoX 总线组成一个环路，以形成不同交换芯片之间的数据交换。交换芯片在每次上电或者复位时都须读取 EEPROM 的数据来配置内部寄存器方可正常工作，所以可以通过改动 EEPROM 的内容来改变交换机的工作模式。当以太网帧通过 RMII 口进入交换芯片后，交换芯片将获得帧的目的地址和源地址，并对以太网帧进行差错校验，如果没有错误，就将帧保存到外接的 SGRAM 中；如果发现错误，就将帧丢掉。交换芯片将源地址保存到内置的 MAC 地址表中，同时将目的地址与 MAC 地址表中的地址进行比较，如果没有找到匹配的目的地址，就将帧转发到除源端口之外的其他属于同一个 VLAN 的所有端口或者某一个上连端口（与寄存器的设置有关）。如果找到匹配的目的地址，就将数据从 SGRAM 中取出来，如果要转发的端口在本芯片中，则数据转发到相应的端口；如果要转发的端口不在本芯片中，则数据通过 RoX 总线传到相应的芯片然后转发出去。

5. 电源接口

在电源接口，有一个 7 芯的电源连接插针，其 PIN 对应的电压输入关系如表 14－4 所列。

表 14－4　PIN 对应的电压输入关系

PIN	1	2	3	4	5	6	7
电压值	5 V	5 V	GND	GND	GND	3.3 V	3.3 V

6. 电话出口

在电话出口单元，有一个 DB37（TH－CNT－DC－37PL）的插座，通过此插座连接每个端口的语音信号。每个端口所对应的上连电话线对的出线引脚号如表 14－5 所列。

表 14－5　电话上连口的引脚说明

VDSL 端口号	1	2	3	4	5	6	7	8
对应的上连电话线对的出线引脚号	20	21	22	23	24	25	26	27

14.6　VDSL 用户端的硬件设计

14.6.1　VDSL 调制解调器硬件设计的原理框图

VDSL 调制解调器在原理上主要由调制解调单元、以太网接口单元、灯显示单元和管理单元等组成，其组成的方框图如图 14－12 所示。

传输距离与带宽、传输线有关，在带宽为 10M、0.5 mm 线径电话线的情况下，传输距离可达 1500 m。

调制解调单元可实现上下行信道的分离、QAM 调制与解调、VDSL 的成帧与解帧及传输中的差错控制等功能。以太网接口单元提供 PHY 层接口、网卡或其他以太网设备接口。指示灯单元主要由电源指示灯和端口指示灯组成，可以通过观察指示灯的显示情况获得端口的连接和数据收发情况。管理单元通过串口与 PC 机相连，完成对 FLYING201E 的本地配置及管理。

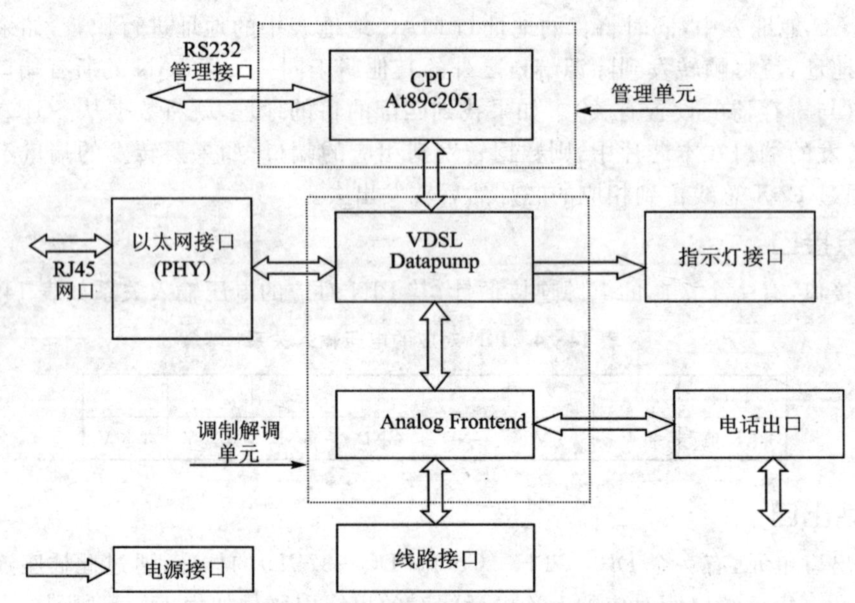

图 14-12　VDSL 调制解调器原理框图

14.6.2　单元电路的功能与设计

1. 调制解调单元

VDSL 调制解调器含有一个 VDSL 调制解调单元。每个 VDSL 调制解调单元由 VDSL 数据配置芯片 PEF22822、收发芯片 PEF22811 及前端滤波器组成，其原理如图 14-13(参见本书所附光盘)所示。

PEF22822 为本盘的核心芯片之一，包含有 PMD 子层、PMS-TC 子层、TPS-TC 子层的功能，其功能主要有：QAM 调制与解调功能、时钟恢复功能、自动增益控制、RS 差错控制、VDSL 成帧以及与以太网 MAC 层的适配功能。其芯片电路框图如图 14-5 所示。

在发送方向，以太网数据帧首先进行 RS 编码，加入 VDSL 帧头形成 VDSL 帧，并进行 QAM 调制。调制后的信号送往前端滤波器。

在接收方向，来自前端滤波器的输入信号首先进行 QAM 解调，还原成数字信号，依据 VDSL 帧头进行 VDSL 定帧，经过 RS 校验无误的 VDSL 帧被还原为以太网帧，送往上层的交换芯片。

前端滤波器包含两个带通滤波器，用于对输入信号和输出信号的分离。另有一个语音分离器，分离出的话音送往电话上连口。

2. 以太网接口单元

以太网接口单元的主要芯片是 DP83843，其内部结构框图如图 14-14 所示，原理如图 14-15(参见本书所附光盘)所示。

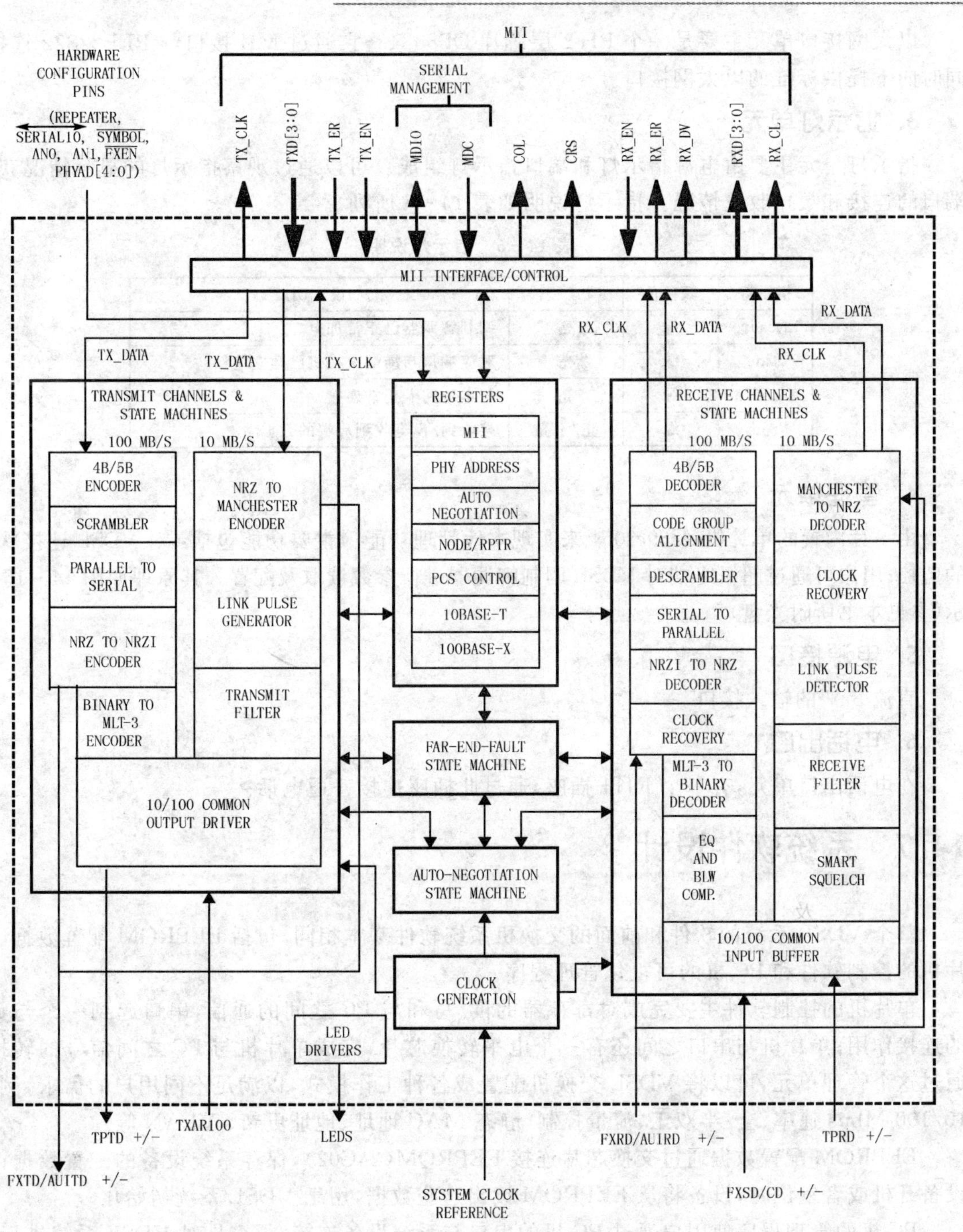

图 14-14 DP83843 电路框图

以太网接口单元主要是一个 PHY 层芯片 DP83843，它通过 MII 接口与 PEF22822 连接，同时向下提供标准的以太网接口。

3. 指示灯单元

指示灯单元主要由电源指示灯和端口指示灯组成。可以通过观察指示灯的显示情况获得端口的连接和数据收发情况。指示灯说明如表 14－6 所列。

表 14－6　指示灯说明

指示灯	颜　色	状　态	说　明
Ready	绿	亮	调制解调器已正常加电
Line	绿	亮	对应端口与局端交换机已建立连接
Link	绿	亮	与本地网卡正常连接
Act	绿	亮/不亮	接收到/没有收到局端的数据

4. 管理单元

由一片内置的单片机 At89c2051 来实现本地管理功能。主要功能包括：对 VDSL 连接状态的监控；用户可通过超级终端对 VDSL 调制解调器进行参数读取及配置。其原理如图 14－16 所示(参见本书所附光盘)。

5. 电源接口

直流 5 V 的输入接口。

6. 电话出口

在电话出口单元，有一个 RJ11 插座，通过此插座连接普通电话。

14.7　系统软件设计

整个 VDSL 系统的软件和前面的交换机系统软件基本相同，包括 EEPROM 配置数据、单片机的控制软件和 PC 机的可视化管理程序。

单片机的控制软件主要完成对寄存器的读/写和与 PC 之间的通信，串口起到一个与 PC 的连接作用；单片机与串口之间还有一个电平转换芯片，完成单片机与 PC 之间信号的转换。通过这个管理单元，可以将 VDSL 交换机配置成各种工作模式，以满足不同用户的需求，例如 10/100 Mbps 速率、全/半双工、流量控制、静态 MAC 地址、地址更新、VLAN 等。

EEPROM 配置数据通过交换芯片连接 EEPROM(24C02)，保存系统设备的配置数据；在设备开机或者复位时，设备将从 EEPROM 读出这些数据，用于 VDSL 系统初始化。

PC 机的管理程序使用户通过 PC 机的串口与系统设备连接，很容易对 VDSL 系统进行重新配置。

14.7.1　EEPROM 配置

与前面介绍的交换机系统软件的 EEPROM 配置相同。

14.7.2　单片机控制程序

管理单元由单片机和串口组成。通过串口，PC 机可以配置 EEPROM 和交换芯片的寄存器数据。单片机主要完成对寄存器的读/写和与 PC 之间的通信。

控制程序流程如图 14－17 所示。VDSL 交换功能命令如图 14－18 所示。系统功能命令如图 14－19 所示。端口命令行描述如图 14－20 所示。VDSL 交换机静态 MAC 设置命令如图 14－21 所示。

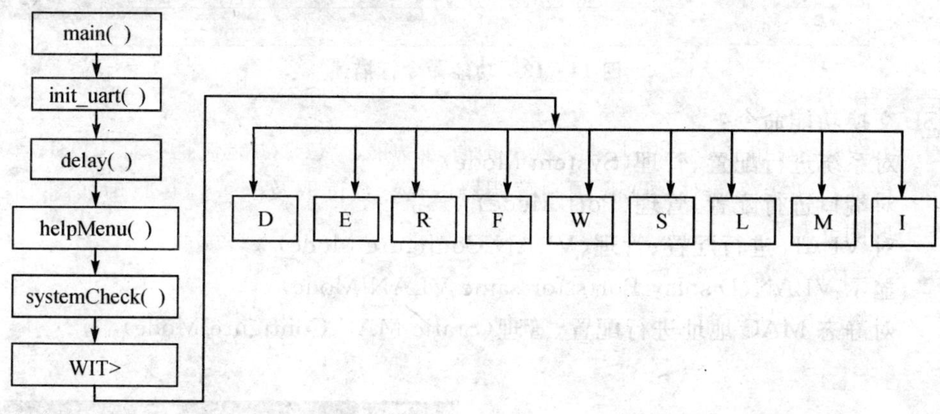

图 14－17　控制程序流程图

- main( )　　　　主程序。
- init_uart( )　　串口初始化。
- delay()　　　　系统延时。
- helpMenu()　　帮助菜单。
- systemCheck()　检查系统设备 ID。

D　　查看系统的整个配置数据(Dump Data)

E　　编辑系统的配置数据(Edit a Byte/Word)

F　　对交换机的各种功能进行配置、管理(Function Menu)

R　　读系统的配置数据(Read a Byte/Word)

W　　系统将当前配置数据保存到 EEPROM(Write Current configuration back to EEPROM)

M　　改变系统的密码(Modify current Password)

I	系统软件复位(Initialize Switcher)
S	系统将默认配置下载到 EEPROM(Write Default configuration back to EEPROM)

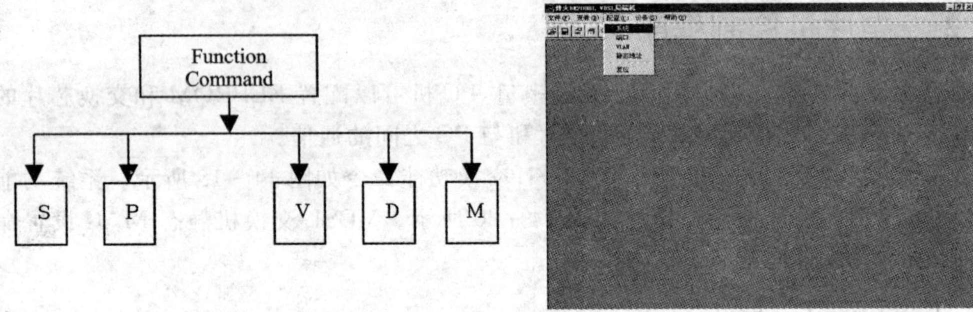

图 14-18 功能命令行描述

VDSL 交换功能命令：

S	对系统进行配置、管理(System Mode)
P	对端口进行配置、管理(Port Mode)
V	对 VLAN 进行配置、管理(VLAN Configure Mode)
D	显示 VLAN(Display Ports for same VLAN Mode)
M	对静态 MAC 地址进行配置、管理(Static MAC Configure Mode)

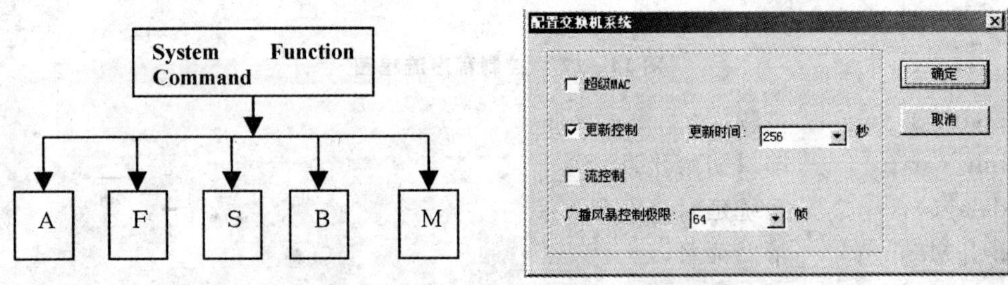

图 14-19 系统功能命令行描述

系统功能命令：

A	更新控制(Switch Table Entry Aging Control Mode)
F	流控制(Flooding Control Mode)
S	超级 MAC(Super MAC Configure Mode)
B	广播风暴控制极限(Maximum number of Broadcast Frames in each input frame Buffer)

M　　最大更新时间(Maximum Age for dynamically learned MAC entries Mode)

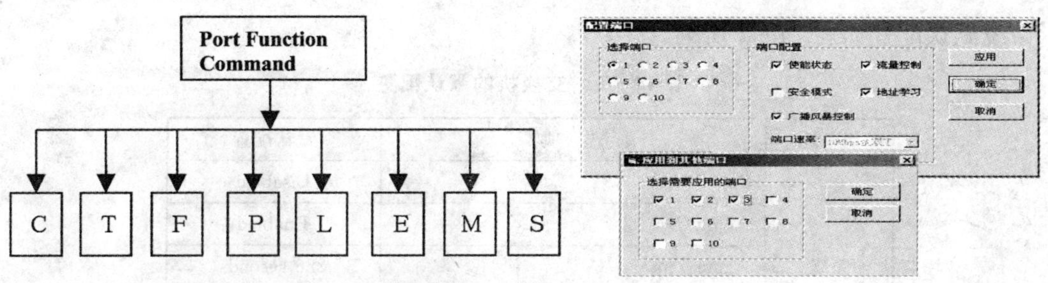

图 14-20　端口功能命令行描述

端口功能命令：

C　　广播风暴控制(Broadcast Storm Control　Mode)

T　　端口状态(Portstate Display Mode)

F　　流量控制(Port Flow Control Full Duplex Mode)

P　　安全模式(Port Security Mode)

L　　地址学习控制(Port Source Address Learning Control Mode)

E　　使能控制(Port Enable Mode)

M　　端口监视(Port Monitor Enable Mode)

S　　端口速率(Speed Mode)

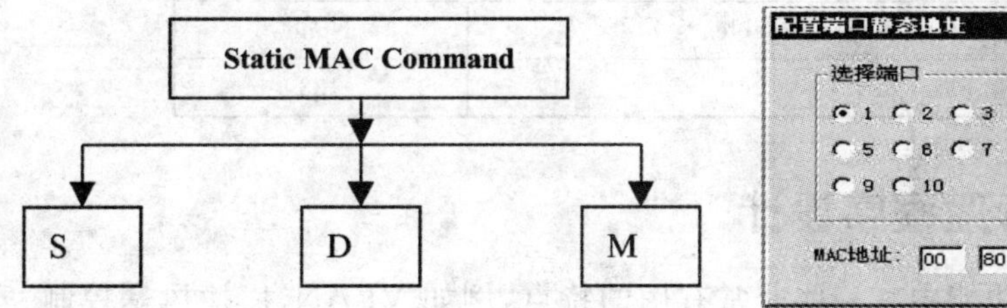

图 14-21　静态 MAC 地址命令行描述

VDSL 交换机静态 MAC 设置命令：

S　　显示端口的静态 MAC 地址(Show Static MAC Mode)

D　　删除端口的静态 MAC 地址(Delete Static MAC Mode)

M　　设置端口的静态 MAC 地址(Static MAC Configure Mode)

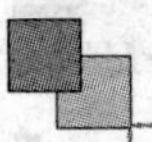

14.7.3　参数设置

系统默认配置如表 14－7 所列。

表 14－7　交换机的默认配置

属　性	选　项	默认配置
系统	Super MAC	Disabled
	Aging Control	Enabled
	Aging Time	256 seconds
	Flood Control	Disabled
	Maximum Broadcast Storm Frames	64 packets
端口	Security	Disabled
	Address Learning	Enabled
	Broadcast Storm Control	Enabled
	Port 使能控制	Enabled
	Port 监视控制	Disabled
	Full－Duplex Flow Control	Enabled
	Auto－Negotiation	Enabled
Trunk	Load Balancing Method	MAC Based
	Trunk Selection	None
VLAN	VLAN Group List	None
静态地址表	Static Address Table	None
密码	Password	123

14.7.4　PC 机的管理程序设计

VDSL 局端机的基本功能中有一些非常有用的特点，例如 VLAN、广播风暴控制、安全模式下的转发过滤和流量控制等，用户可以通过本配置软件来使用这些特点。它是一个运行在 Windows 9x 以上、基于 Window、有用户友好界面的软件。仅仅需要一台 PC 机，并通过串口连接交换机，用户就可以很容易地对系统进行重新配置。因为在交换机内部有一些 EEPROM 用于保存配置数据，在设备开机或者复位时，设备将读出这些数据用于系统初始化。管理程序流程如图 14－22 所示。系统配置软件如图 14－23 所示。

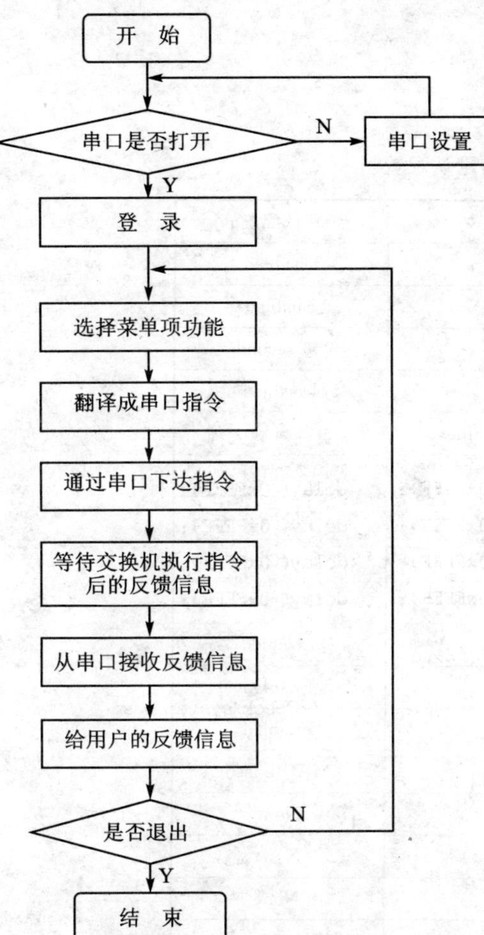

图 14－22　管理程序流程图

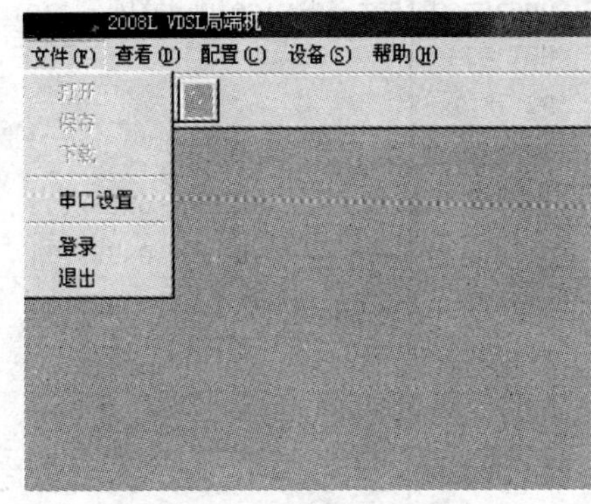

图 14－23　系统配置软件

14.8　参考程序

参考源程序包括 IO.h、IO.c、db116.h、db116.c。

① IO.h 源程序与基于单片机控制的网络交换机的设计的 IO.h 相同。

② IO.c 源程序与基于单片机控制的网络交换机的设计的 IO.c 相同。

③ db116.h 源程序与基于单片机控制的网络交换机的设计的 db116.h 相同。

④ db116. c 源程序：

```
#include <string.h>
```

```
#include <stdlib.h>
#include <stdio.h>
#include <at89x51.h>
#include "db116.h"
#include "io.h"
#define  VERSION     "V1.0"
 unsigned char   password[8];
void main( void)
{
    unsigned char  deviceId[MAXDEV],id;
    RST = 1;
    P2 = 0xFF;
    init_uart();
    delay( 0xFFFF);    delay( 0xFFFF);    delay( 0xFFFF);    delay( 0xFFFF);
    delay( 0xFFFF);    delay( 0xFFFF);    delay( 0xFFFF);    delay( 0xFFFF);
    delay( 0xFFFF);    delay( 0xFFFF);    delay( 0xFFFF);    delay( 0xFFFF);
    delay( 0xFFFF);    delay( 0xFFFF);    delay( 0xFFFF);    delay( 0xFFFF);
    puts("\n VDSL Switcher");
    puts("\n VDSL Switcher");
                                                              //Check system bus
    for( id = 0; id<MAXDEV; id ++ )
            deviceId[id] = systemCheck( id);
            helpMenu();
    //Main kernel
    while(1) {   printf("WIT>");
    if( (id = getchar())!= '\n')
            puts("");
            switch(id) {
            case 'd':
            case 'D':
                dumpMenu( &deviceId);
                break;
            case 'e':
            case 'E':
                if( ! password2())  break;
                editMenu( &deviceId,1);
                break;
            case 'r':
            case 'R':
```

```
        editMenu( &deviceId,0);
        break;
    case ´f´:
    case ´F´:
        if( ! password2())  break;
        functionMenu( &deviceId);
        break;
    case ´w´:
    case ´W´:
        if( ! password2())  break;
        writeEeprom( &deviceId);
        break;
    case ´s´:
    case ´S´:
        if( ! password2())  break;
        DefaultWriteEeprom( &deviceId);
        break;
    case ´l´:
    case ´L´:
        if( ! password2())  break;
        LoadWriteEeprom( &deviceId);
        break;
    case ´m´:
    case ´M´:
        if( ! password2())  break;
        ModifyPassword();
        break;
    case ´i´:
    case ´I´:
        if( ! password2())  break;
        ResetSwitcher();
          break;
    case ´k´:
    case ´K´:
        KeyMenu();
          break;
    case ´h´:
    case ´H´:
    case ´?´:
```

```
                helpMenu();                         break;
            default:
                break;
        }
    }
}
void  ResetSwitcher(void)
{
    unsigned char deviceId[MAXDEV],id;
    unsigned int   i;
    SCL0  =  1;
    SCL1  =  1;
    SCL2  =  1;
    RST = 0;
    for(i = 0;i<4;i++) {
        delay( 0xFFFF);    delay( 0xFFFF);    delay( 0xFFFF);    delay( 0xFFFF);
                            }
        RST = 1;
    for(i = 0;i<16;i++) {
        delay( 0xFFFF);    delay( 0xFFFF);    delay( 0xFFFF);    delay( 0xFFFF);
                       }
                                              //Check system bus
    for( id = 0; id<MAXDEV; id++)
            { deviceId[id]  =  systemCheck( id); }
        SCL0  =  1;
        SCL1  =  1;
        SCL2  =  1;
        puts("  Reset VDSL Switcher Done!");
            }
//------------------------------------------------------------------------
//password2
//Input: none
//Output: 1 for success; 0 for fail
//------------------------------------------------------------------------
unsigned char  password2(void)
{
    unsigned char    i,j,flag,val;
    char    c,buf[8];
    for(i = 0;i<8;i++) {
```

```
        if( ! byteRead( 0x00,0x00,0xF8 + i,&val))  return(0);
            password[i] = val;
    }
    for(j = 0;j<3;j++){
        printf("\nPlease input current password:(1 - - 8 strings) ");
        for(i = 0;i<8;i++){
            c = _getkey();
            if(c == '\r'){
                puts("");
                break;
            }
            else{
                buf[i] = c;
                putchar(' * ');
            }
        }
        buf[i] = '\0';
        flag = 1;
        for(i = 0;(i<8)&&! ((password[i] == '\0')&&(buf[i] == '\0'));i++)
            if(password[i]!= buf[i])     flag = 0;
        if(flag)     return(1);
    }
    if(j> = 3)     return(0);
}
  void     KeyMenu(void)
  {  unsigned char     i,val;
     printf("Key:");
     for(i = 0;i<8;i++) {
        if( ! byteRead( 0x00,0x00,0xF8 + i,&val))     return;
            if(val == 0)        return;
        printf(" %c",val);
            }
     }
//--------------------------------------------------------------------------------
//Modify password
//Input: none
//Output: none
//--------------------------------------------------------------------------------
void  ModifyPassword(void)
```

```
{
    unsigned char      i,val,buf1[8],buf2[8];
    char     c,flag;
    puts("Changing current password.");
    printf("\nPlease input New password:(1 - - 8 strings)");
    for(i = 0;i<8;i++){
        c = _getkey();
        if(c == '\r'){
            puts("");
            break;
        }
        else{
            buf1[i] = c;
            putchar('*');
        }
    }
    buf1[i] = '\0';
    printf("\nplease Re - input New password:");
    for(i = 0;i<8;i++){
        c = _getkey();
        if(c == '\r'){
            puts("");
            break;
        }
        else{
            buf2[i] = c;
            putchar('*');
        }
    }
    buf2[i] = '\0';
    flag = 1;
    for(i = 0;(i<8)&&! ((buf1[i] == '\0')&&(buf2[i] == '\0'));i++)
        if(buf1[i]!= buf2[i])      flag = 0;
    if(flag){
        for(i = 0;i<8;i++)      password[i] = buf1[i];
        for(i = 0;i<8;i++){
            val = password[i];
            if(! byteWrite(0x00,0x00,0xF8 + i,val)){
                puts("Password isn't changed.");
```

```
                return;
            }
        }
        puts("Password  changed.");
        return;
    }
    else{
        puts("Two input is different!");
        puts("Password isn't changed.");
        return;
    }
    }
//--------------------------------------------------------------------------
//Help Menu
//Input: none
//Output: none
//--------------------------------------------------------------------------
void    helpMenu( void)
{
    printf("\n   2008L VDSL Switcher Command List ( %s)\n",VERSION);
    #if DEBUG
    puts("  C   - EE Bus Step by Step Control");
    #endif
    puts("  D   - Dump Data");
    puts("  E   - Edit a Byte/Word");
    puts("  F   - Function Menu");
    puts("  R   - Read a Byte/Word");
    #if DEBUG
    puts("  T   - Read/Write Test");
    #endif
    puts("  W   - Write Current configuration back to EEPROM");
    puts("  M   - Modify current Password");
    puts("  I   - Initialize Switcher");
    puts("  S   - Write Default configuration back to EEPROM");
    puts("  H   - Help Menu");
    puts("");
}
//--------------------------------------------------------------------------
//Dump device data
```

```
//Input: system ID
//        device ID
//        length of device size
//Output: none
//------------------------------------------------------------
void dumpDevice( unsigned char id,unsigned char deviceId,unsigned int length)
{
    unsigned char    val;
    unsigned int  i,value;
    printf("System ID %bX: Dumping Data from Device ID %bX\n",id,deviceId);
    for( i=0; i<length; i++) {
        if( ! (i%0x10))
            printf("\n[%02bXH]",(unsigned char)(i&0xFF));
        sclSilent( id);
        if( (i%0x10)==0x08) {
            if( deviceId<0x04)
                printf(" :");
            else
                printf("\n[%02bXH]",(unsigned char)(i&0xFF));
        }
        if( deviceId<0x04) {
            if( byteRead( id,deviceId,(unsigned char)i,&val))
                printf(" %02bX",val);
            else
                printf(" XX");
        } else {
            if( swRead( id,deviceId,(unsigned char)i,&value))
                printf(" %04X",value);
            else
                printf(" XXXX");
        }
    }
    printf("\n");
}
//------------------------------------------------------------
//Dump Menu
//Input: pointer of device ID
//Output: none
//------------------------------------------------------------
```

```
void dumpMenu( unsigned char * deviceId)
{
    char    id,dev;
    //Get system ID
    if( ! getId( &id))
        return;
    //Choose device
    printf( MESG2);
    dev = getchar();
    puts("");
    if( dev == 'E' || dev == 'e')
        dumpDevice( id,deviceId[id],0x100);
    else if( dev == 'S' || dev == 's')
        dumpDevice( id,deviceId[id] + 0x04,0x48);
    puts("");
}
//------------------------------------------------------------------------
//System check
//Input: system ID
//Output: Device ID (0x00～0x03),0xFF for fail
//------------------------------------------------------------------------
unsigned char systemCheck( unsigned char id)
{
    int     counter;
    unsigned char     deviceId;
    //Check SCL Bus
    counter = 0;
                //while( ! sclSilent( id) && counter<4)
    while( ! sclSilent( id) && counter<MAXTEST)
            {       counter++ ;     }
    if( counter>= MAXTEST) {
        printf("SCL Bus is not free.  Cannot communicate with system ID %bX.\n",id);
        printf("Warming!   Do not control system ID %bX.\n",id);
                return( 0xFF);
    }
    //Detect device ID
    if((deviceId = detectDeviceId( id)) == 0xFF) {
        printf("Cannot find device ID for system ID %bX.\n",id);
        printf("Warming!   Do not control system ID %bX.\n",id);
```

```
                return( 0xFF);
        }
        return( deviceId);
}
//-----------------------------------------------------------------------------
//Edit menu
//Input: pointer of device ID
//        function: 1 for edit; 0 for read only
//Output: none
//-----------------------------------------------------------------------------
void editMenu( unsigned char * deviceId,unsigned char func)
{
    char    id;
    char    dev;
    //Get system ID
    if( ! getId( &id))
        return;
    //Choose device
    printf( MESG2);
    dev = getchar();
    puts("");
    if( dev == 'E' || dev == 'e')
        editDevice( id,deviceId[id],func);
    else if( dev == 'S' || dev == 's')
        editSwitch( id,deviceId[id] + 0x04,func);
    puts("");
}
//-----------------------------------------------------------------------------
//Edit device
//Input: system ID
//        pointer of device ID
//        function: 1 for edit; 0 for read only
//Output: none
//-----------------------------------------------------------------------------
void editDevice( unsigned char id,unsigned char deviceId,unsigned char func)
{
    unsigned char    addr,val,buf[MAXBUF];
    unsigned int     value;
    //Get address
```

```
        printf("\Address?");
        gets( buf,MAXBUF);
        if( ! (xtoi( buf,&value)))
            return;
        puts("");
        addr = (unsigned char)value;
        //Print out value from device
        if( byteRead( id,deviceId,addr,&val))
            printf("[ %02bX] = %02bX ",addr,val);
        else
            printf("[ %02bX] = XX ",addr);
        if( func) {
            //Get value
            gets( buf,MAXBUF);
            if( ! (xtoi( buf,&value)))
                return;
            byteWrite( id,deviceId,addr,(unsigned char)value);
            //Print out value from device
            if( byteRead( id,deviceId,addr,&val))
                printf("Read from system ID %bx,device ID %bx,address[ %02bX] =  %02bX\n",id,de-
viceId,addr,val);
        }
    }
    //--------------------------------------------------------------------------------
    //Edit switch
    //Input: system ID
    //       pointer of device ID
    //       function:  1 for edit; 0 for read only
    //Output: none
    //------------------------------------------------------------------------
    void editSwitch( unsigned char id,unsigned char deviceId,unsigned char func)
    {
        unsigned char     addr,buf[MAXBUF];
        unsigned int     value;
        //Get address
        printf("\Address?");
        gets( buf,MAXBUF);
        if( ! (xtoi( buf,&value)))
            return;
```

```
            addr = (unsigned char)value;
            puts("");
            //Print out value from device
            if( swRead( id,deviceId,addr,&value))
                printf("[ %02bX] = %04X ",addr,value);
            else
                printf("[ %02bX] = XXXX ",addr);
            if( func) {
                //Get value
                gets( buf,MAXBUF);
                if( ! (xtoi( buf,&value)))
                    return;
                swWrite( id,deviceId,addr,value);
                //Print out value from device
                if( swRead( id,deviceId,addr,&value))
                    printf("Read from system ID %bx,device ID %bx,address[ %02bX] =  %04X\n",id,devi-
ceId,addr,value);
            }
        }
        //-------------------------------------------------------------------------------
        //Hex ASCII to an integer value
        //Input: pointer of string
        //       address of value
        //Output: string length; 0 for fail
        //-------------------------------------------------------------------------------
        unsigned char xtoi( char * st,unsigned int * value)
        {
            unsigned char    i,len;
            len = 0;
            while( st[len]!= ' ' && st[len]!= '\n' && st[len]!= '\0')
                len++ ;
            for( i=0, * value=0; i<len; i++) {
                * value * = 0x10;
                if( st[i]> = '0' && st[i]< = '9')
                    * value += st[i]-'0';
                else if( st[i]> = 'a' && st[i]< = 'f')
                    * value += st[i] + 10 -'a';
                else if( st[i]> = 'A' && st[i]< = 'F')
                    * value += st[i] + 10 -'A';
```

```
        else if( st[i] == ´ ´ || st[i] == ´\n´)
            break;
        else
            return( 0);
    }
    return( len);
}
  void     Help( void)
  {
        puts("   VDSL Switcher Function Command List:");
        puts("   S - System Mode");
        puts("   P - Port  Mode");
        //puts("   T - Trunk Mode");
        puts("   V - VLAN Configure Mode");
        puts("   D - Display Ports for same VLAN  Mode");
        puts("   M - Static MAC Configure Mode");
        puts("   H - function Help Menu");
        puts("   Q - Quit functionMenu Mode");

    }
 //------------------------------------------------------------------------------
//Function menu
//Input: pointer of device ID
//Output: none
//------------------------------------------------------------------------------
void functionMenu( unsigned char * deviceId)
{       unsigned char     ch;
        //Menu
        puts("   VDSL Switcher Function Command List:");
        puts("   S - System Mode");
        puts("   P - Port  Mode");
        //puts("   T - Trunk Mode");
        puts("   V - VLAN Configure Mode");
        puts("   D - Display Ports for same VLAN  Mode");
        puts("   M - Static MAC Configure Mode");
        puts("   H - function Help Menu");
        puts("   Q - Quit functionMenu Mode");
  while(1) {
        printf("Function Command>");
```

```
        if( (ch = getchar()) != '\n')
            puts("");
        switch( ch) {
    case 's':
    case 'S':
            SystemMenu( deviceId);
            break;
        case 'c':
    case 'C':
                DisplaySystem( deviceId);
                break;
        case 'p':
    case 'P':
        PortMenu( deviceId);
        break;
//      case 't':
    case 'T':
        trunkMenu( deviceId);
            break;
        case 'k':
    case 'K':
                DisplayTrunk( deviceId);
                break;                              */
        case 'v':
    case 'V':
        VlanMenu( deviceId);
        break;
        case 'd':
    case 'D':
                DisplayVlanPort( deviceId);
                break;
        case 'm':
    case 'M':
                StaticMAC( deviceId);
                break;
        case 'h':
    case 'H':
        case '?':
                Help();
```

```
                break;
    default:
        break;
        case ´q´:
    case ´Q´:
                return;
    }
    }
}
void SystemHelp(void)
{       puts("  System Function Command List:");
        puts("  A - Switch Table Entry Aging Control Mode");
        puts("  F - Flooding Control Mode");
        puts("  S - Super MAC Configure Mode");
        puts("  B - Maximum number of Broadcast Frames in each input frame buffer");
        puts("  M - Maximum Age for dynamically learned MAC entries Mode");
      //puts("  U - Uplink Configure Mode");
        puts("  H - System function Help Menu");
        puts("  Q - Quit System functionMenu Mode");
}
void  SystemMenu( unsigned char * deviceId)
{       unsigned char    ch;
        puts("  System Function Command List:");
        puts("  A - Switch Table Entry Aging Control Mode");
        puts("  F - Flooding Control Mode");
        puts("  S - Super MAC Configure Mode");
        puts("  B - Maximum number of Broadcast Frames in each input frame buffer");
        puts("  M - Maximum Age for dynamically learned MAC entries Mode");
      //puts("  U - Uplink Configure Mode");
        puts("  H - System function Help Menu");
        puts("  Q - Quit System functionMenu Mode");
      while(1) {
        printf(" System Function Command>");
        if( (ch = getchar())!= ´\n´)
            puts("");
        switch( ch) {
            case ´f´:
            case ´F´:
                FloodCtlMenu( deviceId);
```

```
                        break;
            case 's':
            case 'S':
                SuperMACMenu( deviceId);
                        break;
            case 'a':
            case 'A':
                    AgeControlMenu( deviceId);
                    break;
            case 'b':
            case 'B':
                    MaxStormMenu( deviceId);
                break;
            case 'm':
            case 'M':
                    MaxAgeMACMenu( deviceId);
                        break;
                //case 'u':
            //case 'U':
                //UplinkMenu( deviceId);
                    //break;
            case 'h':
            case 'H':
            case '?':
                        SystemHelp();
                        break;
            default:
                break;
            case 'q':
            case 'Q':
                        return;
    }
        }
    }
void  PortHelp( void)
    {       puts("  Port Function Command List:");
            puts("  C - Broadcast Storm Control  Mode");
            puts("  T - Portstate Display Mode");
            puts("  F - Port Flow Control Full Duplex Mode");
```

```
        puts("  P - Port Security Mode");
        puts("  L - Port Source Address Learning Control Mode");
        puts("  E - Port Enable Mode");
   //   puts("  M - Port Monitor Enable Mode");
        puts("  S - Speed Mode");
        puts("  H - Port function Help Menu");
        puts("  Q - Quit Port functionMenu Mode");
   }
void  PortMenu( unsigned char   * deviceId)
    {   unsigned char    ch;
        puts("  Port Function Command List:");
        puts("  C - Broadcast Storm Control  Mode");
        puts("  T - Portstate Display Mode");
        puts("  F - Port Flow Control Full Duplex Mode");
        puts("  P - Port Security Mode");
        puts("  L - Port Source Address Learning Control Mode");
        puts("  E - Port Enable Mode");
   //   puts("  M - Port Monitor Enable Mode");
        puts("  S - Speed Mode");
        puts("  H - Port function Help Menu");
        puts("  Q - Quit Port functionMenu Mode");
       while(1) {
         printf(" Port Function Command>");
         if( (ch = getchar())!= '\n')
            puts("");
         switch( ch) {
            case 'e':
            case 'E':
                PortEnableMenu( deviceId);
                               break;
            //      case 'm':
            case 'M':
                PortMonitorMenu( deviceId);
                break;                              */
                case 'c':
            case 'C':
                ControlStormMenu( deviceId);
                break;
            case 't':
```

```
            case 'T':
                PortstateMenu( deviceId);
                break;
                case 'r':
            case 'R':
                PortfreshMenu( deviceId);
                break;
            case 'f':
            case 'F':
                            FlowCtrlMenu( deviceId);
                            break;
            case 'p':
            case 'P':
                            PortSecurityMenu( deviceId);
                            break;
            case 'l':
            case 'L':
                            LearningAddrMenu( deviceId);
                            break;
            case 's':
            case 'S':
                            speedMenu( deviceId);
                            break;
            case 'h':
            case 'H':
            case '?':
                            PortHelp();
                            break;
            default:
                break;
                case 'q':
            case 'Q':
                            return;
    }
      }
    }
void  DefaultWriteEeprom( unsigned char   * deviceId)
 {  unsigned char    i,id,ch;
    printf( "\n Write Default configuration back to EEPROM? [Y/N]");
```

```
ch = getchar();
puts("");
if( ch!= 'y' && ch!= 'Y')     return;
printf("Updating EEPROM ... ");
for(id = 0; id<MAXDEV; id ++ ) {
  if(! byteWrite(id,deviceId[id],0x00,0x18))  return;
  if(! byteWrite(id,deviceId[id],0x01,0x18))  return;
  if(! byteWrite(id,deviceId[id],0x02,0xFF))  return;
  if(! byteWrite(id,deviceId[id],0x03,0x30))  return;
  if(! byteWrite(id,deviceId[id],0x04,0x62))  return;        //Port Phy status
  if(! byteWrite(id,deviceId[id],0x05,0x30))  return;
  if(! byteWrite(id,deviceId[id],0x06,0x01))  return;
  if(! byteWrite(id,deviceId[id],0x07,0x14))  return;
  if(! byteWrite(id,deviceId[id],0x08,0x00))  return;
  if(! byteWrite(id,deviceId[id],0x09,0x08))  return;
  if(! byteWrite(id,deviceId[id],0x0A,0x45))  return;
  if(! byteWrite(id,deviceId[id],0x0B,0x78))  return;
for(i = 0;i<8;i ++ ) {
  if(! byteWrite(id,deviceId[id],0x0C + i,0x00))  return;
            }
for(i = 0;i<6;i ++ ) {
  if(! byteWrite(id,deviceId[id],0x14 + i,0x00))  return;
            }
for(i = 0;i<8;i ++ ) {
  if(! byteWrite(id,deviceId[id],0x1A + 4 * i,0x00))  return;
  if(! byteWrite(id,deviceId[id],0x1B + 4 * i,0x8C))  return; //storm control Enable
  if(! byteWrite(id,deviceId[id],0x1C + 4 * i,0x0C))  return;
  if(! byteWrite(id,deviceId[id],0x1D + 4 * i,0x5F))  return;
              }
for(i = 0;i<8;i ++ ) {
  if(! byteWrite(id,deviceId[id],0x3A + 4 * i,0x00))  return;
  if(! byteWrite(id,deviceId[id],0x3B + 4 * i,0x00))  return;
  if(! byteWrite(id,deviceId[id],0x3C + 4 * i,0x03))  return; //port 1.2.3.4.5.6.7.8.9.10
  if(! byteWrite(id,deviceId[id],0x3D + 4 * i,0xFF))  return;
              }
  if(! byteWrite(id,deviceId[id],0x5A,0x00))  return;
  if(! byteWrite(id,deviceId[id],0x5B,0x00))  return;
  if(! byteWrite(id,deviceId[id],0x5C,0x1E))  return;
  if(! byteWrite(id,deviceId[id],0x5D,0xB3))  return;
```

```
for(i = 0;i<8;i++) {
    if(! byteWrite(id,deviceId[id],0x5E + i,0x00))  return;
        }
for(i = 0;i<9;i++) {
    if(! byteWrite(id,deviceId[id],0x66 + i,0x00))  return;
        }
    if(! byteWrite(id,deviceId[id],0x6F,0x6F)) return;
for(i = 0;i<7;i++) {
    if(! byteWrite(id,deviceId[id],0x70 + i,0x00))  return;
        }
    if(! byteWrite(id,deviceId[id],0x77,0x00))  return;
for(i = 0;i<0x80;i++) {
    if(! byteWrite(id,deviceId[id],0x78 + i,0x00))  return;
        }
    if(! byteWrite(id,deviceId[id],0xF8,0x31))  return;          //password = 123
    if(! byteWrite(id,deviceId[id],0xF9,0x32))  return;
    if(! byteWrite(id,deviceId[id],0xFA,0x33))  return;
for(i = 0;i<5;i++) {
    if(! byteWrite(id,deviceId[id],0xFB + i,0x00))  return;
        }
      }
        id = 0;
    for(i = 0;i<8;i++) {
    if(! byteWrite(id,deviceId[id],0x1A + 4 * i,0x00))  return;
    if(! byteWrite(id,deviceId[id],0x1B + 4 * i,0x8C))  return; //storm control Enable
    if(! byteWrite(id,deviceId[id],0x1C + 4 * i,0x0C))  return; //port 1 - 8:MDIO
                                                                 //port 9 - 10:MDIO
                                                                 //Disable(means 10M FULL Duplex)
    if(! byteWrite(id,deviceId[id],0x1D + 4 * i,0x72))  return;
          }
        id = 1;
      for(i = 0;i<2;i++) {
    if(! byteWrite(id,deviceId[id],0x3A + 4 * i,0x00))  return;
    if(! byteWrite(id,deviceId[id],0x3B + 4 * i,0x00))  return;
    if(! byteWrite(id,deviceId[id],0x3C + 4 * i,0x03))  return; //port 1.2.3.4.5.6.7.8.9.10
    if(! byteWrite(id,deviceId[id],0x3D + 4 * i,0xFF))  return;
          }
      for(i = 2;i<8;i++) {
    if(! byteWrite(id,deviceId[id],0x3A + 4 * i,0x00))  return;
```

```
        if(! byteWrite(id,deviceId[id],0x3B + 4 * i,0x00))  return;
        if(! byteWrite(id,deviceId[id],0x3C + 4 * i,0x00))  return; //port 1.2.3.4.5.6.7.8.9.10
        if(! byteWrite(id,deviceId[id],0x3D + 4 * i,0x00))  return;
                    }
    printf("\n  Updating EEPROM done!");
    }
    void LoadWriteEeprom(unsigned char   * deviceId)
    {     unsigned char     id,addr,buf[4];
          unsigned int    value;
          for(id = 0; id<MAXDEV; id ++ ) {
          for(addr = 0; addr< = 0xFF; addr ++ ) {
            //Get value
            gets(buf,4);
            if(! (xtoi(buf,&value)))       return;
                if(! byteWrite(id,deviceId[id],addr,(unsigned char)value))  return;
                if(addr == 0xFF)  break;
                                          }
                                    }
            printf("\n  Loading back to EEPROM done!");
    }
//-----------------------------------------------------------------------
//Write back to EEPROM
//Input: pointer of device ID
//Output: none
//-----------------------------------------------------------------------
void     writeEeprom(unsigned char   * deviceId)
{
    unsigned char     id,ch;
    //Get system ID
    if(! getId(&id))
        return;
    //Display current configuration
    dumpDevice(id,deviceId[id] + 0x04,0x48);
    printf("\n Write current configuration back to EEPROM? [Y/N]");
    ch = getchar();
    puts("");
    if(ch!= 'y' && ch!= 'Y')
        return;
    printf(" Updating EEPROM ... ");
```

```
    if(! sw2bytedev(id,deviceId[id] + 0x04,0x00,id,deviceId[id],0x00,0x2D))      //Reg 0x00~0x2C
        return;
    if(! sw2bytedev(id,deviceId[id] + 0x04,0x2D,id,deviceId[id],0x5E,0x08))      //Reg 0x2D~0x34
        return;
    if(! sw2bytedev(id,deviceId[id] + 0x04,0x47,id,deviceId[id],0x5C,0x01))      //Reg 0x47
        return;
    puts(" Write current configuration back to EEPROM done!");
}
//---------------------------------------------------------------------------
//Copy information of switch (Word) to byte device
//Input: switch system ID
//       switch device ID
//       switch start address
//       byte_device system ID
//       byte_device device ID
//       byte_device start address
//       length
//Output: 1 for success; 0 for fail
//---------------------------------------------------------------------------
unsigned char sw2bytedev(unsigned char swId,unsigned char swDeviceId,unsigned char swAddr,unsigned char bytedevId,unsigned char bytedevDeviceId,unsigned char bytedevAddr,unsigned char length)
{
    unsigned int     i,j,value;
    unsigned char    val;
    for(i = swAddr,j = bytedevAddr; i<swAddr + length; i++ ,j += 2) {
        //Read from switch
        if(! swRead(swId,swDeviceId,(unsigned char)i,&value)) {
            #if DEBUG
            puts("sw2bytedev(): Abort!!!");
            #endif
            return(0);
        }
        //Write back to byte device
        val = (unsigned char)((value&0xFF00)>>8);
        byteWrite(bytedevId,bytedevDeviceId,(unsigned char)j,val);
        val = (unsigned char)(value&0x00FF);
        byteWrite(bytedevId,bytedevDeviceId,(unsigned char)j + 1,val);
    }
    return(1);
```

```
}
//----------------------------------------------------------------------------
//Get system ID
//Input: pointer of system ID
//Output: 1 for success; 0 for fail
//----------------------------------------------------------------------------
unsigned char getId(unsigned char * id)
{
    //Get system ID
    printf(MESG1,MAXDEV - 1);
     * id = getchar();
    puts("");
    if(! ( * id> = '0' && * id<MAXDEV + '0'))
        return(0);
     * id - = '0';
    return(1);
}
//----------------------------------------------------------------------------
//Switcher Function Help Menu
//Input: none
//Output: none
//----------------------------------------------------------------------------
  void  FloodCtlMenu(unsigned char * deviceId)
{       unsigned char     ch,id;
        unsigned int     value;
        printf("\n  Flooding Control Enable/Disable :? [Y/N]");
        ch = getchar();
        puts("");
        if(ch = = 'y' || ch = = 'Y')   {
           for(id = 0; id<MAXDEV; id + + ) {
               if(! swRead(id,deviceId[id] + 0x04,0x00,&value))        return;
                    value & = 0xBFFF;   value | = 0x4000;
               if(! swWrite(id,deviceId[id] + 0x04,0x00,value))        return;
                      }     printf("\n  Flooding Control Enable Successful!");
                 }

  if(ch = = 'n' || ch = = 'N')  {
      for(id = 0; id<MAXDEV; id + + ) {
               if(! swRead(id,deviceId[id] + 0x04,0x00,&value))        return;
```

```
            value &= 0xBFFF;  value |= 0x0000;
        if(! swWrite(id,deviceId[id] + 0x04,0x00,value))        return;
                }    printf("\n  Flooding Control Disable Successful!");
        }
    }
void  SuperMACMenu(unsigned char * deviceId)
{   unsigned char    ch,id;
    unsigned int     value;
    printf("\n  Super MAC Enable/Disable :? [Y/N]");
    ch = getchar();
    puts("");
    if(ch == 'y' || ch == 'Y')  {
        for(id = 0; id<MAXDEV; id ++ ) {
            if(! swRead(id,deviceId[id] + 0x04,0x01,&value))        return;
                value &= 0xFFF7;  value |= 0x0008;
            if(! swWrite(id,deviceId[id] + 0x04,0x01,value))        return;
                }    printf("\n  Super MAC Enable Successful!");
            }
    if(ch == 'n' || ch == 'N')  {
        for(id = 0; id<MAXDEV; id ++ ) {
            if(! swRead(id,deviceId[id] + 0x04,0x01,&value))        return;
                value &= 0xFFF7;  value |= 0x0000;
            if(! swWrite(id,deviceId[id] + 0x04,0x01,value))        return;
                }    printf("\n  Super MAC Disable Successful!");
        }
    }
void  DisplaySystem(unsigned char * deviceId)
 {    unsigned int    id;
      unsigned int  val,value1,value2;
      printf("\nDisplay System Status:? [Y/N]");
      id = getchar();
      puts("");
      if(id!= 'y' && id!= 'Y')
        return;
            id = 0;  value1 = 0;  value2 = 0;
      if(! swRead(id,deviceId[id] + 0x04,0x00,&value1))  return;
      if(! swRead(id,deviceId[id] + 0x04,0x01,&value2))  return;
            val = value2&0x0008;
      if(val == 0)     printf("\n Super MAC Disable !   ");
```

```
    if(val != 0)     printf("\n Super MAC Enable!    ");
          val = value1&0x1000;
    if(val == 0)     printf("\n Switch Table Entry Aging Control Disable!    ");
    if(val != 0)     printf("\n Switch Table Entry Aging Control Enable!    ");
          val = value1&0x4000;
    if(val == 0)     printf("\n Flooding Control Disable!    ");
    if(val != 0)     printf("\n Flooding Control Enable!    ");
          val = value2&0xFF00;
    if(val == 0x0000)      printf("\n 1 second(Maximum age for learned MAC entries)!    ");
    if(val == 0x2000)      printf("\n 32 second(Maximum age for learned MAC entries)!    ");
    if(val == 0x4000)  printf("\n 64 second(Maximum age for learned MAC entries)!    ");
    if(val == 0x8000)  printf("\n 128 second(Maximum age for learned MAC entries)!    ");
    if(val == 0xFF00)  printf("\n 256 second(Maximum age for learned MAC entries)!    ");
          val = value2&0x0030;
    if(val == 0x0000)  printf("\n 16   Frames(Maximum number of Broadcast Frames in each input
                                  frame buffer! \n");
    if(val == 0x0010)  printf("\n 32   Frames(Maximum number of Broadcast Frames in each input
                                  frame buffer! \n");
    if(val == 0x0020)  printf("\n 48   Frames(Maximum number of Broadcast Frames in each input
                                  frame buffer! \n");
    if(val == 0x0030)  printf("\n 64   Frames(Maximum number of Broadcast Frames in each input
                                  frame buffer! \n");
        }
//------------------------------------------------------------------------
//Vlan menu
//Input: pointer of device ID
//Output: none
//------------------------------------------------------------------------
  void  DisplayVlanPort(unsigned char *deviceId)
  {  unsigned int     i,id;
     unsigned int  d,val,val1;

     printf("\nDisplay Ports for same Vlan:? [Y/N]");
     id = getchar();
     puts("");
     if(id!='y' && id!='Y')
         return;
     puts("Display Ports belonging to same Vlan:");
          id = 0;
```

```
    for(i = 0; i<8; i++)        {
        if(! swRead(id,deviceId[id] + 0x04,0x1E + 2 * i,&val1))  return;
        //if(! swRead(id,deviceId[id] + 0x04,0x1D + 2 * i,&val2))  return;
        printf("\n  Port %d:  ",i + id * 8 + 1);
    for(d = 1; d<13; d++){
        val = 0x0001; val<<= (d - 1); val& = val1;
        if(! val == 0)  printf(" %d. ",d); }
                                 }
            id = 1;
    for(i = 0; i<2; i++)        {
        if(! swRead(id,deviceId[id] + 0x04,0x1E + 2 * i,&val1))  return;
        //if(! swRead(id,deviceId[id] + 0x04,0x1D + 2 * i,&val2))  return;
        printf("\n  Port %d:  ",i + id * 8 + 1);
    for(d = 1; d<13; d++){
        val = 0x0001; val<<= (d - 1); val& = val1;
        if(! val == 0)  printf(" %d. ",d); }
                                 }
  /* for(d = 17; d<25; d++){
        val = 0x0001; val<<= (d - 17); val& = val2;
        if(! val == 0)  printf(" %d. ",d);}          */
          puts("\nDisplay Ports for same Vlan Done!");
  }
//------------------------------------------------------------------------------------------
//Vlan menu
//Input: pointer of device ID
//Output: none
//------------------------------------------------------------------------------------------
      void    VlanMenu(unsigned char * deviceId)
{   unsigned char    i,id,buffer[4];
    unsigned int  VLAN[10];
    unsigned int idata  k,d,val1,val2,Value1,Value2;
    for(d = 0; d<10; d++)
        {      VLAN[d] = 0;   }
        Value1 = 0x0000;
        Value2 = 0x0000;
        val1 = 0x0000;
    printf("\nClear  all configure of VLAN :? [Y/N]");
    id = getchar();
    puts("");
```

```
if(id == 'y' || id == 'Y')
{   for(id = 0; id<MAXDEV; id ++ ) {
    for(i = 0; i<8; i ++ )        {
        if(! swWrite(id,deviceId[id] + 0x04,0x1D + 2 * i,0x0000))
            return;
        if(! swWrite(id,deviceId[id] + 0x04,0x1E + 2 * i,0x0000))
            return;       } }
puts("Clear VLAN configure done"); }
printf("\n Configure VLAN's ports:? [Y/N]");
id = getchar();
puts("");
if(id!= 'y' && id!= 'Y')
    return;
puts("\n Please Input VLAN's ports:");
    for(d = 0; d<10; d ++ )
    {       gets(buffer,4);
            if(! (atoi(buffer)))
                break;
            VLAN[d] = atoi(buffer);
        }
for(d = 0; d<10; d ++ ) {   printf(" %d.",VLAN[d]);}
printf("Write current Configuration back to  Switcher:? [Y/N]");
id = getchar();
puts("");
if(id!= 'y' && id!= 'Y')
    return;
printf("Updating Switcher ... ");
//VLAN1 MAPPING  Value1[i]  MAPPING(Reg1E,20...2C)  Value2[i]  MAPPING(Reg1D,1F...2B)
for(id = 0; id<MAXDEV; id ++ ) {
for(i = 0; i<8; i ++ )        {
for(d = 0; d<10; d ++ )      {
  if(VLAN[d] == ((i + 1) + 8 * id)) {   Value1 = 0x0000; Value2 = 0x0000;
    for(k = 0; k<10; k ++ ) {
          if(VLAN[k]> = 1 && VLAN[k]< = 10)  { val1 = 0x0001; val1<< = (VLAN[k]- 1); Val-
                       ue1| = val1; }
        //if(VLAN[k]> = 17 && VLAN[k]< = 24) { val1 = 0x0001; val1<< = (VLAN[k]-17); Val-
                       ue2| = val1; }
          if(VLAN[k] == 0 && VLAN[k]> = 11)   break;
                       }
```

```
 /*          if(! swRead(id,deviceId[id] + 0x04,0x1D + 2 * i,&val2))   return;
                        Value2 | = val2;
               if(id == 2) {   val2 = 0x0001; val2<< = i; val2 = ~val2; Value2& = val2;}
          if(! swWrite(id,deviceId[id] + 0x04,0x1D + 2 * i,Value2))  return;
*/

            if(! swRead(id,deviceId[id] + 0x04,0x1E + 2 * i,&val2))   return;
                     Value1 | = val2;
               if(id == 0) {   val2 = 0x0001; val2<< = i; val2 = ~val2; Value1& = val2;}
               if(id == 1) {   val2 = 0x0001; val2<< = 8 + i; val2 = ~val2; Value1& = val2;}
          if(! swWrite(id,deviceId[id] + 0x04,0x1E + 2 * i,Value1))  return;
                        }      }     }  }
           puts("VLAN configure done!");
 }
 //------------------------------------------------------------------------------------
//Static MAC Configure menu
//Input: pointer of device ID
//Output: none
//------------------------------------------------------------------------------------
 void  StaticMAC(unsigned char * deviceId)
{   unsigned char     ch;
    //Menu
    puts("  VDSL Switcher Static MAC Configure Command List:");
    puts("  S - Show Static MAC Mode");
    puts("  D - Delete Static MAC Mode");
    puts("  M - Static MAC Configure Mode");
    puts("  H - Static MAC Configure Help Menu");
    puts("  Q - Quit Static MAC Configure Menu Mode");
    while(1) {
        printf("Static MAC Command>");
        if((ch = getchar()) != '\n')
            puts("");
            switch(ch) {
            case 'm':
            case 'M':
                StaticMACMenu(deviceId);
                break;
            case 's':
            case 'S':
```

```
            ShowStaticMACMenu(deviceId);
                break;
        case 'd':
        case 'D':
            DelStaticMACMenu(deviceId);
            break;
        case 'h':
        case 'H':
        case '?':
                HelpStaticMAC();
                break;
        default:
            break;
        case 'q':
        case 'Q':
                return;
    }
    }
  }
void    HelpStaticMAC(void)
{   puts("  VDSL Switcher Static MAC Configure Command List:");
    puts("  S - Show Static MAC Mode");
    puts("  D - Delete Static MAC Mode");
    puts("  M - Static MAC Configure Mode");
    puts("  H - Static MAC Configure Help Menu");
    puts("  Q - Quit Static MAC Configure Menu Mode");
}
  void    StaticMACMenu(unsigned char * deviceId)
{   unsigned char k,addr,add,id,buffer[4],value;
    unsigned int   i,d,val,value1;
    for(id = 0;id<MAXDEV;id++) {
        if(! byteWrite(id,deviceId[id],0x6F,0xEF))        return;       //Last Entry Address
                                }
        puts("\n Please Input Port Number For Static MAC Address:");
        gets(buffer,4);
        if(! (atoi(buffer)))        return;
         val = atoi(buffer);
        if(val>=1 && val<=8)      { id=0; i=val-1;}
        if(val>=9 && val<=10)   { id=1; i=val-9;}
```

```
    //if(val>=17 && val<=24)  { id=2; i=val-17;}
    if(val==0 )     return;
    if(val>=11)     return;
    for(d=0;d<16;d++) {   add=(unsigned char)(8*d); addr=0x70+add;
     if(!byteRead(id,deviceId[id],addr,&value))  return;
    if(value==0)          break;
             }
    if(addr==0xF0) {
    printf("\n port %d Static MAC Configure Failed,EEPROM is Full.",val);  return;
           }
    if(!byteWrite(id,deviceId[id],addr,0x01))       return;         //Flag
        //value = (unsigned char)(i & 0xFF);
      value = (unsigned char)(val & 0xFF);
    if(!byteWrite(id,deviceId[id],addr+1,value-1))  return;         //Port ID (changed)
    printf("\n Please Input Port %d Static MAC Address:",val);
    for(k=0;k<6;k++) {     gets(buffer,4);                          //Port ID  Static MAC
      if(!(xtoi(buffer,&value1)))         return;
    //puts("");
       value = (unsigned char)value1;
    if(!byteWrite(id,deviceId[id],addr+k+2,value))  return;
                   }
    add= (unsigned char)(4*i);   addr=0x1B+add;
    if(!byteRead(id,deviceId[id],addr,&value))  return;         //Port ID Learning Disable
    value &=0xEF;        value |=0x10;
    if(!byteWrite(id,deviceId[id],addr,value))  return;
    printf("\n Port %d Static MAC Configure Successful! \n",val);
}
void    DelStaticMACMenu(unsigned char *deviceId)
{   unsigned char k,addr,add,id,buffer[4],value;
    unsigned int  i,d,val;
    puts("\n Please Input Port Number Deleted For Static MAC:");
    gets(buffer,4);
    if(!(atoi(buffer)))       return;
       val=atoi(buffer);
    if(val>=1 && val<=8)      { id=0; i=val-1;}
       if(val>=9 && val<=10)  { id=1; i=val-9;}
      //if(val>=17 && val<=24)  { id=2; i=val-17;}
       if(val==0 )     return;
       if(val>=11)     return;
```

```
    for(d = 0;d<16;d++) {   add = (unsigned char)(8 * d); addr = 0x70 + add;
        if(! byteRead(id,deviceId[id],addr + 1,&value))  return;
        //if(value == (unsigned char) (i&0xFF))
        if(value == (unsigned char) ((val - 1)&0xFF))
            { for(k = 0;k<8;k++) {
                if(! byteWrite(id,deviceId[id],addr + k,0x00))      return;
                                }
            }
        }
        add =  (unsigned char)(4 * i);   addr = 0x1B + add;
    if(! byteRead(id,deviceId[id],addr,&value))  return;          //Port ID Learning Enable
         value &= 0xEF;        value |= 0x00;
    if(! byteWrite(id,deviceId[id],addr,value))  return;
      printf("\n Delete Port %d Static MAC  Successful! \n",val);
}
void    ShowStaticMACMenu(unsigned char * deviceId)
{   unsigned char i,addr,add,id,value;
    unsigned int  d,val;
    printf("\n Display Ports Static MAC Address:? [Y/N]");
    id = getchar();
    puts("");
    if(id!='y' && id!='Y')
        return;
    for(id = 0; id<MAXDEV; id++)   {
      for(d = 0;d<16;d++) {
        add = (unsigned char)(8 * d); addr = 0x70 + add;
        if(! byteRead(id,deviceId[id],addr,&value))  return;
           if(! value == 0)  {
                    if(! byteRead(id,deviceId[id],addr + 1,&value))   return;
                    //val =  value + 8 * id + 1;
                    val =  value + 1;        printf("\n  Port %d  ",  val);
                    for(i = 0; i<6; i++) {
                    if(! byteRead(id,deviceId[id],addr + i + 2,&value))  return;
                             printf(" %02bX : ",value);
                            }
                    }
                 }
                        }
     printf("\n  Display Port Static MAC  Successful! \n");
```

```
    }
    void    FlowCtrlMenu(unsigned char * deviceId)
{       unsigned char  ch,id,buffer[4];
        unsigned int  i,d,val,value;
        puts("\n Please Input Port Number:");
        gets(buffer,4);
        if(! (atoi(buffer)))        return;
        val = atoi(buffer);
        if(val>= 1 && val<= 8)     { id = 0; i = val - 1;}
        if(val>= 9 && val<= 10)  { id = 1; i = val - 9;}
        //if(val>= 17 && val<= 24)  { id = 2; i = val - 17;}
        if(val == 0)     return;
        if(val>= 11)  return;
        printf("\n Port %d Flow Control Enable/Disable:? [Y/N]",val);
        ch = getchar();
        puts("");
        switch(ch) {
           case 'n':
               case 'N':
                   d = 0x0000;
               break;
           case 'y':
           case 'Y':
                       d = 0x0C00;
                   break;
               default:
               return; }
                                                                    // MAPPING  (Reg0D.3 .2)
        if(! swRead(id,deviceId[id] + 0x04,0x0E + 2 * i,&value))
              return;
           value &= 0xF3FF;     value |= d;
        if(! swWrite(id,deviceId[id] + 0x04,0x0E + 2 * i,value))
              return;
//if(! phyRead(id,deviceId,i,0x05,&value))  return;
///value |= 0x0400;                                                //enable PHY4.10
//if(! phyWrite(id,deviceId,i,0x05,value))  return;
//    delay(0x1000);
printf("\n Port %d Flow Control done! \n",val);
        }
```

```
void    PortSecurityMenu(unsigned char * deviceId)
{   unsigned char  ch,id,buffer[4];
    unsigned int  i,d,val,value;
    puts("\n Please Input Port Number:");
    gets(buffer,4);
    if(! (atoi(buffer)))       return;
    val = atoi(buffer);
    if(val> = 1 && val< = 8)     { id = 0; i = val - 1;}
    if(val> = 9 && val< = 10)   { id = 1; i = val - 9;}
    //if(val> = 17 && val< = 24)   { id = 2; i = val - 17;}
    if(val == 0)     return;
    if(val> = 11)   return;
    printf("\n Port %d Security On/Off:? [Y/N]",val);
    ch = getchar();
    puts("");
        switch(ch) {
    case 'n':
    case 'N':
            d = 0x0000;
        break;
    case 'y':
    case 'Y':
                d = 0x0040;
            break;
        default:
        return; }
                                                        //  MAPPING  (Reg0D.3 .2)
if(! swRead(id,deviceId[id] + 0x04,0x0D + 2 * i,&value))
            return;
    value &=  0xFFBF;     value | = d;
if(! swWrite(id,deviceId[id] + 0x04,0x0D + 2 * i,value))
                        return;
printf("\n Port %d Security On/Off Control done! \n",val);
        }
 void  LearningAddrMenu(unsigned char * deviceId)
{   unsigned char  ch,id,buffer[4];
    unsigned int  i,d,val,value;
    puts("\n Please Input Port Number:");
        gets(buffer,4);
```

```
    if(!(atoi(buffer)))        return;
    val = atoi(buffer);
    if(val>=1 && val<=8)    { id = 0; i = val - 1;}
    if(val>=9 && val<=10)  { id = 1; i = val - 9;}
    //if(val>=17 && val<=24)  { id = 2; i = val - 17;}
    if(val == 0)    return;
    if(val>=11)  return;
    printf("\n Port %d Source Address Learning Enable/Disable:? [Y/N]",val);
    ch = getchar();
    puts("");
    switch(ch) {
        case 'n':
        case 'N':
                d = 0x0010;
            break;
        case 'y':
        case 'Y':
                        d = 0x0000;
                break;
            default:
            return; }
            //  MAPPING  (Reg0D.3 .2)
    if(! swRead(id,deviceId[id] + 0x04,0x0D + 2 * i,&value))
            return;
        value &=  0xFFEF;     value |= d;
    if(! swWrite(id,deviceId[id] + 0x04,0x0D + 2 * i,valuc))
                            return;
    printf("\n Port %d Source Address Learning Control done! \n",val);
        }
//-----------------------------------------------------------------------------------
//PortEnablemode menu
//Input: pointer of device ID
//Output: none
//-----------------------------------------------------------------------------------
void    PortEnableMenu(unsigned char * deviceId)
{   unsigned char  ch,id,buffer[4];
    unsigned int  i,d,val,value;
    puts("\n Please Input Port Number:");
        gets(buffer,4);
```

```
    if(!(atoi(buffer)))        return;
    val = atoi(buffer);
    if(val>=1 && val<=8)      { id=0; i=val-1;}
    if(val>=9 && val<=10)   { id=1; i=val-9;}
    //if(val>=17 && val<=24)   { id=2; i=val-17;}
    if(val==0)                 return;
    if(val>=11)                return;
    printf("\n Port %d Enable/Disable:? [Y/N]",val);
    ch = getchar();
    puts("");
    switch(ch) {
        case 'n':
        case 'N':
                d=0x0000;
            break;
        case 'y':
        case 'Y':
                    d=0x000C;
                break;
            default:
            return; }
        //  MAPPING  (Reg0D.3 .2)
    if(!swRead(id,deviceId[id]+0x04,0x0D+2*i,&value))
                return;
          value &= 0xFFF3;     value |= d;
    if(!swWrite(id,deviceId[id]+0x04,0x0D+2*i,value))
                           return;
    printf("\n Port %d Enable/Disable Control done! \n",val);
                            }
void    PortfreshMenu(unsigned char *deviceId)
{   unsigned char  id,buffer[4];
    unsigned int  i,val,value1,value;
    puts("\n Please Input Port Number:");
          gets(buffer,4);
    if(!(atoi(buffer)))        return;
    val = atoi(buffer);
    if(val>=1 && val<=8)      { id=0; i=val-1;}
    if(val>=9 && val<=10)   { id=1; i=val-9;}
    //if(val>=17 && val<=24)   { id=2; i=val-17;}
```

```
    if(val == 0)     return;
    if(val>= 11)  return;
    if(! swRead(id,deviceId[id] + 0x04,0x0D + 2 * i,&value))          return;
        value1 = value&0x000C;                    //Mask 00000011 11001111
    if(value1 == 0x0000)       printf(" * 0");
    if(value1 == 0x000C)       printf(" * 1");
    if(! swRead(id,deviceId[id] + 0x04,0x0E + 2 * i,&value))
            return;
            value1 = value&0x03CF;                //Mask 00000011 11001111
    if(value1 == 0x004F)       printf("0");
    if(value1 == 0x0041)       printf("1");
    if(value1 == 0x0042)       printf("2");
    if(value1 == 0x0044)       printf("3");
    if(value1 == 0x0048)       printf("4");
          value1 = value&0x0C00;                  //Mask 00000011 11001111
    if(value1 == 0x0000)       printf("0");
    if(value1 == 0x0C00)       printf("1");
    if(! swRead(id,deviceId[id] + 0x04,0x0D + 2 * i,&value))
            return;
          value1 = value&0x0010;                  //Mask 00000011 11001111
    if(value1 == 0x0000)       printf("1");  //1 - - Enable
    if(value1 == 0x0010)       printf("0");  //0 - - Disable
            value1 = value&0x0040;                //Mask 00000011 11001111
    if(value1 == 0x0000)       printf("0");
    if(value1 == 0x0040)       printf("1");
            value1 = value&0x0080;                //Mask 00000011 11001111
    if(value1 == 0x0000)       printf("0");
    if(value1 == 0x0080)       printf("1");
        }
//-----------------------------------------------------------------
//Portstatusmode menu
//Input: pointer of device ID
//Output: none
//-----------------------------------------------------------------
void    PortstateMenu(unsigned char * deviceId)
{   unsigned char     ch,i,id;
    unsigned int  value1,value;
    printf("\n Portstate Display mode:? [Y/N]");
    ch = getchar();
```

```
puts("");
if(ch!='y' && ch!='Y')
    return;
puts("Enable Speed Flow-C  Address-L Security Broadcast-C");
                                            //Port status   MAPPING  (Reg0E,10...1C)
id=0;
for(i=0; i<8; i++)          {
    printf("\n%02bd:",id*8+i+1);
    if(!swRead(id,deviceId[id]+0x04,0x0D+2*i,&value))
        return;
        value1=value&0x000C;                //Mask 00000011 11001111
if(value1==0x0000)        printf("  Disable");
if(value1==0x000C)        printf("  Enable ");

if(!swRead(id,deviceId[id]+0x04,0x0E+2*i,&value))
        return;
        value1=value&0x03CF;                //Mask 00000011 11001111
if(value1==0x004F)        printf("  Auto   ");
if(value1==0x0041)        printf(" 10M Half ");
if(value1==0x0042)        printf(" 10M Full ");
if(value1==0x0044)        printf(" 100M Half");
if(value1==0x0048)        printf(" 100M Full");
      value1=value&0x0C00;                  //Mask 00000011 11001111
if(value1==0x0000)        printf("  Disable");
if(value1==0x0C00)        printf("  Enable ");
if(!swRead(id,deviceId[id]+0x04,0x0D+2*i,&value))
        return;
        value1=value&0x0010;                //Mask 00000011 11001111
if(value1==0x0000)        printf("  Enable ");
if(value1==0x0010)        printf("  Disable");
        value1=value&0x0040;                //Mask 00000011 11001111
if(value1==0x0000)        printf("    Disable");
if(value1==0x0040)        printf("    Enable ");
        value1=value&0x0080;                //Mask 00000011 11001111
if(value1==0x0000)        printf("  Disable");
if(value1==0x0080)        printf("  Enable ");
                  }
                id=1;
  for(i=0; i<2; i++)          {
```

```
                    printf(" \n%02bd:",id*8+i+1);
    if(! swRead(id,deviceId[id]+0x04,0x0D+2*i,&value))
          return;
          value1 = value&0x000C;                    //Mask 00000011 11001111
    if(value1 == 0x0000)        printf("  Disable");
    if(value1 == 0x000C)        printf("  Enable ");
    if(! swRead(id,deviceId[id]+0x04,0x0E+2*i,&value))
          return;
          value1 = value&0x03CF;                    //Mask 00000011 11001111
    if(value1 == 0x004F)        printf("  Auto   ");
    if(value1 == 0x0041)        printf(" 10M Half ");
    if(value1 == 0x0042)        printf(" 10M Full ");
    if(value1 == 0x0044)        printf(" 100M Half");
    if(value1 == 0x0048)        printf(" 100M Full");
    value1 = value&0x0C00;                          //Mask 00000011 11001111
    if(value1 == 0x0000)        printf("  Disable");
    if(value1 == 0x0C00)        printf("  Enable ");
    if(! swRead(id,deviceId[id]+0x04,0x0D+2*i,&value))
          return;
          value1 = value&0x0010;                    //Mask 00000011 11001111
    if(value1 == 0x0000)        printf("  Enable ");
    if(value1 == 0x0010)        printf("  Disable");
          value1 = value&0x0040;                    //Mask 00000011 11001111
    if(value1 == 0x0000)        printf("     Disable");
    if(value1 == 0x0040)        printf("     Enable ");
          value1 = value&0x0080;                    //Mask 00000011 11001111
    if(value1 == 0x0000)        printf("  Disable");
    if(value1 == 0x0080)        printf("  Enable ");
                                  }
  puts(" \nShow Portstate mode done!");
}
//----------------------------------------------------------------------------
//Broadcast Storm Control  Mode menu
//Input: pointer of device ID
//Output: none
//----------------------------------------------------------------------------
void  ControlStormMenu(unsigned char *deviceId)
 {  unsigned char     id,ch,buffer[4];
    unsigned int     d,i,val,value;
```

```
    puts("\n Please Input Port Number:");
        gets(buffer,4);
    if(!(atoi(buffer)))      return;
    val = atoi(buffer);
    if(val>= 1 && val<= 8)     { id = 0; i = val - 1;}
    if(val>= 9 && val<= 10)    { id = 1; i = val - 9;}
    //if(val>= 17 && val<= 24)   { id = 2; i = val - 17;}
    if(val == 0)    return;
    if(val>= 11)  return;
    printf("\n Broadcast Storm Control Enable/Disable:? [Y/N]");
    ch = getchar();
    puts("");
    switch(ch) {
    case 'n':
    case 'N':
          d = 0x0000;
       break;
    case 'y':
    case 'Y':
              d = 0x0080;
          break;
       default:
       return; }
//ControlStorm MAPPING  (Reg0D,0F...1B.7)
  if(! swRead(id,deviceId[id] + 0x04,0x0D + 2 * i,&value))     return;
      value &=  0xFF7F;    value |= d;
  if(! swWrite(id,deviceId[id] + 0x04,0x0D + 2 * i,value))     return;
      puts("Broadcast Storm Control  configure done!");
}
void  MaxStormMenu(unsigned char * deviceId)
  {   unsigned char    id,ch;
      unsigned int    i,value;
      puts("  1 --- 16   Frames(Maximum number of Broadcast Frames in each input frame buffer");
      puts("  2 --- 32   Frames(Maximum number of Broadcast Frames in each input frame buffer");
      puts("  3 --- 48   Frames(Maximum number of Broadcast Frames in each input frame buffer");
      puts("  4 --- 64   Frames(Maximum number of Broadcast Frames in each input frame buffer");
      ch = getchar();
      switch(ch) {
         case '1':
```

```
                i = 0x0000;
            break;
        case '2':
                i = 0x0010;
            break;
        case '3':
        i = 0x0020;
        break;
        case '4':
        i = 0x0030;
        break;
    default:
        return; }
//MaxAge MAPPING  (Reg01)
for(id = 0; id<MAXDEV; id++) {
if(! swRead(id,deviceId[id] + 0x04,0x01,&value))
          return;
    value &=  0xFFCF;     value | = i;
if(! swWrite(id,deviceId[id] + 0x04,0x01,value))
                    return;}
puts(" Maximum number of Broadcast Frames  configure done!");
}
//--------------------------------------------------------------------------
//Switch Table Entry Aging Control Mode menu
//Input: pointer of device ID
//Output: none
//--------------------------------------------------------------------------
void  AgeControlMenu(unsigned char * deviceId)
 {  unsigned char    id,ch;
    unsigned int    i,value;
    printf("\n Switching Table Entry Aging Control Enable:? [Y/N]");
    ch  =  getchar();
    puts("");
    switch(ch) {
       case 'n':
           case 'N':
                i = 0x0000;
           break;
       case 'y':
```

```
        case 'Y':
                        i = 0x1000;
                break;
            default:
            return; }
    //MaxAge MAPPING  (Reg00.12)
    for(id = 0; id<MAXDEV; id ++ ) {
        if(! swRead(id,deviceId[id] + 0x04,0x00,&value))
                return;
            value &= 0xEFFF;    value | = i;
        if(! swWrite(id,deviceId[id] + 0x04,0x00,value))
                                return;}
            puts("Switch Table Entry Aging Control  configure done!");
}
//----------------------------------------------------------------------
//Maximum age for dynamically learned MAC entries Mode menu
//Input: pointer of device ID
//Output: none
//----------------------------------------------------------------------
void  MaxAgeMACMenu(unsigned char * deviceId)
{   unsigned char    id,ch;
    unsigned int    i,value;
    puts("  1 -- 1 second(Maximum age for learned MAC entries)");
    puts("  2 -- 32 second(Maximum age for learned MAC entries)");
    puts("  3 -- 64 second(Maximum age for learned MAC entries)");
    puts("  4 -- 128 second(Maximum age for learned MAC entries)");
    puts("  5 -- 256 second(Maximum age for learned MAC entries)");
    ch = getchar();
    switch(ch) {
        case '1':
                i = 0x0000;
            break;
        case '2':
                        i = 0x2000;
                break;
        case '3':
            i = 0x4000;
            break;
        case '4':
```

```
            i = 0x8000;
            break;
        case '5':
            i = 0xFF00;
            break;
        default:
            return; }
//MaxAge MAPPING  (Reg01)
for(id = 0; id<MAXDEV; id++) {
    if(! swRead(id,deviceId[id] + 0x04,0x01,&value))
            return;
        value &= 0x00FF;    value |= i;
    if(! swWrite(id,deviceId[id] + 0x04,0x01,value))
                        return;}
            puts("Maximum Age for dynamically learned MAC entries configure done!");
}
//----------------------------------------------------------------------------------
//Speed and mode menu
//Input: pointer of device ID
//Output: none
//----------------------------------------------------------------------------------
void    speedMenu(unsigned char * deviceId)
{
    unsigned char    ch,i,display,id;
    unsigned int    value,value1;
    puts("\nChoose number for the following modes:");
    puts("  0 -- Master Mode Auto - negotiation");
    puts("  1 -- Force   10 Half Duplex Mode");
    puts("  2 -- Force   10 Full Duplex Mode");
    puts("  3 -- Force 100 Half Duplex Mode");
    puts("  4 -- Force 100 Full Duplex Mode");
    puts("  A -- All port to Master Mode Auto - negotiation");
    puts("  Other key for skip");
    puts("");
    for(id = 0,display = 1; id<MAXDEV; id++) {
        for(i = 0; i<8; i++) {
            if(i + 8 * id + 1 == 11)        return;
            if(! swRead(id,deviceId[id] + 0x04,0x0E + 2 * i,&value))
                return;
```

```
        value1 = value;
value &= 0xFC10;        //Mask 11111100 00010000        MDIO
        printf("Port %02bd?",id * 8 + i + 1);
if(display)
    ch = getchar();
    else {
        printf("0");
        ch = ´0´;
    }
switch(ch) {
    case ´a´:
    case ´A´:
        display = 0;
    case ´0´:
        value |= 0x004F;    //Enable XXXXXX00 01XX1111
        puts(" ... Auto - negotiation");
        break;
    case ´1´:
        value |= 0x0041;    //Enable XXXXXX00 01XX0001
        puts(" ... Force  10 Half Duplex Mode");
        break;
    case ´2´:
        value |= 0x0062;    //Enable XXXXXX00 01XX0010     MDIO  Disable
        puts(" ... Force  10 Full Duplex Mode");
        break;
    case ´3´:
        value |= 0x0044;    //Enable XXXXXX00 01XX0100
        puts(" ... Force 100 Half Duplex Mode");
        break;
    case ´4´:
        value |= 0x0068;    //Enable XXXXXX00 01XX1000     MDIO  Disable
        puts(" ... Force 100 Full Duplex Mode");
        break;
    case 0x0D:
    case 0x0A:
                value = value1;
        break;
    default:
                value = value1;
```

```
                    puts(" ... Skip");
                    break;
                }
                if(! swWrite(id,deviceId[id] + 0x04,0x0E + 2 * i,value))
                    return;
                reAutoNego(id,deviceId[id] + 0x04,i);
            }
        }
        delay(0xf000);
        for(id = 0; id<MAXDEV; id++)
            for(i = 0; i<8; i++)
                reAutoNego(id,deviceId[id] + 0x04,i);
}
```


14.9 调试及结果

1. 调试所需仪表

- 带 10/100M 网卡的 PC 机两台。
- 直连网线两根。
- 220 V 输入、5 V/3.3 V 输出的电源模块一块。
- 三芯电源线一根。
- 串口线一根。
- 示波器一台。
- SmartBits2000 测试仪。
- Netcom 公司 SmartBits2000(可选)。
- VDSL 调制解调器一个。

2. 调测步骤

① 排除电路板上的短路、断路故障(主要检查电源与地是否短路)。

② 将烧有程序的 EEPROM 插在 24C02 的位置和烧有 WIT.HEX 程序的单片机插在 W77E58 的位置,然后连接好电源,观察电源指示灯是否正常,并用数字万用表或示波器测量 3.3 V 和 5 V 的电压值是否正常,电压值可以偏离+/-0.2 V。然后按图 14-24 用直连线连接好交换机与 PC。

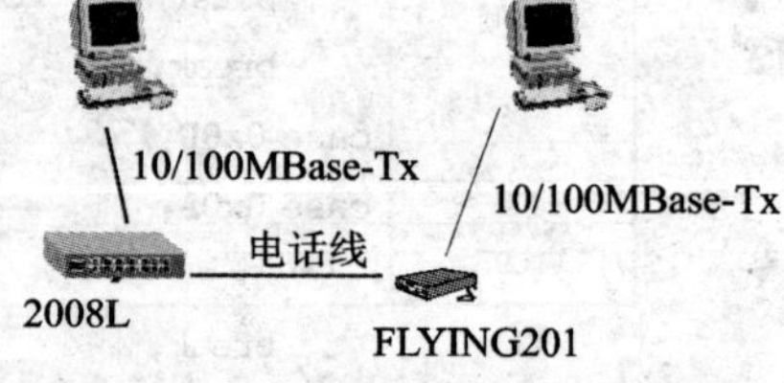

图 14-24 测试系统配置图

③ 连接好系统后,可以观察端口指示灯的状态来判

断线路的连接情况。如果连接正常，则两台 PC 应能 ping 通，现象如图 14－25 所示。

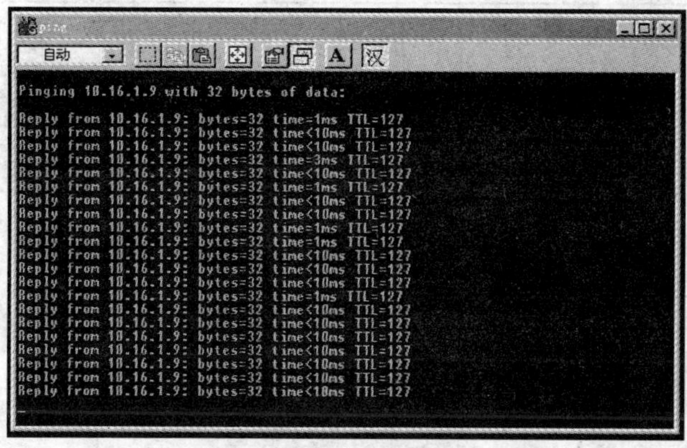

图 14－25 两端口连通测试

3. 性能测试

采用 SmartBits 测试系统配置图如图 14－26 所示。

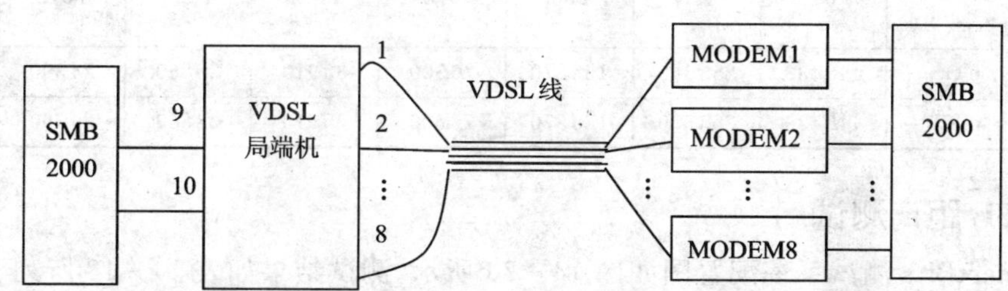

图 14－26 测试系统配置图

这里对交换机进行了常温下性能测试，测试仪表为 SMB2000，测试了通透率、延时、丢包率和背靠背 4 项。测试结果如表 14－8～表 14－11 所列。

表 14－8 局端—远端的通透率　　单位：pps

帧长 / 温度	64	128	256	512	1024	1280	1518
0℃	14881	8446	4529	2350	1197	961	812
45℃(95%)	14881	8446	4529	2350	1197	961	813

测试结果：通透率达到 10%。

表 14-9　局端—远端的延时　　单位：μs

温度 \ 帧长	64	128	256	512	1024	1280	1518
0℃	294.2	423.7	598.8	992.4	1743.6	2163.2	2495.6
45℃	431.5	515.8	754.4	1013.1	1776.3	2164.2	2516.3

表 14-10　局端—远端的丢包率　　单位：%

温度 \ 帧长	64	128	256	512	1024	1280	1518
0℃	0	0	0	0	0	0	0
45℃	0	0	0	0	0	0	0

注：测试的包速率为线速包速率的 10%。

表 14-11　局端—远端的背靠背　　单位：30 s

温度 \ 帧长	64	128	256	512	1024	1280	1518
0℃	446430	253380	135870	70500	35910	28860	24390
45℃	446430	253380	135870	70500	35910	28860	24390

4. VDSL 距离测试

采用 SmartBits 测试系统配置图如图 14-26 所示，测试结果如表 14-12 所列。

表 14-12　测试记录

线长/m	400	800	1000	1200	1500
能否正常工作	√	√	√	×*	×*

注：√表示设备能正常工作；×*表示设备不能正常工作。

测试结果：线长在 1000 m 时，设备能正常工作(偶尔有少许误帧出现)；线长为 1200 和 1500 m时连接不上，设备不能正常工作。

第15章

移动通信直放站系统的监控单元的设计

15.1 目的和意义

随着 CDMA 移动通信网络的迅速发展和用户的日益扩大，新技术和新业务的开发和应用已提到十分重要的位置。为了消除 CDMA 公网信号盲区，延伸覆盖范围，需要在一些偏远的地区或在不具备直放站建设条件、话务较少的地方设置直放站。由于这些地区交通、通信等的局限，直放站的维护变得十分困难。直放站经常出现的问题是：交流电源系统；温度变化对直放站的影响；电子器件参数变化对放大器放大倍数的影响等。以往直放站出现问题，维修人员不可能迅速赶到现场排除故障，多数是通过用户反馈后才能解决。设计了直放站的监控系统，可以实现对直放站系统的近端、远端的监控、管理、维护等功能。

15.2 关键器件及设备

- 光远端控制模块。
- 光近端控制模块。

15.3 直放站系统相关知识

1. 直放站的定义

直放站（中继器）属于同频放大设备，是指在无线通信传输过程中起到信号增强的一种无线电发射中转设备。直放站的基本功能就相当于一个射频信号功率增强器。直放站在下行链路中，在施主天线现有的覆盖区域中拾取信号，通过带通滤波器对带通外的信号进行极好地隔离，将滤波的信号经功放放大后再次发射到待覆盖区域。在上行链接路径中，覆盖区域内的移动台手机信号以同样的工作方式由上行放大链路处理后发射到相应基站，从而达到基站与手机信号间的传递。

直放站是一种中继产品，衡量直放站好坏的指标主要有智能化程度（如远程监控等）、低

IP3(国家无线电管理委员会规定小于-36 dBm)、低噪声系数(NF)、整机可靠性、良好的技术服务等。使用直放站作为实现“小容量、大覆盖”目标的必要手段之一,主要是由于使用直放站一是在不增加基站数量的前提下保证网络覆盖,二是其造价远远低于有同样效果的微蜂窝系统。直放站是解决通信网络延伸覆盖能力的一种优选方案,它与基站相比有结构简单、投资较少和安装方便等优点,可广泛用于难于覆盖的盲区和弱区,如商场、宾馆、机场、码头、车站、体育馆、娱乐厅、地铁、隧道、高速公路、海岛等各种场所,可以提高通信质量,解决掉话等问题。直放站属于同频放大设备,是指在无线通信传输过程中起到信号增强的一种无线电发射中转设备。

2. 直放站的种类与类型

(1) 移动通信直放站的种类

- 从传输信号分,有GSM直放站和CDMA直放站。
- 从安装场所来分,有室外型机和室内型机。
- 从传输带宽来分,有宽带直放站和选频(选信道)直放站。
- 从传输方式来分,有直放式直放站、光纤传输直放站和移频传输直放站。

(2) 移动通信直放站的类型

- GSM移动通信直放站。
- CDMA移动通信直放站。
- GSM/CDMA光纤直放站。

3. 移动通信直放站的构成

1) 直放式直放站

下行从基站接收信号,经放大后向用户方向覆盖;上行从用户接收信号,经放大后发送给基站。为了限带,加有带通滤波器。

2) 选频式直放站

为了选频,将上、下行频率下变频为中频,进行选频限带处理后,再上变频恢复上、下行频率。

3) 光纤传输直放站

将收到的信号,经光电变换变成光信号,传输后又经电光变换恢复电信号再发送。

4) 移频传输直放站

将收到的频率上变频为微波,传输后再下变频为原先收到的频率,放大后发送出去。

5) 室内直放站

室内直放站是一种简易型的设备,其要求与室外型机是不一样的。

15.4 光纤直放站的工作原理

室内光纤站系统的主设备有光局端机及光远端机,其原理结构图如图15-1所示(这里系统配置以一拖四为例)。

局端机标准配置由一个环形双工器、一个上行滤波器、一个下行滤波器、3 个电合路器、一个光发盘、两个光收盘及电源单元组成。具体组成根据实际情况有所变化,例如实际系统配置为一个局端机拖带两台远端机,则光分路器的型号由 1∶4 改为 1∶2,局端光收盘只要一个,电合路器也要相应地减去一个。

远端机由远端光盘、两个上行滤波器、两个下行滤波器、下行功放、上行低噪放和一个环形双工器组成。

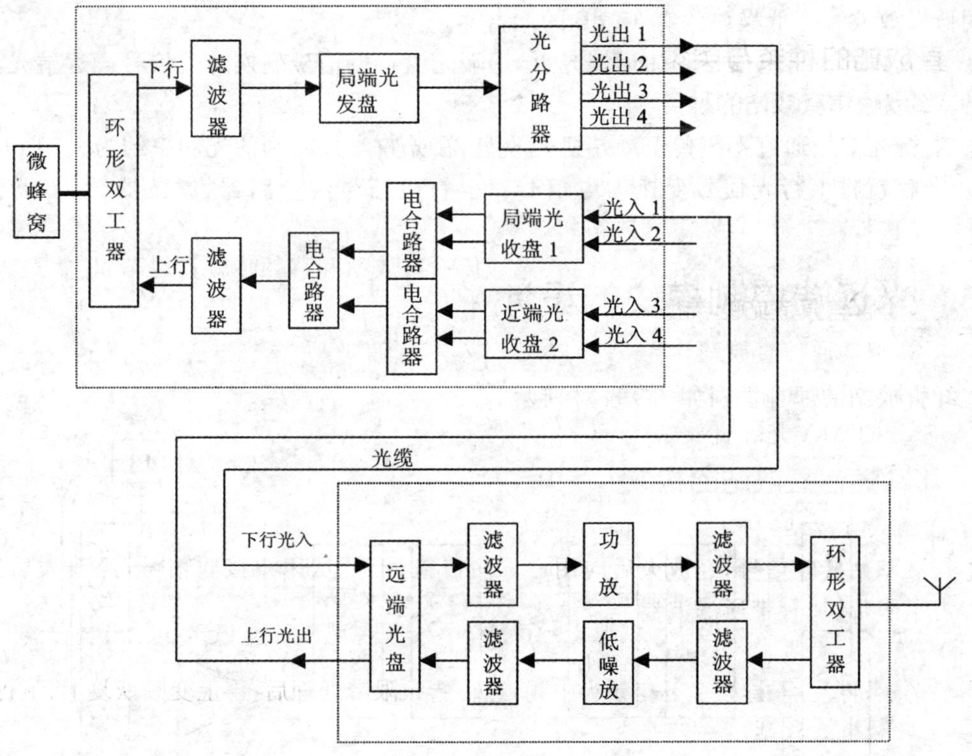

图 15-1　直放站原理框图

1. 下行信号处理过程

① 下行电信号以有线接入方式从微蜂窝引入。引入信号强度应在 0～-10 dBm 之间,而微蜂窝输出一般在 30 dB 以上,因此实际上微蜂窝与局端机之间接有电衰减器或电耦合器。

② 下行信号经环形双工器、滤波器进入局端光发盘。环形双工器可以有效地消除上下行信号之间的串扰。

③ 局端光发盘将电信号转变为光信号,此时光信号强度约为-10 dBm。

④ 光信号被光分路器分成多路光信号，然后通过光缆分别送至各远端机。

⑤ 远端机的光盘将局端机传来的下行光信号(强度约为－15 dBm)变换为电信号。

⑥ 电信号经功放放大后由重发天线发射至目标覆盖区域空间供移动终端接收，功放的输出信号约为＋30 dBm。由于有线接入的信号强度较高且噪声低，故此功放前面无需低噪放。

2. 上行信号的处理过程

① 天线接收移动终端的上行电信号，经双工器、滤波器传至上行低噪声放大器。

② 上行低噪放对上行电信号进行放大。由于上行电信号是由空中接收得到，噪声较大，因而用低噪放放大。低噪放约有 40 dB 的增益。

③ 经放大的上行电信号到达远端光盘，远端光盘将电信号变换为光信号。远端光盘的输出光功率约为－15 dBm。

④ 上行光信号通过光缆传至局端机光收盘，在光收盘处收到的光功率约为－20 dBm。

⑤ 光收盘将上行光信号变换为电信号。上行电信号经合路器、滤波器、双工器传至微蜂窝。

15.5　光远端控制模块的设计

光纤直放站的原理框图如图 15－2 所示。

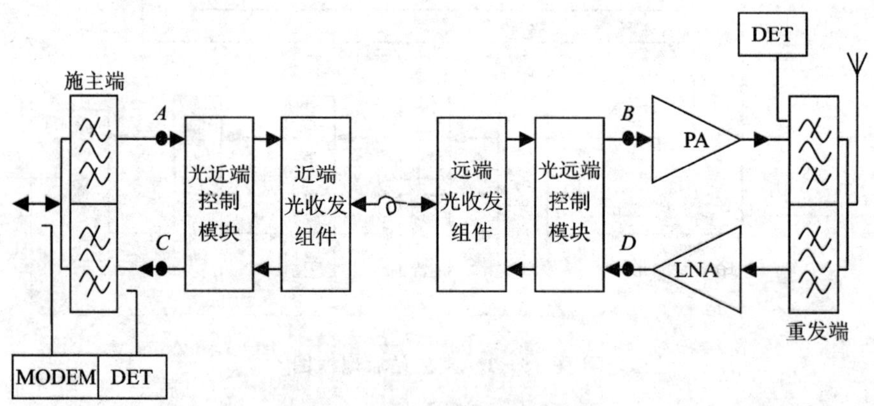

图 15－2　光纤直放站原理框图

15.5.1　光远端控制模块的框图

光远端控制模块的工作原理框图如图 15－3 所示，它包含以下几个功能：

- 上下行链路增益控制及滤波。
- FSK 通信。

➢ RS485 通信。

➢ 光收发组件监控。

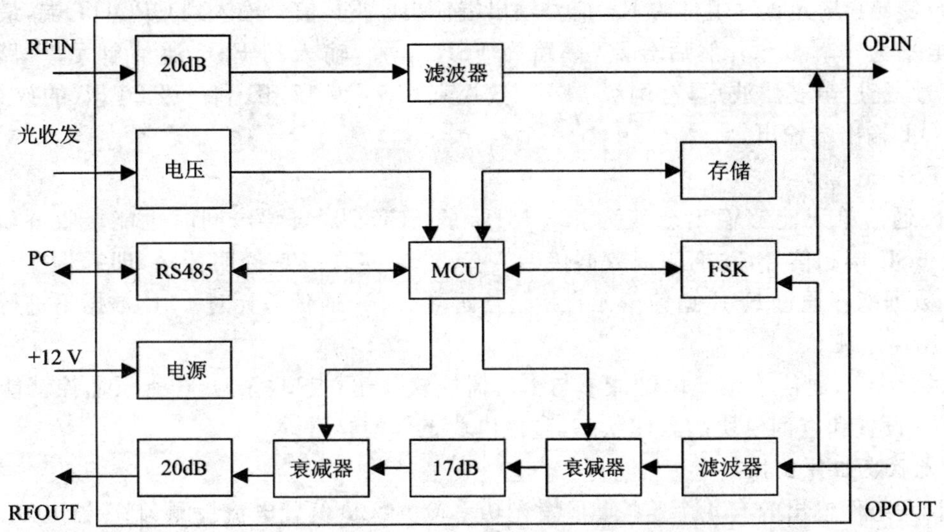

图 15-3 光远端控制模块原理框图

上下行链路的功率分配情况如下:PA 的增益为 50 dB,LNA 的增益为 55 dB,所以为了保持上下行的链路平衡,A→B 下行链路增益比 D→C 上行链路增益大 5 dB,即 GAB=GCD+5 dB。

基站天线的功率为+40～+45 dBm,使用耦合器把基站信号耦合到光纤直放站的施主端,图 15-2 中的 A 点功率(即光局端模块的输入功率)PA≈0 dBm。

直放站的功放最大输出功率为+45 dBm,所以要求图 15-2 中的 B 点功率 PB≤-5 dBm。

综上所述,下行链路的光收发模块的最大增益为-5 dB,所以上行链路的最大增益为-10 dB。

光收发组件的输入输出关系已经确定,即当 LD 的 RF 信号输入为 0 dBm,发光功率为+3 dBm;而 PIN 的收光功率为-3 dBm 时,RF 输出为-9 dBm。也就是说,当光收发组件采用光纤直连时,将有 3 dB 的增益。

根据上述几点就可以确定光远端控制模块的增益。对上行链路,其增益为链路插入损耗和 20 dB 放大,总计为 16 dB 增益;对下行链路,与光局端控制模块保持链路平衡,则光远端控制模块的下行链路增益可以设为 25 dB,而且增益可控制。综合考虑,光远端控制模块主要由 4 个部分组成。

1) 上下行链路增益控制及滤波

上行链路:从 LNA 输出的信号输入到 RFIN 端,信号功率电平为-20 dBm,经过一级

20 dB的放大和一个声表滤波，然后和 FSK 信号合路，在 OPIN 端口输出到光收发组件的 RF 信号输入端。

下行链路：从光收发组件的 RF 信号输出端输出的 RF 信号输入到 OPOUT 端，最大的信号功率电平为－9 dBm。然后分路，一路为 FSK 信号，输入到 FSK 通信单元；一路为 800 MHz 信号，经过声表滤波后，有两级 31 dB 数控衰减、一级 17 dB 和一级 20 dB 的放大，最后在 RFOUT 输出端输出。

2）FSK 通信

FSK 通信单元能够输出载波为 433 MHz 的 FSK 调制信号，同时也能接收并解调 433 MHz 的 FSK 调制信号，并把解调数据传给 MCU。它实现的是透明传输，即远端 MCU 传输的 FSK 数据能够通过 FSK 通信单元直接传给远端，FSK 通信单元对 FSK 数据不进行处理。

3）RS485 通信

通过 RS485 通信单元，MCU 能够与上层监控软件建立起联系，这样上层监控就能够控制底层模块，设置和查询模块的工作状态，监控模块工作的异常。

4）光收发组件监控

光收发组件输出的有 4 个监控量：发光功率检测、LD 偏置电流检测、制冷器电流、收光功率检测。这 4 个监控量通过光远端控制模块的 DB9 母头接口输入到电压检测单元，检测结果送给 MCU 进行处理。

15.5.2　性能指标

具体指标如表 15－1 所列。

表 15－1　具体指标

项　目	指标要求
频率范围	825 MHz～835 MHz(上行)，870 MHz～880 MHz(下行)
最大增益	16 dB(上行)，25 dB(下行)
带内波动	<1 dB
增益调节范围	>50 dB
增益调节步长	1 dB
增益调节误差	增益调节步长误差为≤±0.5 dB/步长；在 0～20 dB 范围内总误差≤±1 dB，大于 20 dB 时总误差≤±1.5 dB
互调	>60 dBc(输出为－5 dBm/ch1/ch2)(下行)
隔离度	>40 dBc(上行)

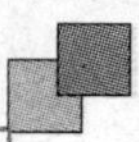

续表 15 - 1

项　目			指标要求
杂散发射	每载频带外	$\Delta f \geqslant 750$ kHz	$\leqslant -45$ dBc/30 kHz(下行)
		$\Delta f \geqslant 1.98$ MHz	$\leqslant -65$ dBc/30 kHz(下行)
	工作频带内		$\leqslant -70$ dBm/30 kHz(下行)
驻波比	输入		<1.4
	输出		<1.4

15.5.3　模块整体电路

模块原理电路如图 15 - 4 所示，其中，各主要芯片功能如下：

- MAX1487　可组成差分平衡系统，抗干扰能力强，接收器可检测低达 200 mV 的信号，是一种高速、低功耗、控制方便的异步通信接口芯片。
- X5045　由美国 Xicor 公司新研制生产，X5045 监控电路集上电复位、看门狗定时器、电源电压监控、分块保护的 EEPROM 于一体，是解决单片机系统中抗干扰和数据长期可靠保存等问题的首选器件，特别适合在单片机测控系统中应用。
- TLC1543　是由 TI 公司开发的开关电容式 A/D 转换器。该芯片与单片机的接口采用串行接口方式，引线很少，与单片机连接简单，可将模拟电压的模拟量转化为 0000～1024之间的数字量。

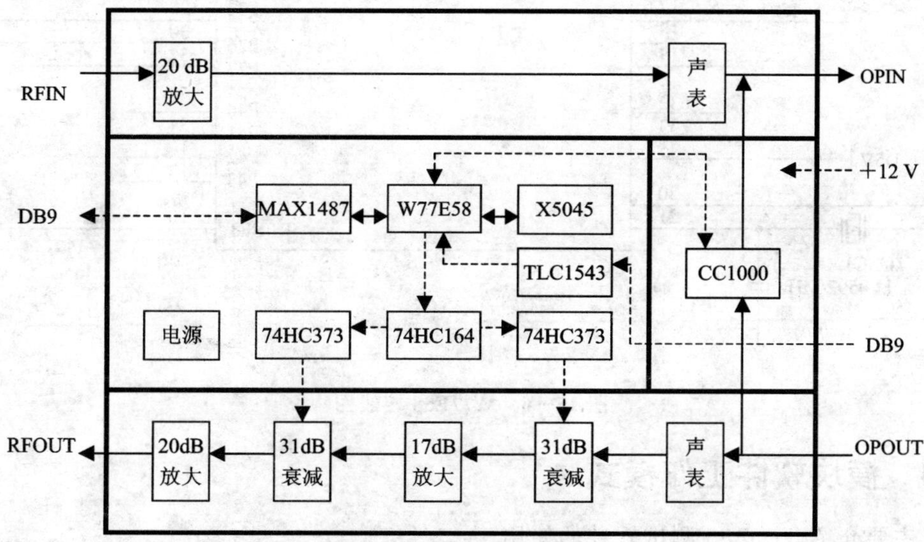

图 15 - 4　模块原理电路

- 74HC373　该芯片用于 I/O 口扩展，并可以作为地址锁存器。
- 74HC164　串入并出芯片，物理层芯片 RT8208 可以通过串行移位寄存器 74HC164 外接 LED 发光管显示每个网络端口的状态。
- CC1000　是 Chipcon 公司推出的单片可编程 RF 收发芯片，它基于 Chipcons Smart RF 技术，可工作在 ISM 频段(300 MHz～1 000 MHz)。CC1000 集成了射频发射、射频接收、PLL 合成、FSK 调制解调、可编程控制等多种功能。

与图 15－4 相对应的电路原理图如图 15－5(参见本书所附光盘)所示，其核心芯片 W77E58 的引脚接线如图 15－6 所示。

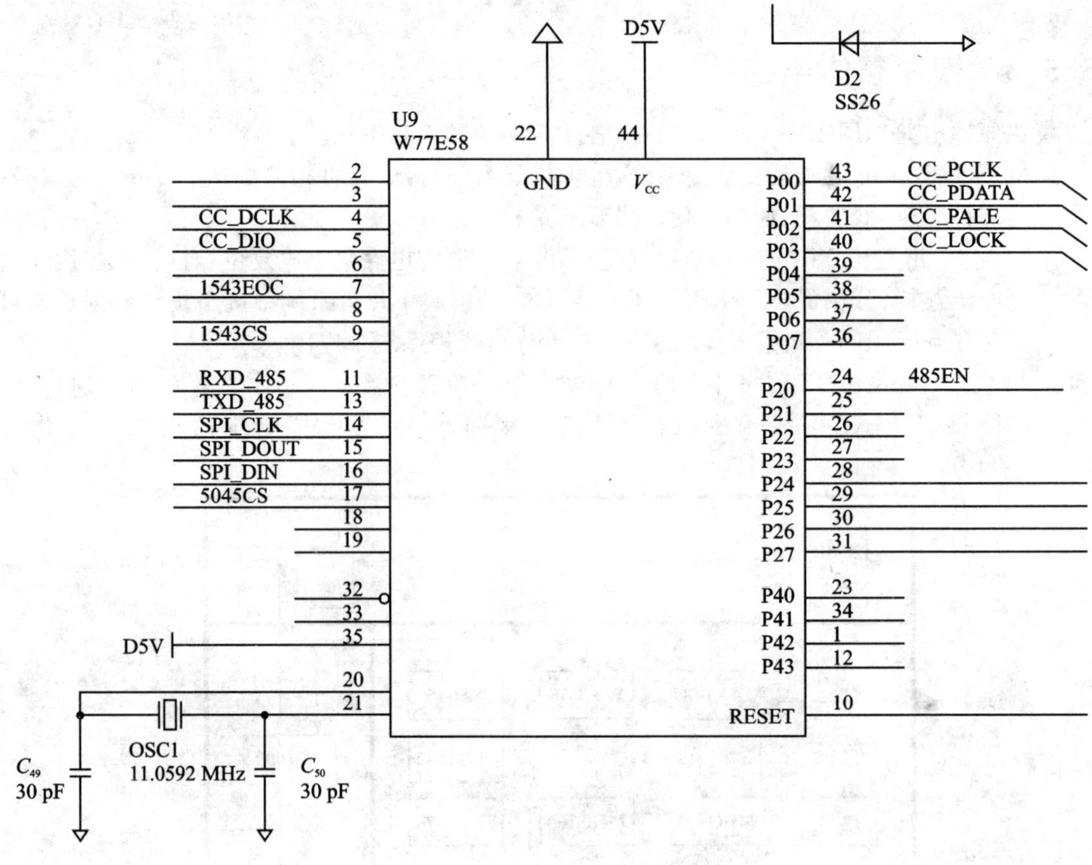

图 15－6　W77E58 接线图

15.5.4　模块软件工作模式

这里主要介绍 Test485 测试软件的使用。

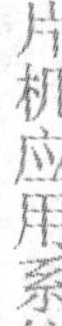

(1) 串口设置

在进行调试之前，首先要进行串口设置，设置界面如图 15－7 所示。

(2) 地址设置

对各模块首先要进行模块地址设置，设置地址的界面如图 15－8 所示。模块类型选为光盘，模块地址设为 0。

图 15－7　串口设置界面

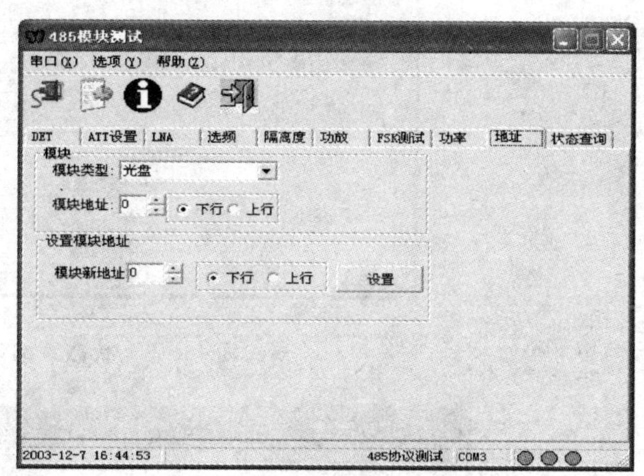

图 15－8　地址设置界面

(3) 状态查询

通过状态查询可以查询模块当前的工作状态，状态查询设置界面如图 15－9 所示。模块类型选为光盘，模块地址选为 0。单击“查询”按钮，在“模块状态”项里就可以看到模块当前的工作状态。

(4) ATT 设置

光远端控制模块的 ATT 设置功能对应于下行链路，即 OPOUT→RFOUT。

1) 模块最大增益设置

光盘的最大增益设置和增益校准的界面与 LNA 的界面相同，它们通过模块类型来区别，如图 15－10 所示。模块类型选为光盘，模块地址选为 0。单击“模块最大增益设置”项的“设置”按钮，则得到将模块中两级 ATT 衰减为 0 时的模块最大增益。光远端控制模块的最大增益一般为 30 dB。

2) 模块最大增益校准

设置界面如图 15－10 的“模块增益校准”项所示。该项的含义是进行系统设计所要求的模块最大增益，称为校准后的模块最大增益。增加的 ATT 值是为了将模块最大增益调整到校准后的模块最大增益。该值是一个预衰量，对衰减器的操作值应该是从监控盘发来的设置值再加上这个预衰量。

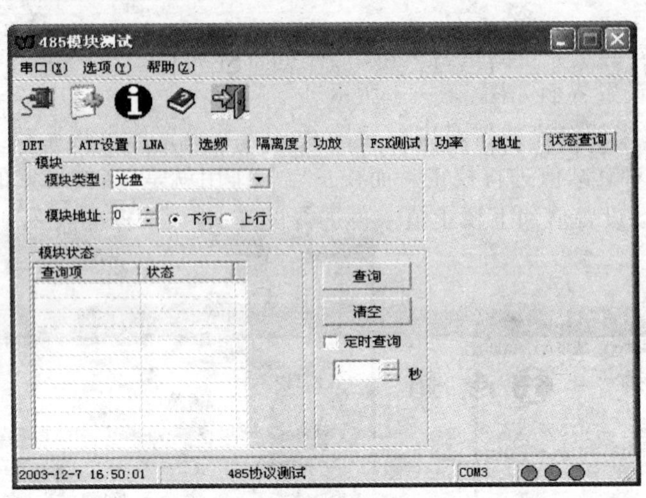

图 15-9　状态查询设置界面

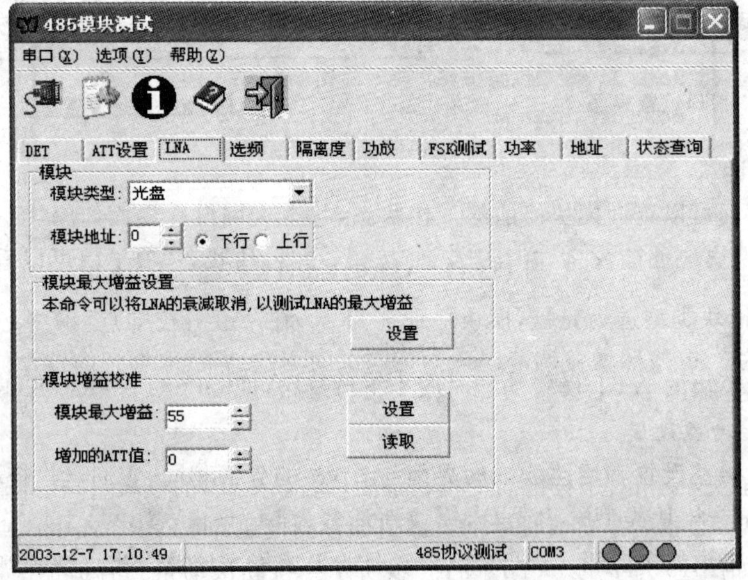

图 15-10　模块测试设置界面

光远端控制模块下行的最大增益为 30 dB，校准后的模块最大增益为 25 dB，所以增加的 ATT 值应为 5 dB。单击“设置”按钮完成模块增益校准，单击“读取”按钮完成校准参数的读取。

3）设置 ATT 校准点

ATT 校准点的设置界面如图 15－11 所示。

校准点的意义：当两级衰减器对应的实际衰减值与设置值出现比较大的误差时，例如误差大于 1 时，就需要对衰减值进行校正。而校正点的作用就是，当要设置的 ATT 值在校准点 1 与校准点 2 之间时，设置值加上校正值 1 再进行设置；若大于校准点 2，则加上校准正值 2 进行设置；否则不变。

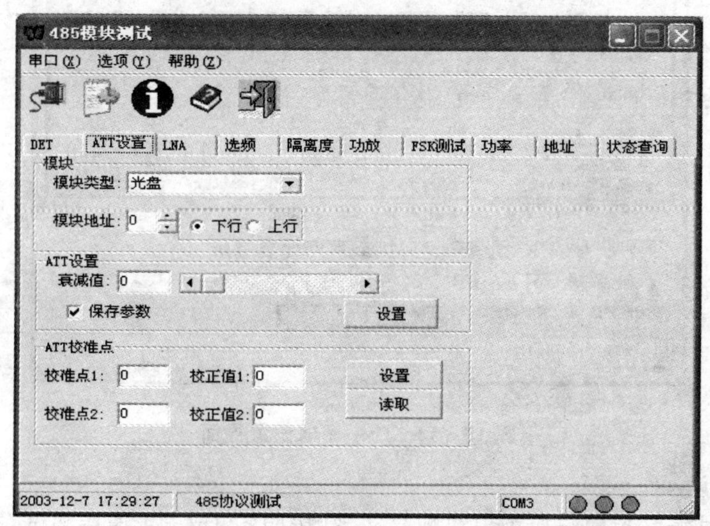

图 15－11 ATT 校准点设置界面

如图所示，模块类型选为光盘，模块地址选为 0。在“ATT 校准点”项中，光盘的校准点 1 为 8，校准点 2 为 32。按照增益调节误差指标测试的测试结果，取合理的校正值 1 和校正值 2，来对 ATT 设置进行校正。

4）ATT 设置

该衰减值的意义：相对于校准后的模块最大增益（25 dB）的衰减量，在此最大增益的基础上往下衰。保存参数指的是对所设置的衰减值保存到模块的 EEPROM 中。

ATT 设置如图 15－11 的“ATT 设置”项所示。拉动滚动条到合适的衰减值，然后单击“设置”按钮，就可以成功设置 ATT 值了。需要注意的是，由于模块有预衰量，所以“ATT 设置”的衰减调节范围就达不到 62 dB，超出范围的统一按最大衰减设置。

（5）FSK 测试

1）全“1”（全“0”）测试

图 15－12 FSK 测试连接图

按图 15－12 所示连接频谱仪，中心频率设为 433.92 MHz，SPAN 设为 2 MHz。发送全“1”时，应该看到

433.954 MHz的点频信号。

FSK测试的界面如图15-13所示，其中模块类型选择“光盘”，模块地址选为0。在“0/1测试”项选择“全1测试”，然后单击“设置”按钮，就可以进行全“1”测试。

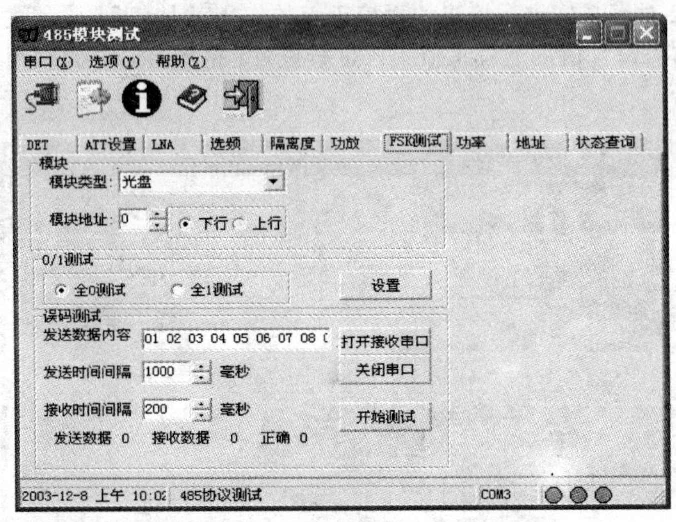

图15-13 FSK测试设置界面

2) 误码率测试

这个测试项目需要光局端控制模块配合实现，按照图15-14连接测试系统。

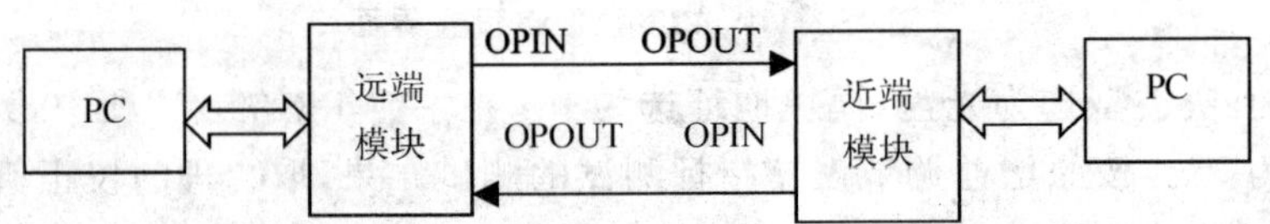

图15-14 误码率测试连接图

首先要进行串口设置，远端已经设置为COM1了，单击“误码测试”项的“打开接收串口”按钮，则弹出如图15-15所示的局端串口设置窗口，串口选择COM2，波特率选择19200。

发送时间间隔为1 000 ms，接收时间间隔为200 ms，单击“开始测试”按钮开始进行误码率测试，在“误码测试”项中可以看到远端发送数据的个数以及远端接收数据的个数。根据统计的正确率，就可以得到模块FSK通信的误码率了。

3) FSK发送功率设置

根据工程需要有时需要调整FSK通信的载波发射功率，则模块类型选为光盘，模块地址选为0，发送功率的设置范围为－30 dBm～－10 dBm，默认值为－20 dBm。通常发送功率设置为－20 dBm，单击“设置”按钮，就可以成功设置发送功率了。

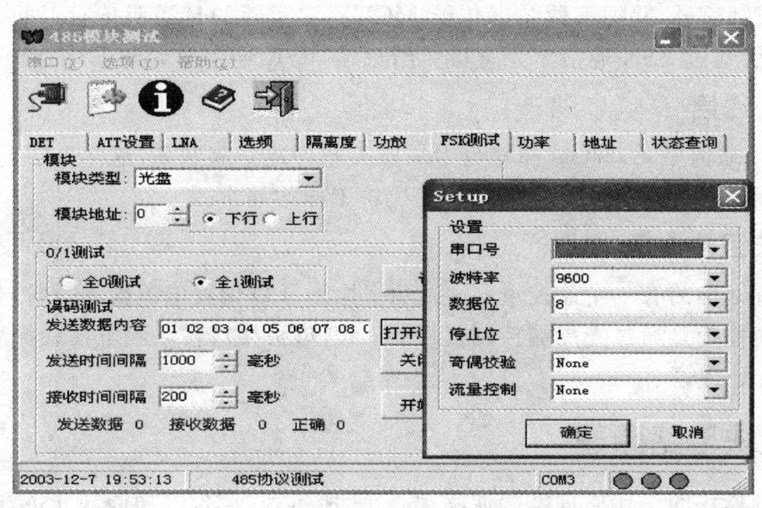

图 15－15　局端窗口设置界面

15.6　光局端控制模块的设计

15.6.1　光局端控制模块的组成

光局端控制模块在光纤直放站的作用与光远端控制模块类似，根据 15.5.1 内容可以确定光局端控制模块的增益。对下行链路，其增益为链路插损，即滤波器的插损，大约为－4 dB；对上行链路，由于基站的底噪要求为－174 dBm/Hz，若基站耦合器采用 40 dB 耦合器，则光局端控制模块的底噪输出必须小于－134 dBm/Hz，而光收发组件的底噪要求为－135 dBm/Hz，所以光局端控制模块的上行链路增益可以设为 0 dB，而且增益可控制。综合考虑，光局端控制模块主要由 4 个部分组成。

1. 上下行链路增益控制及滤波

下行链路：从基站耦合过来的信号输入到 RFIN 端，信号功率电平为 0 dBm，经过一个声表滤波，然后和 FSK 信号合路，在 OPIN 端口输出到光收发组件的 RF 信号输入端。

上行链路：从光收发组件的 RF 信号输出端输出的 RF 信号输入到 OPOUT 端，最大的信号功率电平为－9 dBm。然后分路，一路为 FSK 信号，输入到 FSK 通信单元；一路为 800 MHz 信号，经过声表滤波后，有两级 31 dB 数控衰减和一级 14 dB 的放大，最后在 RFOUT 输出端输出。

2. FSK 通信

FSK 通信单元能够输出载波为 433 MHz 的 FSK 调制信号，同时也能接收并解调 433

MHz 的 FSK 调制信号，并把解调数据传给 MCU。它实现的是透明传输，即局端 MCU 传输的 FSK 数据能够通过 FSK 通信单元直接传给远端，FSK 通信单元对 FSK 数据不进行处理。

3. RS485 通信

通过 RS485 通信单元，MCU 能够与上层监控软件建立起联系，这样上层监控就能够控制底层模块，设置和查询模块的工作状态，监控模块工作的异常。

4. 光收发组件监控

光收发组件输出的有 4 个监控量：发光功率检测、LD 偏置电流检测、制冷器电流、收光功率检测。这 4 个监控量通过光局端控制模块的 DB9 母头接口输入到电压检测单元，检测结果送给 MCU 进行处理。

15.6.2 模块电路原理

光局端控制模块的工作原理框图如图 15－16 所示，它包含的功能同光远端控制模块。

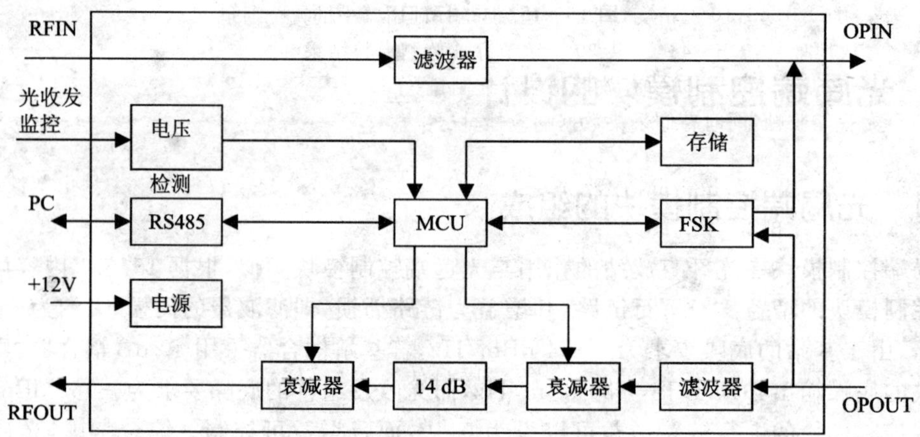

图 15－16　光局端控制模块原理图

模块整体电路方案及结构布置如图 15－17 所示，与之对应的电路原理如图 15－18（参见本书所附光盘）所示，其核心芯片 W77E58 的引脚接线图如图 15－19 所示。

15.6.3 模块软件工作模式

光局端控制模块的软件工作模式与光远端控制模块类似。

15.7 参考程序

监控单元远端的参考程序如下：

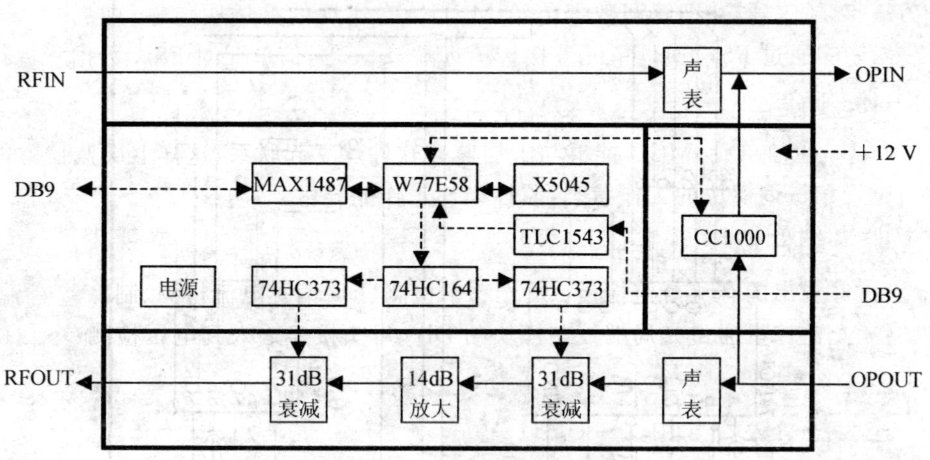

图 15-17　模块电路结构布置

```
//A/D 采集用 tlc1543,10 位精度,11 个通道,但是只利用其中的 4 个通道 5,6,7,8
//30H --存放地址号,31H～44H --共 20 个字节存放监测模数结果
//4eh,4fh - delay, 50H～58H --存放控制端及控制量
//30H 开始存储收帧,同时存储采集数据响应帧
;*************************
b_DAFini        bit     0h
DC5VT           BIT     P3.4
b_HeadRec       bit     1h
b_Rec3FE        BIT     3H
b_RecOrder      bit     2h
//************************ 25043 eeprom
cs              bit     p3.5              //chip select
so              bit     p3.2              //serial output
siRom           bit     p3.6              //serial input
sck             bit     p3.7              //serial clock
wren_inst       equ     06h               //write enable latch
wrdi_inst       equ     04h               //write disable
wrsr_inst       equ     01h               //write status register instruction
rdsr_inst       equ     05h               //read status reg
write_inst      equ     02h               //write memory
read_inst       equ     03h               //read memory
Max_Poll        equ     99h
RomAdd1         equ     00h
RomAdd2         equ     04h
;RomAdd3        equ     08h
```

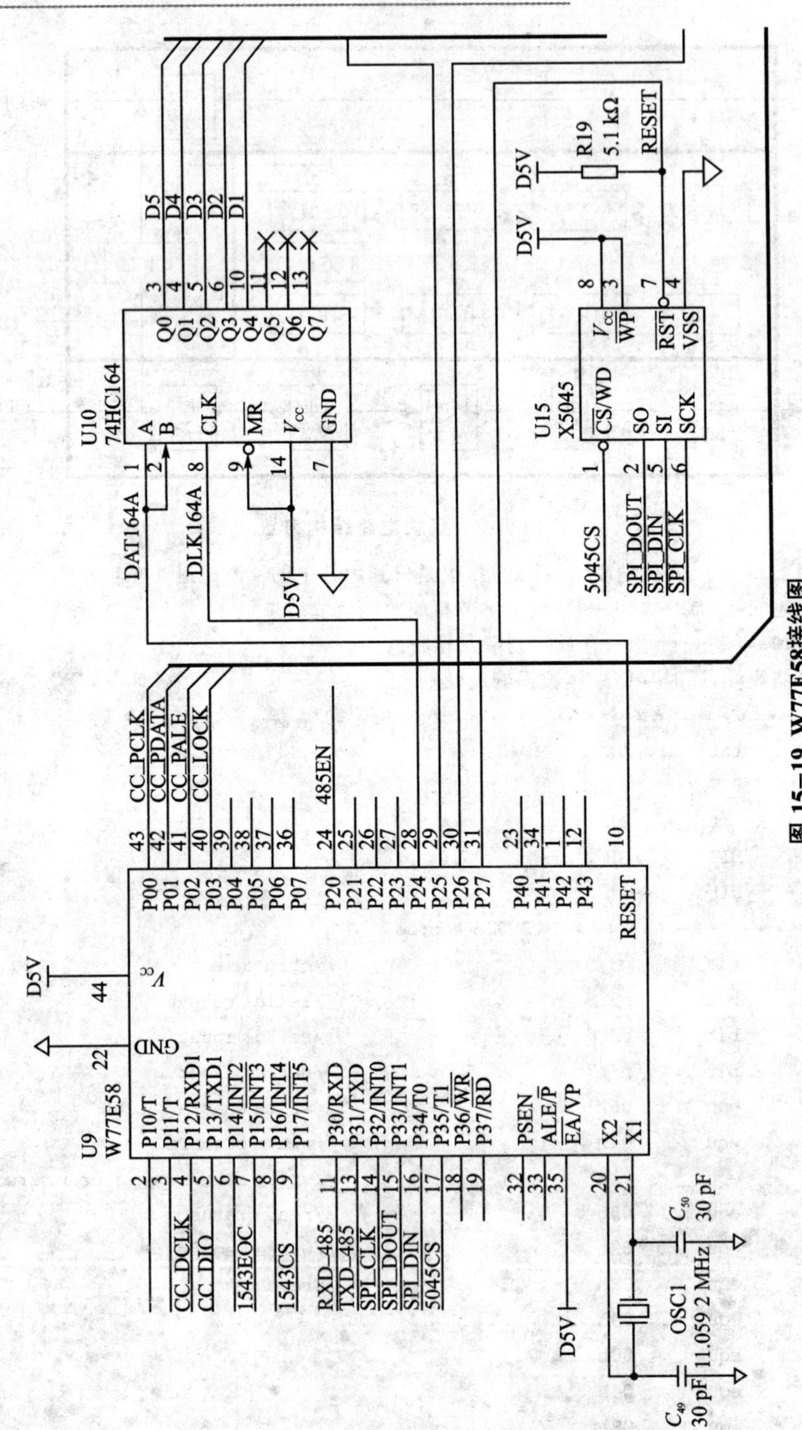

图 15-19　W77E58接线图

```
ReplyRam        equ     2bh
//************************* d/a 管脚定义
DAWR            BIT     P2.1
DAA0            BIT     P2.3
DAA1            BIT     P2.2
rXSGN           BIT     P2.0
//************************ 0838 a/d 管脚定义
ADeoc           BIT     P1.0
ADaddr          BIT     P1.2
ADCLK           BIT     P1.1
ADdtout         BIT     P1.3
ADcs            BIT     P1.4
;PaEn           bit     p1.5                    ;功放使能
;************************
m_Temp          data    10h
temp1           data    11h                     ;A/D 转换时缓冲区
temp2           data    12h
m_DataHi        data    13H                     ;通道号
m_DataLo        data    14H                     ;控制数据
m_Count3        data    15h
m_CtlHigh       data    16h                     ;控制量高 4 位
m_CtlLow        data    17h                     ;控制量低 4 位
m_Channel       data    18h                     ;通道号暂放
m_SeriBuf       data    19h                     ;串口接收时暂放
m_CtlBuf        data    1ah                     ;控制时暂放控制量
;m_PAEnable     data    4ch                     ;功放使能
m_FramCnt       data    1bh                     ;收帧计数
m_RFL           data    30h                     ;响应帧长
                ORG     0000H
                LJMP    START
                ORG     0023H
                LJMP    SIOINT
                ORG     0100H
//****************************
START:
                MOV     TMOD,#20H
                MOV     TH1,#0FDH
                MOV     TL1,#0FDH
                MOV     SCON,#0F0H              //SM2 = 1
```

```
            MOV     PCON,#00H
            SETB    TR1
            MOV     IP,#10H
            MOV     IE,#10010000B
            MOV     SP,#60H
            NOP
            clr     rs0
            clr     rs1
            nop
            nop
            lcall   delay
            SETB    DC5VT                   //发关
            nop
            nop
            lcall   delay
            SETB    ADCs                    //将 AD 转换选择线置高
            clr     ADclk                   //时钟输入置低
            nop
            nop
            clr     b_HeadRec
            clr     b_DAfini
            clr     b_Rec3FE
            mov     m_Temp,#0h
            mov     m_Count3,#5h
            nop
            nop
            lcall   wren_cmd                //set write enable latch
            nop
            nop
            mov     r1,#0ch                 //块保护
            lcall   Wrsr_Cmd
            nop
            nop
            lcall   wrdi_Cmd                //禁止写
//4 个通道,每个通道对应两个字节:m_DataHi(通道号) + m_DataLo(控制数)
            mov     50h,#0                  //for test
            mov     51h,#25h                //for test
            nop
            nop
```

```
            lcall    PowerOnCtl
            nop
            nop
            lcall    CtlImplement                  //实施控制功放和低噪放
            clr      rxsgn
            nop
            nop
reADC：     lcall    rst_wdog
            nop
            nop
            lcall    delay
            nop
            nop
            NOP
            NOP
            NOP
            AJMP     reADC
//*****************************
SIOINT：    PUSH     ACC
            PUSH     DPH
            PUSH     DPL
            push     psw
            NOP
            NOP
            clr      rs1                           //中断中选用工作寄存器组 1
            setb     rs0
            clr      ti
            nop
            nop
            JNB      RI,END1
            CLR      RI
            MOV      A,SBUF
            MOV      m_SeriBuf,A
            CJNE     A,＃0F0H,Next1
            nop
            nop
            jb       b_HeadRec,DataNxt
            nop
            nop
```

```
            DJNZ    m_Count3,END1          //m_Count3 - THREE TIMES
            MOV     m_Count3,#5H
            nop
            nop
            SETB    b_Rec3FE               //6BH - RECIEVE 3 * FE
            AJMP    END1
NEXT1:      nop
            nop
            JNB     b_Rec3Fe,DataNxt
            clr     b_Rec3Fe
            MOV     A,P2                   //读地址
            ANL     A,#70H
            SWAP    A
            MOV     2eH,A
            MOV     A,m_SeriBuf
            ANL     A,#0FH
            CJNE    A,2eH,others
            CLR     SM2
            setb    b_HeadRec
            mov     m_FramCnt,#3h          //先收 3 个字节,直到收到命令字
            setb    b_RecOrder             //标志接下来要做的收命令字
            mov     r1,#30h
            AJMP    END1
others:     setb    sm2
END1:       AJMP    END2
DataNxt:
            jnb     b_HeadRec,CommFini
            mov     @r1,a
            inc     r1
            djnz    m_FramCnt,end2
            jnb     b_RecOrder,CtlFraFini
            clr     b_RecOrder
            mov     r1,#32h
            mov     a,@r1
            cjne    a,#7aH,Control
            sjmp    MonResponse
Control:
            cjne    a,#7bh,CommFini
            mov     m_FramCnt,#5h          //再收 5 个字节
```

```
            mov     r1,#30h
            ajmp    end2
CtlFraFini:
            nop
            nop
            lcall   CtlImplement
            nop
            nop
            LCALL   RAM2rom                     //回响应帧
            nop
            nop
            LCALL   DELAY
            nop
            nop
            lcall   F_CtlReply
            sjmp    CommFini
MonResponse:
            nop
            nop
            cpl     rxsgn
            lcall   F_MonReply
CommFini:
            clr     b_HeadRec
            clr     b_Rec3Fe
            clr     b_RecOrder
            mov     m_Count3,#5h
            nop
            nop
            SETB    DC5VT
            SETB    SM2
END2:
            nop
            nop
            lcall   rst_wdog
            nop
            nop
            pop     psw
            POP     DPL
            POP     DPH
```

```
                POP     ACC
                nop
                nop
                RETI
//*******************************
PUTOUT:         MOV     SBUF,A                  //串口输出
WAIT1:          JNB     TI,WAIT1
                CLR     TI
                nop
                nop
                RET
//*******************************modified
Ram2Rom:
                mov     a,r1
                push    acc
                lcall   wren_Cmd
                mov     r1,#00h                 //去掉块保护
                lcall   wrsr_Cmd
                pop     acc
                mov     dptr,#RomAdd1           //写入 EEPROM
                mov     r0,#30h
                nop
                nop
                lcall   wren_Cmd
                nop
                nop
                mov     r1,a
                nop
                nop
                lcall   page_WR
                nop
                mov     dptr,#RomAdd2
                mov     r0,#34h
                nop
                nop
                lcall   wren_Cmd
                nop
                nop
                lcall   page_WR
```

```
            nop
            nop
            lcall   wren_Cmd
            mov     a,r1
            push    acc
            mov     r1,#0ch              //加上块保护
            lcall   wrsr_Cmd
            pop     acc
            mov     r1,acc
            nop
            nop
            lcall   wrdi_Cmd             //写不能
            ret
Page_WR:    clr     sck
            clr     cs
            mov     a,#write_inst
            clr     c
            mov     acc.3,c
            nop
            nop
            lcall   outbyt
            mov     a,dpl
            nop
            nop
            lcall   outbyt
            mov     a,@r0
            nop
            nop
            lcall   outbyt
            inc     r0
            mov     a,@r0
            nop
            nop
            lcall   outbyt
            inc     r0
            mov     a,@r0
            nop
            nop
            lcall   outbyt
```

```
            inc       r0
            mov       a,@r0
            nop
            nop
            lcall     outbyt
            clr       sck
            setb      cs
            nop
            nop
            lcall     wip_poll
            nop
            nop
            ret
RdFromRom:  mov       dptr,#RomAdd1
            mov       r0,#30h
            nop
            nop
            lcall     page_RD
            nop
            mov       dptr,#RomAdd2
            mov       r0,#34h
            nop
            nop
            lcall     page_RD
            nop
            nop
            ret
PowerOnCtl: lcall     RdFromRom
ReadRepeat: mov       r4,#1h                  //读重复 3 次,比较两次
            mov       dptr,#RomAdd1
            mov       r0,#38h
            nop
            nop
            lcall     page_RD
            nop
            mov       dptr,#RomAdd2
            mov       r0,#3ch
            nop
            nop
```

```
            lcall   page_RD
            nop
            nop
            mov     r2,#5h
            mov     r0,#30h
            mov     r1,#38h
CompareNxt:
            mov     a,@r0
            inc     r0
            cpl     a
            orl     a,@r1
            inc     r1
            cpl     a
            jz      CompareEnd
            sjmp    PowerOnCtl
CompareEnd:
            djnz    r2,CompareNXt
            djnz    r4,ReadRepeat
            ret
page_RD:    clr     sck
            clr     cs
            mov     a,#Read_Inst
            clr     c
            mov     acc.3,c
            nop
            nop
            lcall   outbyt
            mov     a,dpl
            nop
            nop
            lcall   outbyt
            mov     a,#55h                  //for test
            nop
            nop
            lcall   inbyt
            mov     @r0,a
            inc     r0
            lcall   inbyt
            nop
```

```
                nop
                mov     @r0,a
                inc     r0
                nop
                nop
                lcall   inbyt
                mov     @r0,a
                inc     r0
                nop
                nop
                lcall   inbyt
                mov     @r0,a
                clr     sck
                setb    cs
                nop
                nop
                ret
outbyt:                                         //sends byte to eeprom function
                mov     r3,#08h
outbyt1:        clr     sck
                rlc     a
                mov     siRom,c
                setb    sck
                djnz    r3,outbyt1
                clr     siRom
                nop
                nop
                ret
DELAY:          MOV     4eh,#30
DEL1:           MOV     4fh,#125
DEL2:           NOP
                DJNZ    4fh,DEL2
                DJNZ    4eh,DEL1
                nop
                nop
                RET
sdelay:         mov     4eh,#2
Sdelay1:        mov     4fh,#200
Sdelay2:        nop
```

```
        djnz    4fh,Sdelay2
        djnz    4eh,Sdelay1
        nop
        nop
        ret
// ******************************** x25045 EEprom
wren_cmd:                                   //set write enable function
        clr     sck                         //bring sck low
        clr     CS
        mov     a,#wren_inst
        nop
        nop
        lcall   outbyt                      //send wren instruction
        clr     sck
        setb    cs
        nop
        nop
        ret
wrdi_cmd:                                   //write disable function
        clr     sck
        clr     cs
        mov     a,#wrdi_inst
        nop
        nop
        lcall   outbyt
        clr     sck
        setb    cs
        nop
        nop
        ret
wrsr_cmd:                                   //write status register function
        clr     sck
        clr     cs
        mov     a,#wrsr_inst
        nop
        nop
        lcall   outbyt
        MOV     A,r1
        LCALL   OUTBYT
```

```
                clr     sck
                setb    cs
                nop
                nop
                lcall   wip_poll                //poll for completion of write cycle
                nop
                nop
                ret
rst_wdog:                                       //reset watchdog timer function
                clr     cs
                setb    cs
                nop
                nop
                ret
wip_Poll:                                       //write - in - progress polling function
                mov     r1,#max_poll            //set maximum number of polls
wip_poll1:
                nop
                nop
                lcall   rdsr_cmd
                jnb     acc.0,wip_poll2
                djnz    r1,wip_poll1
wip_poll2:
                nop
                nop
                ret
rdsr_cmd:
                clr     sck
                clr     cs
                mov     a,#rdsr_inst
                nop
                nop
                lcall   outbyt
                nop
                nop
                lcall   inbyt
                clr     sck
                setb    cs
                nop
```

```
            nop
            ret
inbyt:                                  //receive byte from eeprom function
            mov     r3,#08
inbyt1:     setb    sck
            clr     sck
            mov     c,so
            rlc     a
            djnz    r3,inbyt1
            nop
            nop
            ret
//********************************** a/d converting
adconvert:
            mov     r0,#31h
            mov     r5,#0bh
            mov     r6,#1
            clr     ADcs
            clr     ADclk
            mov     r7,#0ah
adfirst:
            clr     ADaddr                  //转换 0 通道
            setb    ADclk
            nop
            clr     ADclk
            djnz    r7,adfirst
            nop
            nop
            setb    ADcs
            nop
adloop:     jnb     ADeoc,$
            nop
            nop
            clr     ADcs
            mov     r7,#08h
shiftloop:
            mov     c,ADdtout
            mov     a,temp1
            rlc     a
```

```
                mov     temp1,a
                mov     a,r6
                mov     c,acc.3
                mov     ADaddr,c
                rl      a
                mov     r6,a
                setb    ADclk
                nop
                clr     ADclk
                djnz    r7,shiftloop
                mov     c,ADdtout
                clr     a
                rlc     a
                mov     temp2,a
                setb    ADclk
                nop
                clr     ADclk
                mov     c,ADdtout
                mov     a,temp2
                rlc     a
                mov     temp2,a
                setb    ADclk
                nop
                clr     ADclk
                nop
                nop
                setb    ADcs
                mov     @r0,temp1
                inc     r0
                mov     @r0,temp2
                inc     r0
                inc     r6
                djnz    r5,adloop
                ret
//********************************d/a变换
DAconvert:
                MOV     C,ACC.0
                MOV     DAA0,C
                MOV     C,ACC.1
```

```
                MOV     DAA1,C
                MOV     P0,@r1                      //输出控制数据
                NOP
                NOP
                CLR     DAWR
                NOP
                NOP
                NOP
                NOP
                SETB    DAWR
                NOP
                NOP
                ret
//******************************** 控制实施
CtlImplement:
                mov     r1,#30h                     //将控制数据入50H或依次往后
                MOV     A,#02h                      //输出控制端
                lcall   DAconvert
                INC     R1
                MOV     A,#03h
                lcall   DAconvert
                INC     R1
                MOV     A,#00h
                lcall   DAconvert
                INC     R1
                MOV     A,#01h
                lcall   DAconvert
                INC     R1
                mov     a,34h
                cjne    a,#0f0h,PaEnable
                clr     P1.5
                sjmp    CtlFini
PaEnable:       setb    p1.5
CtlFini:
                ret
//******************************* 查询响应
F_MonReply:
                setb    RXSGN
                CLR     DC5VT
```

```
        nop
        nop
        LCALL   DELAY
        CLR     DC5VT                   //DC SUPPLY
        nop
        nop
        lcall   delay
        nop
        nop
        LCALL   DELAY
        nop
        nop
        lcall   AdConvert
        mov     a,#5ah                  //加 3 个乱码
        nop
        nop
        lcall   putout
        mov     a,#5bh
        nop
        nop
        lcall   putout
        mov     a,#5ch
        nop
        nop
        lcall   putout
        nop
        nop
        lcall   sdelay
        nop
        nop
        mov     m_RFL,#1ah
        mov     a,#0f0h
        lcall   putout
        lcall   putout
        MOV     R1,#ReplyRam            //监测
        mov     @r1,#0f0h
        inc     r1
        mov     @r1,#0f0h
        inc     r1
```

```
            mov     @r1,#0f0h
            mov     r1,#ReplyRam
            MOV     R5,#1aH                 //回传 26 个字节
SDLoop:     MOV     A,@R1                   //回传数据改为不拆分
            nop
            nop
            lcall   putout
            INC     R1
            nop
            nop
            DJNZ    R5,SDLoop
            lcall   RdFromRom
            mov     r1,#30h                 //发 5 个字节的前期控制数据
            mov     r5,#05h                 //没有通道号
SDLoop1:
            mov     a,@r1
            nop
            nop
            lcall   putout
            inc     r1
            nop
            nop
            djnz    r5,SDLoop1
            SETB    SM2
            nop
            nop
            lcall   delay
            SETB    DC5VT
            clr     rxSGN
            ret
//*****************************控制响应
F_CtlReply:
            setb    RXSGN
            nop
            nop
            LCALL   DELAY
            CLR     DC5VT                   //DC SUPPLY
            nop
            nop
```

```
                lcall    delay
                nop
                nop
                LCALL    DELAY
                mov      a,#5ah              //加 3 个乱码
                nop
                nop
                lcall    putout
                mov      a,#5bh
                nop
                nop
                lcall    putout
                mov      a,#5ch
                nop
                nop
                lcall    putout
                nop
                nop
                lcall    sdelay
                mov      m_RFL,#1h
                mov      a,#0f0h
                lcall    putout
                lcall    putout
                MOV      R1,#ReplyRam        //监测
                mov      @r1,#0f0h
                inc      r1
                mov      @r1,#0f0h
                inc      r1
                mov      @r1,#0f0h
                mov      r0,#ReplyRam        //将 ReplyRam 设为 2bh
                MOV      r2,#6h              //共回传 6 个数据
CtlReplyNxt:    mov      a,@r0
                inc      r0
                nop
                nop
                lcall    putout
                djnz     r2,CtlReplyNxt
                SETB     SM2
                nop
```

```
        nop
        lcall   delay
        SETB    DC5VT
        clr     RxSGN
        ret
END
```

参考文献

[1] 蔡明文,冯先成. 单片机课程设计[M]. 武汉:华中科技大学出版社. 2007.

[2] 李光飞. 单片机C程序设计实例指导[M]. 北京:北京航空航天大学出版社,2005.

[3] 汪道辉. 单片机系统设计与实践[M]. 北京:电子工业出版社,2006.

[4] 何立民. I^2C总线应用系统设计[M]. 北京:北京航空航天大学出版社,2002.

[5] 李朝青. PC机及单片机数据通信技术[M]. 北京:北京航空航天大学出版社,2002.

[6] 高锋. 单片微机应用系统设计及实用技术[M]. 北京: 机械工业出版社,2004.

[7] 付家才. 单片机实验与实践[M]. 北京:高等教育出版社,2006.

[8] 黄智伟. 凌阳单片机课程设计指导[M]. 北京:北京航空航天大学出版社, 2007.

[9] AL101. pdf. http://www. broadcom. com/.

[10] PEF22822/22811. http://www. infineon. com/.

北京航空航天大学出版社单片机与嵌入式系统图书推荐

(2007年6月后出版图书)

书名	作者	定价	出版日期
嵌入式系统教材			
ARM嵌入式程序设计	张喻	28.0	2009.1
嵌入式Internet TCP/IP基础、实现及应用(含光盘)	潘琢金译	75.0	2008.10
ARM嵌入式系统基础教程(第2版)	周立功	39.5	2008.09
嵌入式系统软件设计中的数据结构	周航慈	22.0	2008.08
嵌入式系统中的双核技术	邵贝贝	35.0	2008.08
ARM9嵌入式系统设计基础教程	黄智伟	45.0	2008.08
ARM&Linux嵌入式系统教程(第2版)	马忠梅	34.0	2008.08
嵌入式系统——使用HCS12微控制器的设计与应用	王宜怀	39.5	2008.03
嵌入式Linux系统设计	郑灵翔	32.0	2008.03
ARM体系结构及其嵌入式处理器	任哲	38.0	2008.01
ARM嵌入式技术原理与应用——基于XScale处理器及VxWorks操作系统	刘尚军	39.0	2007.09
ARM9嵌入式系统设计技术——基于S3C2410和Linux	徐英慧	36.0	2007.08
嵌入式原理与应用——基于XScale处理器与Linux操作系统	石秀民	36.0	2007.08
ARM、SoC设计、IC设计及其他嵌入式系统综合类			
嵌入式软件设计之思想与方法	张邦术	32.0	2009.01
ARM Cortex-M3权威指南(含光盘)	宋岩	49.0	2009.01
嵌入式微控制器S08AW原理与实践	王威	39.0	2009.01
嵌入式SoC系统开发与工程实例(含光盘)	包海涛	48.0	2009.01
ARM Linux入门与实践(含光盘)	程昌南	49.5	2008.10
ARM9嵌入式系统开发与实践(含光盘)	王黎明	69.0	2008.10
基于MDK的STM32处理器开发应用	李宁	56.0	2008.10
SOPC系统设计与实践(含光盘)	王晓迪	32.0	2008.08
STM32系列ARM Cortex-M3微控制器原理与实践(含光盘)	王永虹	49.0	2008.08
ARM处理器与C语言开发应用	范书瑞	32.0	2008.08
Linux中TCP/IP协议实现及嵌入式应用	张曦煌	39.0	2008.07
嵌入式网络系统设计——基于Atmel ARM7系列(含光盘)	焦海波	49.0	2008.04
ARM开发工具RealView MDK使用入门	李宁	45.0	2008.03
ARM程序分析与设计	王宇行	32.0	2008.03
嵌入式软件概论	沈建华	42.0	2007.10
DSP			
TMS320C6000DSP结构原理与硬件设计	于凤芹	48.0	2008.09
TMS320C55x DSP应用系统设计	赵洪亮	36.0	2008.08
TMS320C672x系列DSP原理与应用	刘伟	42.0	2008.06
TMS320X281xDSP应用系统设计(含光盘)	苏奎峰	42.0	2008.05
TMS320X281x DSP原理及C程序开发(含光盘)	苏奎峰	48.0	2008.02
DSP开发应用技术	曾义芳	85.0	2008.02
DSP应用系统设计实例	郑红	36.0	2008.01
TMS320C54x DSP结构、原理及应用(第2版)	戴明帧	28.0	2007.09
TMS320X240x DSP原理及应用开发指南	赵世廉	38.0	2007.07

单片机

教材与教辅

书名	作者	定价	出版日期
单片机快速入门(含光盘)	徐玮	36.0	2008.05
单片机项目教程(含光盘)	周坚	28.0	2008.05
51单片机基础教程	宁凡	24.0	2008.03
单片机应用设计培训教程——理论篇	张迎新	29.0	2008.01
单片机应用设计培训教程——实践篇	夏继强	22.0	2008.01
80C51嵌入式系统教程	肖洪兵	28.0	2008.01
单片机教程习题与解答(第2版)	张俊谟	26.0	2008.01
51单片机原理与实践	高卫东	23.0	2007.11
单片机原理与应用设计	蒋辉平	22.0	2007.10
单片机基础(第3版)	李广弟	24.0	2007.06
高职高专规划教材——单片机测控技术	童一帆	16.0	2007.08
高职高专规划教材——单片机原理与接口技术	刘焕平	26.0	2007.07

51系列单片机其他图书

书名	作者	定价	出版日期
51单片机工程应用实例(含光盘)	唐继贤	39.0	2009.01
匠人手记:一个单片机工作者的实践与思考	张俊	39.0	2008.04
80C51单片机实用技术	久朋	24.0	2008.04
单片机入门与趣味实验设计	肖婧	20.0	2008.04
单片机原理及串行外设接口技术	李朝青	28.0	2008.01
从0开始教你用单片机	赵星寒	22.0	2009.01
从0开始教你学单片机	赵星寒	25.0	2008.01
手把手教你学单片机C程序设计(含光盘)	周兴华	36.0	2007.09
单片机基础与最小系统实践	刘同法	32.0	2007.06
电动机的单片机控制(第2版)	王晓明	26.0	2007.08
单片机课程设计指导(含光盘)	楼然苗	39.0	2007.07
手把手教你学单片机(第2版)(含光盘)	周兴华	29.0	2007.06

书　名	作　者	定价	出版日期
PIC 单片机			
dsPIC 数字信号控制器入门与实战——入门篇(含光盘)	石朝林	49.0	2009.01
PIC 单片机 C 程序设计与实践	后闲哲也	39.0	2008.07
其他公司单片机			
MSP430 系列 16 位超低功耗单片机原理与实践(含光盘)	沈建华	48.0	2008.07
ST7 单片机 C 程序设计与实践(含光盘)	梁海波	36.0	2008.06
HT48Rxx I/O 型 MCU 在家庭防盗系统中的应用	吴孔松	32.0	2008.06
HT46xx AD 型 MCU 在厨房小家电中的应用	杨　斌	35.0	2008.06
HT46xx 单片机原理与实践(含光盘)	钟启仁	55.0	2008.09
AVR 单片机入门与实践	李　泓	38.0	2008.04
AVR 单片机原理及测控工程应用——基于 ATmega 48/ATmega 16	刘海成	39.0	2008.03
MSP430 单片机基础与实践(含光盘)	谢兴红	28.0	2008.01
AVR 单片机嵌入式系统原理与应用实践　(含光盘)	马　潮	52.0	2007.10
HCS12 微控制器原理及应用	王　威	26.0	2007.10
MSP430 单片机 C 语言程序设计与实践	曹　磊	29.0	2007.07
总线技术			
圈圈教你玩 USB(含光盘)	刘　荣	39.0	2009.01
ET44 系列 USB 单片机控制与实践	董胜源	39.0	2008.09
8051 单片机 USB 接口 VB 程序设计	许永和	49.0	2007.10
现场总线 CAN 原理与应用技术(第 2 版)	饶运涛	42.0	2007.08
其　他			
短距离无线通信详解——基于 CYWM6935 芯片	喻金钱	32.0	2009.01
FPGA/CPLD 应用设计 200 例(上、下)	张洪润	92.0	2009.01

书　名	作　者	定价	出版日期
Verilog HDL 入门(第 3 版)	夏宇闻译	39.0	2008.10
SystemC 入门(第 2 版)(含光盘)	夏宇闻译	36.0	2008.10
Verilog 数字系统设计教程(第 2 版)	夏宇闻	40.0	2008.06
Altium Designer 快速入门	徐向民	45.0	2008.11
Profel DXP 2004 电路设计与仿真教程	李秀霞	33.0	2008.03
数字信号处理的 SystemView 设计与分析(含光盘)	周润景	29.0	2008.01
传感器技术大全(上)、(中)、(下)	张洪润	78.0 76.0 82.0	2007.10
计算机系统结构	胡越明	32.0	2007.10
EDA 实验与实践	周立功	34.0	2007.09
高职高专规划教材——传感器与测试技术	李　娟	22.0	2007.08
EDA 技术与可编程器件的应用	包　明	45.0	2007.09
传感器与单片机接口及实例	来清民	28.0	2008.01
基于 MCU/FPGA/RTOS 的电子系统设计方法与实例	欧伟明	39.0	2007.07
无线发射与接收电路设计(第 2 版)	黄智伟	68.0	2007.07
电子技术动手实践	崔瑞雪	29.0	2007.06
数字电子技术	靳孝峰	38.0	2007.09
ZigBee 网络原理与应用开发	吕治安	35.0	2008.02
无线单片机技术丛书——CC1110/CC2510 无线单片机和无线自组织网络入门与实战	李文仲	29.0	2008.04
无线单片机技术丛书——ARM 微控制器与嵌入式无线网络实战	李文仲	55.0	2008.05
无线单片机技术丛书——ZigBee 2006 无线网络与无线定位实战	李文仲	42.0	2008.01
无线单片机技术丛书——CC1010 无线 SoC 高级应用	李文仲	41.0	2007.07
无线 CPU 与移动 IP 网络开发技术	洪　利	56.0	2008.03
电子设计竞赛实训教程	张华林	33.0	2007.07

注：表中加底纹者为 2008 年后出版的图书。

以上图书可在各地书店选购，或直接向北航出版社书店邮购(另加 3 元挂号费)邮购电话：010－82316936

地址：北京市海淀区学院路 37 号北航出版社书店 5 分箱　邮购部收　邮编：100083　邮购 Email：bhcbssd@126.com

投稿联系电话：010－82317035、82317022　传真：010－82317022　投稿 Email：emsbook@gmail.com